中国电力教育协会职业院校
电力技术类专业精品教材

"十四五"职业教育国家规划教材

电气设备及运行

主　编　苏　渊　郭剑峰
副主编　刘建月　赵俊霖
编　写　刘　赟　张志东　徐廷成
主　审　刘增良

中国电力出版社
CHINA ELECTRIC POWER PRESS

内 容 提 要

本书为"十四五"职业教育国家规划教材。

本书系统讲述了电力系统厂站认知，开关设备及运行，互感器及运行，限流电器及运行，无功补偿设备及运行，母线、电缆、绝缘子及运行，电气一次系统基本操作，配电装置及运行，电气设备选择等内容。

本书可作为高等职业院校电气类专业的教材，也可作为电力企业电力职工技能培训教材和参考用书。

图书在版编目（CIP）数据

电气设备及运行/苏渊，郭剑峰主编．—北京：中国电力出版社，2018.8（2024.7重印）

"十三五"职业教育规划教材

ISBN 978-7-5198-2221-7

Ⅰ.①电… Ⅱ.①苏…②郭… Ⅲ.①发电厂—电气设备—高等职业教育—教材 Ⅳ.①TM621.7

中国版本图书馆 CIP 数据核字（2018）第 152812 号

出版发行：中国电力出版社

地　　址：北京市东城区北京站西街 19 号（邮政编码 100005）

网　　址：http://www.cepp.sgcc.com.cn

责任编辑：牛梦洁

责任校对：郝军燕

装帧设计：郝晓燕

责任印制：吴　迪

印　　刷：北京锦鸿盛世印刷科技有限公司

版　　次：2018 年 8 月第一版

印　　次：2024 年 7 月北京第十三次印刷

开　　本：787 毫米×1092 毫米　16 开本

印　　张：15.5

字　　数：379 千字

定　　价：40.00 元

前　言

伴随着时代的发展，中国电网目前已成为世界上电压等级最高、系统规模最大、资源配置能力最强的交直流混合电网。在能源互联网美好愿景的引领下，新能源产业乘风而起，蔚为潮流。中国电力事业的快速发展，对各层次电气类专业人才的需求也是一如既往地迫切，而人才的培养又离不开系统地学习。为帮助职业院校电气类学生学习电气设备知识和掌握电气设备运行技能，我们在"广采众长、删繁就简、与时俱进"的指导思想下，编写了本书。

本书以工作过程导向、任务驱动教学等职业教育最新理念为基础，系统讲述电力系统中电气设备的构成原理、工作原理和性能指标；讲述电气主接线、厂用电接线的形式、特点和设计方法；讲述电气设备的基本操作规范和要求；讲述电气设备选择的基本知识。

本书的特色体现在以下几个方面：

（1）教材内容选取与时俱进。书中增加了垃圾焚烧发电、换流站、隔离断路器、电子式互感器、新型无功补偿设备等新知识。

（2）针对职业教育突出和强化操作技能的要求，书中除了讲述电气设备的构造和工作原理之外，还增加了电气设备对应的运行维护知识，以帮助学生更好地掌握电气设备的操作运行技能。

（3）书中的很多例题和课后习题源于实际的工程问题，使学生在学习过程中逐渐培养起工程思维能力，为今后更好地解决工程问题打下基础。

（4）为配合课程教学，书中的主要内容都由编者录制了微课，配以动画、现场视频、图片等形式，在相关知识点处设置了二维码，方便学生扫描观看。

本书共分为九个项目，其中项目一和项目九由重庆电力高等专科学校苏渊编写，项目二、三由山西电力职业技术学院刘建月和国网山西省电力公司检修公司张志东共同编写，项目四和项目八由重庆电力高等专科学校郭剑峰编写，项目五由重庆电力高等专科学校徐廷成编写，项目六由重庆电力高等专科学校刘赟编写，项目七由重庆电力高等专科学校赵俊霖编写。与教材配套的微课由重庆电力高等专科学校苏渊、刘赟、郭剑峰、赵俊霖和徐廷成完成。全书由苏渊统稿。

铜陵学院刘增良教授担任本书主审，对本书的编写内容提出了许多宝贵的意见和建议，在此表示衷心的感谢。在本书编写过程中，参阅的资料列于参考文献，在此一并谨致诚挚谢意。

为学习贯彻落实党的二十大精神，本书根据《党的二十大报告学习辅导百问》《二十大党章修正案学习问答》，在数字资源中设置了"课程思政系列数字资源""二十大党章修正案学习问答""党的二十大报告学习辅导百问"栏目，以方便师生学习。

限于编者水平，书中缺点和疏漏之处在所难免，热诚希望读者批评指正、提出宝贵意见。

编者
2022 年 11 月

目 录

课件
《电气设备及运行》

前言

项目一　电力系统厂站认知　……………………………………………………… 1

　　任务一　发电厂认知 📱　……………………………………………………… 1

　　任务二　变电站认知 📱　…………………………………………………… 14

　　任务三　发电厂、变电站电气设备　………………………………………… 16

　　任务四　换流站认知 📱　…………………………………………………… 17

项目二　开关设备及运行　…………………………………………………… 21

　　任务一　电弧形成与熄灭理论认知 📱　…………………………………… 21

　　任务二　断路器及运行 📱　………………………………………………… 25

　　任务三　隔离开关及运行 📱　……………………………………………… 42

　　任务四　隔离断路器及运行 📱　…………………………………………… 46

　　任务五　高压熔断器及运行 📱　…………………………………………… 49

　　任务六　负荷开关及运行 📱　……………………………………………… 53

项目三　互感器及运行　……………………………………………………… 56

　　任务一　电流互感器及运行 📱　…………………………………………… 57

　　任务二　电压互感器及运行 📱　…………………………………………… 64

　　任务三　电子式互感器　……………………………………………………… 71

　　任务四　互感器的运行维护　………………………………………………… 74

项目四　限流电器及运行　…………………………………………………… 77

　　任务一　限流电抗器及运行 📱　…………………………………………… 77

　　任务二　分裂变压器及运行 📱　…………………………………………… 80

　　任务三　消弧线圈及运行　…………………………………………………… 82

项目五　无功补偿设备及运行　……………………………………………… 85

　　任务一　电力电容器及运行 📱　…………………………………………… 85

　　任务二　并联电抗器及运行 📱　…………………………………………… 94

　　任务三　其他无功补偿装置简介　…………………………………………… 96

项目六　母线、电缆、绝缘子及运行　……………………………………… 100

　　任务一　母线及运行 📱　…………………………………………………… 100

　　任务二　电缆及运行 📱 ·· 107

　　任务三　绝缘子及运行 📱 ·· 114

项目七　电气一次系统基本操作 ·· 120

　　任务一　电气主系统运行 📱 ·· 120

　　任务二　厂（站）用电系统运行 📱 ·· 149

项目八　配电装置及运行 ·· 165

　　任务一　配电装置的一般知识 ·· 165

　　任务二　屋内配电装置 📱 ·· 173

　　任务三　屋外配电装置 📱 ·· 175

　　任务四　成套配电装置 📱 ·· 179

项目九　电气设备选择 ·· 187

　　任务一　短路电流热效应与电动力效应分析 📱 ·· 187

　　任务二　导体选型 📱 ·· 192

　　任务三　断路器及隔离开关选择 📱 ·· 202

　　任务四　互感器的选择 📱 ·· 207

附录 A　导体长期允许载流量和集肤效应系数 ·· 212

附录 B　开关设备技术数据 ·· 216

附录 C　变压器技术数据 ·· 220

附录 D　互感器技术参数 ·· 233

附录 E　限流电抗器技术数据 ·· 239

附录 F　支柱式绝缘子和穿墙套管主要技术数据 ·· 240

附录 G　电容器技术数据 ·· 241

参考文献 ·· 242

项目一　电力系统厂站认知

项目描述

认知火力、水力、核能、新能源等各类发电厂的生产过程；认知变电站在电力系统中的地位、作用；认知发电厂、变电站的一、二次设备；认知换流站的作用及主要设备。

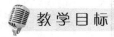

教学目标

知识目标

①掌握发电厂变电站的类型和作用；②掌握换流站的作用。

技能目标

①能说出发电厂类型及生产过程；②能说出变电站类型及作用；③能说出发电厂、变电站常用电气设备的作用；④能说出换流站的作用及主要电气设备。

任务一　发电厂认知

一、火力发电厂

火力发电厂是将燃料（如煤、石油、天然气、油页岩等）的化学能转换成电能的工厂。火力发电厂的原动机大多采用汽轮机，也有采用燃气轮机、柴油机等。根据火力发电厂的燃烧介质和在系统中的地位及作用，又可分为以下几种。

微课 1
发电厂认知（火电厂）

1. 凝汽式火电厂

凝汽式火电厂只向用户提供电能。如图 1-1 所示为凝汽式火电厂生产过程示意图。燃料在锅炉炉膛中燃烧，将燃料的化学能转换为热能，使锅炉中的水加热变为过热蒸汽，经管道送到汽轮机，冲动汽轮机旋转，使热能转换为机械能，汽轮机带动发电机转子旋转，将机械能转换为电能。当发电机转子绕组中通入励磁电流，产生旋转磁场，在定子绕组中感应出电动势，外电路接通后就有电能输出。能量转换过程是：燃料的化学能→热能→机械能→电能。在汽轮机中做过功的蒸汽排入凝汽器，被循环冷却水迅速冷却而凝结为水后重新送回锅炉。由于在凝汽器中大量的热量被循环冷却水带走，因此，凝汽式火电厂的效率较低，只有 30%～40%。

凝汽式火电厂一般建在能源基地附近，装机容量较大（现在单机一般在 300MW 及以上），发电机发出的电能，一小部分（约 5%～8%）由厂用变压器降压后经厂用配电装置供给厂用机械（如给水泵、循环泵、风机等）和电厂照明用电，其余大部分电能经主变压器升压后输入电力系统。

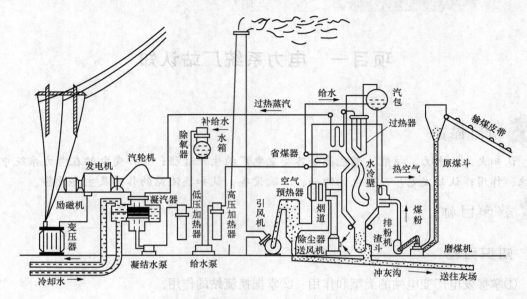

图1-1　凝汽式火电厂生产过程示意图

如图1-2所示为凝汽式火力发电厂全景。

图1-2　凝汽式火力发电厂全景

2. 热电厂

热电厂与凝汽式火电厂不同，它既生产电能，又向用户供给热能。热电厂是将汽轮机中一部分做过功的蒸汽从中段抽出来直接供给热力用户，或经加热器将水加热后给用户供热水。这样可减少被循环水带走的热量，提高效率，热电厂的效率可达到60%～70%。由于供热网络不能太长，因此热电厂总是建在热力用户附近。为了使热电厂维持较高的效率，一般采用"以热定电"的运行方式，即当热力负荷增加时，热电机组相应要多发电；当热力负荷减少时，热机组相应要少发电。因此，热电厂运行方式不如凝汽式火电厂灵活。

热电厂生产过程示意图如图1-3所示。

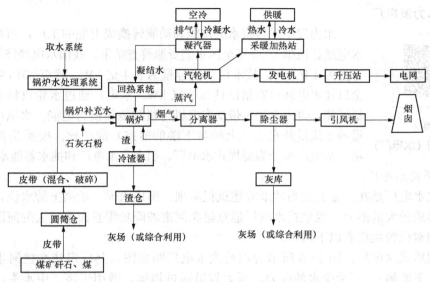

图1-3 热电厂生产过程示意图

3. 燃气轮机发电厂

燃气轮机发电厂是用燃气轮机或燃气-蒸汽联合循环中的燃气轮机和汽轮机驱动发电机。前者一般用作电力系统的调峰机组,后者一般用来带中间负荷和基本负荷。这类发电厂用可燃液体或气体燃料。以天然气为燃料的燃气轮机和联合循环发电,具有效率高、污染物排放低、初期投资少、工期短、易于调节负荷等优点,近年来得到迅速发展。

燃气轮机的工作原理与汽轮机相似,不同的是其工质不是蒸汽,而是高温高压气体。大气中的空气被吸入压气机中压缩到不低于 0.3MPa 的压力,温度相应升高到 100℃以上,然后送入燃烧室,与喷入的燃料(油或天然气)在一定压力下混合燃烧,产生 600℃以上的高温燃气,进入燃气轮机膨胀做功,直接带动发电机发电;做功后的尾气经烟囱排出或分别用于制热、制冷。单纯用燃气轮机驱动发电机的发电厂热效率只有 35%~40%,而燃气-蒸汽联合循环发电厂的效率可高达 56% 以上。图1-4 所示为广东惠州燃机电厂,该电厂分两期建设,一期规模为 3×390MW,二期规模为 3×460MW,总装机容量为 2550MW,建成后将为我国目前最大的燃机电厂。

图1-4 广东惠州燃机电厂

二、水力发电厂

微课 2
发电厂认知（水电厂）

水力发电厂是将水的位能和动能转换成电能的工厂，简称水电厂或水电站。根据 2005 年全国水能资源普查结果，我国水电经济可开发装机容量为 4 亿 kW，技术可开发容量为 5.4 亿 kW。截至 2015 年底，我国全口径水电装机容量已达 3.2 亿 kW。水电厂通过水轮机将水能转换为机械能，再由水轮机带动发电机将机械能转换为电能。水电厂的装机容量与水流量及水头（上游与下游的落差）成正比。按照是否建造拦河坝，水电厂可分为堤坝式水电厂、引水式水电厂和抽水蓄能水电厂。

1. 堤坝式水电厂

堤坝式水电厂是在河流上适当的地方建筑拦河坝，形成水库，抬高上游水位，使大坝的上、下游形成较大的落差。堤坝式水电厂适宜建在河道坡降较缓且流量较大的河段，按厂房与大坝的相对位置主要有以下两种。

（1）坝后式水电厂。图 1-5 所示为坝后式水电厂断面图，其厂房建在拦河坝非溢流坝段的后面（下游侧），不承受水的压力，压力管道通过坝体，适用于高、中水头。发电机与水轮机同轴相连，水由上游沿压力管进入水轮机蜗壳，冲动水轮机转子旋转，带动发电机转子转动，通过发电机定子绕组输出电能。做过功的水通过尾水管流到下游，电能由变压器升压后经配电装置送入电力系统。

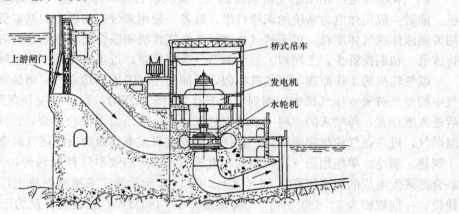

图 1-5　坝后式水电厂断面图

图 1-6 所示为三峡水力发电厂，其拦河大坝为混凝土重力坝，坝轴线全长 2309.47m，坝顶高程 185m。水电站采用坝后式布置方案，共设有左岸电站、右岸电站、右岸地下电站、电源电站等四座电站，总装机容量为 2250 万 kW（32×700MW＋2×50MW），居世界第一。

（2）河床式水电厂。河床式水电厂的厂房与拦河坝相连接，成为坝的一部分，厂房承受水的压力，适用于水头小的电厂。如图 1-7 所示。

图 1-8 所示为广西西津水电站全景。该电站位于广西横县的郁江，总装机容量为 234.4MW，是一

图 1-6　三峡水力发电厂

座典型的河床式水电厂。

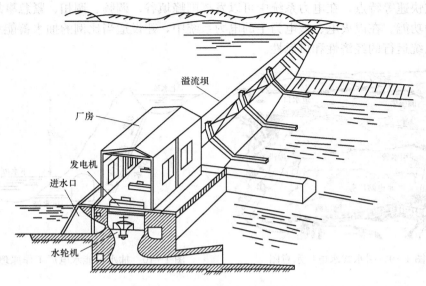

图1-7　河床式水电厂示意图

图1-8　广西西津水电站全景

2. 引水式水电厂

由引水系统将天然河道的落差集中进行发电的水电厂，称为引水式电厂，如图1-9所示。在河流适当地段建低堰（挡水低坝），水经引水渠和压力水管引入厂房，从而获得较大的水位差。引水式水电厂适宜建在河道多弯曲或河道坡降较陡的河段，用较短的引水系统可集中较大的水头，也适用于高水头电厂，避免建设过高的挡水建筑物。

3. 抽水蓄能水电厂

抽水蓄能水电厂工作原理：当电力系统处于低谷负荷时，机组以电动机—水泵方式工作，利用电力将下游的水抽至上游蓄存起来，把电能转化为位能，这时它消耗电能；当电力系统处于高峰负荷时，其机组按水轮机—发电机方式工作，将所蓄的水放出发电，满足电力系统调峰需要，这时它产生电能。抽水蓄能水电厂工作原理如图 1-10 所示，具有运行方式灵活和反应快速等特点，在电力系统中可以发挥削峰填谷、调频、调相、紧急事故备用和黑启动等多种功能。在以火电、核电为主的电力系统中，建设适当比例的抽水蓄能水电厂可以提高电力系统运行的经济性和可靠性。

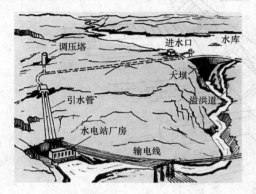

图 1-9　引水式水电厂示意图

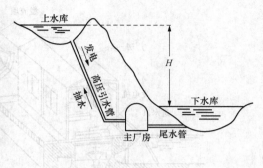

图 1-10　抽水蓄能水电厂工作原理图

图 1-11 所示为浙江天荒坪抽水蓄能水电站。该水电站位于浙江省安吉县境内，距上海 175km、南京 180km、杭州 57km，接近华东电网负荷中心。水电站装机容量 180 万 kW，年发电量 31.6 亿 kWh，年抽水用电量（填谷电量）42.86 亿 kWh。

图 1-11　浙江天荒坪抽水蓄能水电站

三、核电厂

微课 3
发电厂认知（核电厂）

核电厂是将原子核的裂变能转换为电能的发电厂。核电厂的生产过程与火电厂相似，用核反应堆和蒸汽发生器代替火电厂的锅炉，燃料主要是铀—235。铀—235 在慢中子的撞击下裂变，释放出巨大能量，同时释放出新的中子。按所用的慢化剂和冷却剂不同，核反应堆可分为以下几种：

（1）轻水堆。以轻水（普通水）作为慢化剂和冷却剂，又分压水堆和沸水堆，分别以高压欠热轻水及沸腾轻水作为慢化剂和冷却剂。核电厂中以轻水堆最多。

（2）重水堆。以重水作慢化剂，重水或沸腾水作冷却剂。重水中的氢为重氢，其原子核中多一个中子。

（3）石墨气冷却堆及石墨沸水堆。其均以石墨作慢化剂，分别以二氧化碳（或氦气）及沸腾轻水作冷却剂。

（4）液态金属冷却快中子堆。无慢化剂，常以液态金属钠作冷却剂。

图 1-12 所示为压水堆核电厂工作示意图，整个系统分为两大部分，即一回路系统和二回路系统。一回路系统中压力为 15MPa 的高压水在主泵的作用下不断循环，经过反应堆时被加热后进入蒸汽发生器，并将自身的热量传递给二回路系统的水；二回路系统的水吸收一回路系统水的热量后沸腾，产生蒸汽进入汽轮机膨胀做功，推动汽轮机并带动发电机发电。二回路系统的工作过程与火电厂相似。压水堆核电厂反应堆体积小，建设周期短，造价较低，一回路系统和二回路系统彼此隔绝，大大增加了核电厂的安全性，需处理的放射性废气、废液、废物少，因此在核电厂中占主导地位。

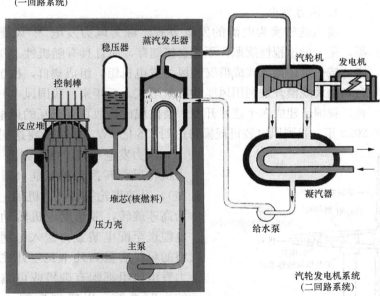

图 1-12　压水堆核电厂工作示意图

图 1-13 所示为深圳大亚湾核电站。大亚湾核电站是中国大陆第一座百万千瓦级大型商用核电站，拥有两台 98.4 万 kW 的压水堆核电机组。

核电厂是一个复杂的系统，集中了当代许多高新技术，核电厂的系统由核岛和常规岛组成。为了使核电厂安全、稳定、经济运行，核电厂还需设置各种辅助系统、控制系统和安全设施。

图 1-13　大亚湾核电站

四、新能源发电

微课 4
发电厂认知
（新能源发电）

1. 风力发电

将风能转换为电能的发电方式，称为风力发电。[1] 风能属于可再生能源，是一种过程性能源，不能直接储存，而且具有随机性。在风能丰富的地区，按一定排列方式成群安装风力发电机组，组成集群，机组可达成百上千台，是大规模开发利用风能的有效形式。近年来，我国风电开发规模快速增长，我国已建成多个连片开发、装机规模达数百万千瓦的风电基地。预计到 2020 年，我国风电装机规模将达到 2.5 亿 kW，2030 年将达到 4.95 亿 kW。

风力发电装置示意图如图 1-14 所示，风力机将风能转换为机械能（属于低速旋转机械），升速齿轮箱将风力机轴上的低速旋转变为高速旋转，带动发电机转动发出电能，经电缆送至配电装置再送入电网。风力发电机组的单机容量为几十瓦至几兆瓦，大中型风力发电机组都配有微机或可编程控制器组成的控制系统，以实现控制、自检、显示等功能。

图 1-15 所示为内蒙古赤峰塞罕坝风力发电场，该风电场隶属大唐发电集团，装机规模为 101.44 万 kW，目前为我国在役最大风电场。

图 1-14　风力发电装置示意图

---

[1]　全球可利用的风能约为 200 亿 kW，我国风能开发潜力逾 25 亿 kW，其中陆地 50m 高度 3 级以下的风能资源潜在开发量约为 23.8 亿 kW，近海 5～25m 深水区 50m 高度 3 级以上的风能资源潜在开发量约为 2 亿 kW，我国风能资源总的技术开发利用量可达 7 亿 kW～12 亿 kW。

图 1-15　内蒙古赤峰塞罕坝风力发电场

2. 太阳能发电

太阳能发电有热发电和光伏发电两种方式，我国目前以光伏发电为主。❶

太阳能热发电是通过集热器收集太阳能辐射热能，产生蒸汽或热空气，再推动传统的蒸汽发电机或涡轮发电机来产生电能，又分集中式和分散式两种。集中式太阳能热发电又称塔式太阳能热发电，其热力系统流程如图 1-16 所示，在很大面积的场地上整齐布设大量定日镜（反射镜）阵列，且每台都配有跟踪系统，准确地将太阳光反射集中到一个高塔顶部的吸收器（又称接收器，相当于锅炉）上，集中加热吸收器中的传热介质（熔盐），介质温度上升，被输送到高温储热器，然后用泵送入蒸汽发生器中加热水产生蒸汽，利用蒸汽驱动汽轮机机组发电。在蒸汽发生器中放出热量的传热介质进入低温储热器中，再用泵送回吸收器加热。分散式太阳能热发电是在大面积的场地上安装许多套相同的小型太阳能集热装置，通过管道将各套装置的热能汇集起来，进行热电转换而发电。

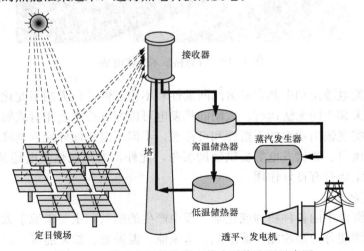

图 1-16　塔式太阳能热发电热力系统流程示意图

---

❶　太阳能是从太阳向宇宙空间发射的电磁辐射能，到达地球表面的太阳能为 82 万亿 kW，能量密度为 $1kW/m^2$。据估算，我国陆地面积每年接受的太阳辐射能相当于 4.9 万亿 t 标准煤。

图1-17所示为青海德令哈太阳能热发电站全景。

图1-18　青海德令哈太阳能热发电站全景

太阳能光伏发电直接将太阳的光能转变为电能,把照射到太阳能电池板上的光直接变换成电能输出。图1-18所示为青海格尔木光伏电站。

图1-18　青海格尔木光伏电站

太阳能光伏发电输出功率具有显著的间歇性和不稳定性,白天阴晴变化会引起输出功率大幅波动,阴雨天和夜间无法运行。太阳能热发电可以配置技术上相对成熟、成本较低的大容量储热装置,实现输出功率的平衡性和可控性,不但不需要额外配置调峰电源,而且可以作为调峰电源为风电、光伏发电等提供辅助服务,此外,太阳能热发电还具有机组的惯性,对电力系统的稳定运行有良好作用。

3. 海洋能发电

海洋能是指海洋中的各种物理或化学工程中产生的能量,主要来源于太阳辐射及天体间的引力变化。海洋能分为潮汐能、波浪能、海流能、温差能、盐差能等,具有可再生、资源量大和对环境的不利影响小等优点,同时也存在不够稳定、能量密度小、运行环境较为恶劣和开发利用经济性差等缺点。我国海洋能可开发发电的利用量约为10亿kW。

潮汐发电就是利用潮汐的位能来发电,即在潮差大的海湾入口或河口筑堤构成水库,在坝内或坝侧安装水轮发电机组，利用堤坝两侧的潮差驱动水轮发电机发电。通常分为单库单向式、单库双向式和双库式。单库单向式潮汐发电工作原理图如图1-19所示，利用涨潮给水库蓄水，落潮时放水驱动水轮机发电。

4. 地热发电

地热发电是利用地下蒸汽或热水等地球内部热能资源发电。❶ 目前地热发电量最大单机容量15万kW。地热蒸汽发电的原理和设备与火力发电厂基本相同。利用地下热水发电分为闪蒸地热发电系统和双循环地热发电系统。

闪蒸地热发电系统（又称减压扩容法）工作原理如图1-20所示，此方法是使地下热水变为低压蒸汽供汽轮机做功。闪蒸又称扩容蒸发，当具有一定压力及温度的地热水注入压力较低的容器时，由于

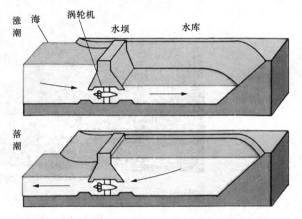

图1-19　单库单向式潮汐发电工作原理图

水温高于容器压力的饱和温度，一部分热水急速汽化为蒸汽，并使温度降低，直到水和饱和蒸汽都达到该压力下的饱和状态为止；当地热进口流体为湿蒸汽时，则先进入汽水分离器，分离出的蒸汽送入汽轮机，剩余的水再进入扩容器。地下热水经除氧器除氧后，进入第一级扩容器减压扩容，产生一次蒸汽（约占热水量的10%），送入汽轮机的高压部分做功；余下的热水进入第二级扩容，再进行二次减压扩容，产生二次蒸汽（其压力低于一次蒸汽），送入汽轮机低压部分做功。一般采用的扩容级数不超过四级。

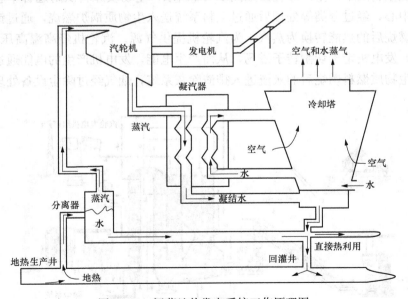

图1-20　闪蒸地热发电系统工作原理图

---

❶　地球内部的总热能量约为全球煤炭储量的1.7亿倍。

图1-21所示为西藏羊八井地热电站。该电站位于西藏自治区当雄县境内羊八井，为两级扩容，海拔4300m，其地热田地下深200m，地热蒸汽温度高达172℃，装机容量25.15MW。

图1-21　西藏羊八井地热电站

5. 生物质能发电

生物质能源又称"绿色能源"，包括木本生物质能源（如能源林、树木的废弃枝叶、杂草等）、农业生物质能源（如各类农作物秸秆，农产品工业加工副产品如稻壳、玉米芯、甘蔗渣等），利用生物质再生能源发电是解决能源短缺的途径之一，也是开源节流、化害为利和保护环境的重要手段。

直接燃烧生物质电厂生产流程图如图1-22所示。生物质原料从附近各个收购点送往电厂燃料存储中心，经过分类等处理后通过上料系统送入生物质锅炉燃烧，通过锅炉换热，将生物质能源燃烧后的热能转换为蒸汽，为汽轮机提供气源。汽轮机经高温高压蒸汽驱动后，拖动发电机，发电机定子切割转子磁场，从而产生电能，发电机产生的电能通过输变电设备送往电网。生物质燃料燃烧后的灰渣进入排渣除灰系统，烟气经过除尘设备处理后由烟囱送往大气。

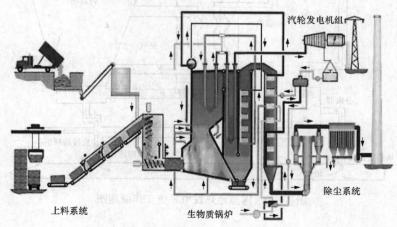

图1-22　直接燃烧生物质电厂生产流程图

图 1-23 所示为生物质电厂效果图。

6. 垃圾焚烧发电

随着我国城镇化程度的增加，城市生活垃圾产生量也逐渐增长，垃圾填埋容易对地下水造成严重污染，且填埋场用地长达几十年无法使用；垃圾焚烧方式的最大优点在于占地面积小，处理相同规模的垃圾，其占地只需要填埋方式的 1/10。加之我国环保方向在由"无害化"向"资源化"发展的过程中，焚烧之后产生的热能可以供暖，也可以发电，更符合未来发展的需求。

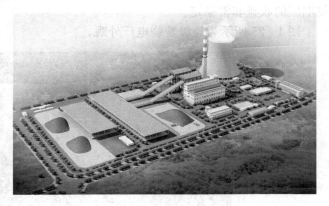

图 1-23　生物质电厂效果图

当前，新建的垃圾发电厂多采用机械式炉排焚烧炉，能使垃圾逐层拱碎、均匀分布，实现更完全燃烧，尤其适用于中国城市生活垃圾水分高、热值变化大的特点。其垃圾接收的全过程处于密封和负压环境，能有效防止气味外泄，垃圾焚烧处理的过程中，炉温保持在 850℃以上，烟气在炉膛的停留时间不少于 2s，能有效抑制二噁英产生，同时，通过石灰浆对烟气中的酸性物质进行中和，使用活性炭吸附烟气中的重金属和有害气体，利用滤袋对脱酸处理后的烟气进行除尘过滤，使用药剂对滤出的飞灰进行稳定化处理，达到烟气排放符合国家和地方标准的目标。垃圾处理过程中产生的渗滤液，经多重工艺处理水质合格后，回用于资源热力电厂循环冷却水系统，实现污水零排放，垃圾焚烧后产生的炉渣，经回收磁性金属后，剩下炉渣制成再生环保砖，实现经济发展与环境保护的可持续发展。

垃圾焚烧发电工艺流程如图 1-24 所示。

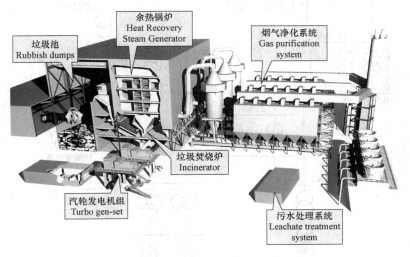

图 1-24　垃圾焚烧发电工艺流程

垃圾焚烧电厂采用先进、成熟的技术工艺和设备，工厂环境干净整洁，绿色环保。由于政府的大力支持，垃圾来源稳定，电力上网不受限，垃圾处理还有政府补贴，因此，垃圾焚烧电厂的收益非常稳定。

图1-25所示为垃圾焚烧电厂外观。

图1-25 垃圾焚烧电厂外观

任务二 变电站认知

微课5
变电站认知

变电站是联系发电厂和用户的中间环节，起着变换电压和分配电能的作用。如图1-26所示是某电力系统各类变电站原理接线示意图，图中电力系统接有大容量的火电厂和水电厂，其中水电厂发出的电能经500kV超

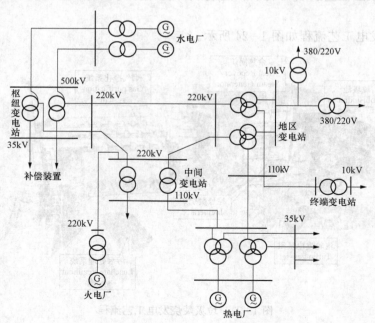

图1-26 某电力系统各类变电站原理接线示意图

高压输电线路送到枢纽变电站，220kV 电网构成三角环网，可提高供电可靠性。变电站有多种分类方法，可以根据电压等级、升压、降压及在电力系统中的地位和作用分类。根据变电站在电力系统中的地位和作用可将其分为以下几类。

1. 枢纽变电站

枢纽变电站位于电力系统枢纽点，连接电力系统高、中压的几个部分，汇集多个电源的多回大容量联络线，变电容量大，电压（指高压侧，下同）为 330～500kV。全站停电时将引起系统解列，造成大面积停电。图 1-27 所示为一座 500kV 枢纽变电站。

图 1-27　某 500kV 枢纽变电站

2. 中间变电站

中间变电站，又称区域变电站，一般位于电力系统的主要环路线路中或主要干线的接口处，汇集有 2～3 个电源，高压侧以交换潮流为主，同时又降压供给当地用户，主要起中间环节作用。电压等级为 220～330kV。全站停电时将引起区域电网解列。

3. 地区变电站

地区变电站以对地区供电为主，是一个地区或城市的主要变电站，电压等级一般为 110～220kV。全站停电时将使该地区停电。图 1-28 所示为一座 110kV 地区变电站全景。

图 1-28　某 110kV 地区变电站全景

4. 终端变电站

终端变电站位于输电线路终端，接近负荷点，经降压后直接向用户供电，不承担功率转送任务，电压等级为 110kV 及以下。全站停电时仅使其所供的用户停电。

5. 企业变电站

企业变电站是供大、中型企业专用的终端变电站，电压等级一般为 35～110kV，进线 1～2回。全站停电时将引起该企业停电。

任务三　发电厂、变电站电气设备

为了满足电能的生产、传输和分配的需要，发电厂、变电站中安装有各种电气设备。电气设备按电压等级可分为高压设备（1kV 及以上的设备）和低压设备，按其作用可分为一次设备和二次设备。

1. 一次设备

直接生产、传输、分配、交换、使用电能的设备称为一次设备，主要有以下几种。

（1）生产和转换电能的设备：包括发电机、变压器和电动机，它们都是按电磁感应原理工作的，统称电机。

（2）开关电器：包括断路器、隔离开关、负荷开关、熔断器、重合器、分段器、组合开关和刀开关，它们是用来接通或断开电路的电器。

（3）限流电器：包括普通电抗器和分裂电抗器，作用是限制短路电流，使发电厂和变电站能选择轻型开关电器和选用小截面的导体，提高经济性。

（4）载流导体：包括母线、架空线和电力电缆。母线用来汇集、传输和分配电能或将发电机、变压器与配电装置相连；架空线路和电力电缆用来传输电能。

（5）补偿设备：包括调相机、电力电容器、消弧线圈和并联电抗器。调相机是一种不带机械负荷的同步电动机，是电力系统的无功电源，用来向系统输出无功功率，以调节电力系统的电压。电力电容器有并联补偿和串联补偿两种，并联补偿是将电容器与用电设备并联，它发出无功功率，供给就地无功负荷需要，避免长距离输送无功功率，减少线路电能损耗和电压损耗，提高电力系统供电能力；串联补偿是将电容器与架空线路串联，抵消系统的部分感抗，提高系统的电压水平，同时减少系统的功率损失。消弧线圈是用来补偿小接地电流系统的单相接地电容电流，以利于熄灭电弧。并联电抗器一般装在某些 330kV 及以上超高压线路上，主要是吸收过剩的无功功率，改善沿线路的电压分布和无功功率分布，降低有功功率损耗，提高输电效率。

（6）互感器：包括电流互感器和电压互感器。电流互感器是将一次侧的电流变成二次侧标准的小电流（5A 或 1A），供电给测量仪表和继电保护的电流线圈；电压互感器是将一次高电压变成二次标准低电压（100V 或 $100/\sqrt{3}$ V），供电给测量仪表和继电保护的电压线圈。它们使测量仪表和保护装置标准化和小型化，使二次设备与一次高压部分隔离，且互感器二次侧可靠接地，保证了设备和人员的安全。

（7）防御过电压设备：包括避雷线（架空地线）、避雷器、避雷针、避雷带和避雷网等。避雷线可将雷电流引入大地，保护输电线路免受雷击；避雷器可防止雷电过电压及内部过电压对电气设备的危害；避雷针、避雷带和避雷网可防止雷电直接击中配电装置的电气设备或建筑物。

（8）绝缘子：包括线路绝缘子、电站绝缘子和电器绝缘子。用来支持和固定载流导体，并使载流导体与地绝缘或使装置中不同电位的载流导体间绝缘。

（9）接地装置：包括接地体和接地线。用来保证电力系统正常工作或保护人身、设备安全。

2．二次设备

对一次设备进行监视、测量、控制、调节、保护以及为运行、维护人员提供运行工况或产生指挥信号所需要的辅助设备，称为二次设备，主要分以下几类。

（1）测量表计：包括电流表、电压表、功率表、电能表、频率表、温度表等。用来监视、测量电路的电流、电压、功率、电能、频率及设备的温度等参数。

（2）绝缘监察装置：包括交流绝缘监察装置和直流绝缘监察装置，用来监察交流、直流电网的绝缘状况。

（3）控制和信号装置：控制是采用手动（通过控制开关或按钮）方式或自动（通过继电保护或自动装置）方式通过操作回路实现断路器的分闸、合闸。断路器都有位置信号灯，有些隔离开关也有位置指示器。主控制室内设有中央信号装置，用来反映电气设备的正常、异常或事故状态。

（4）继电保护和自动装置：继电保护作用是当一次设备发生事故时，作用于断路器跳闸，自动切除故障元件，当一次系统出现异常时发出信号，提醒工作人员注意。自动装置用来实现发电机的自动并列、自动调节励磁、自动按事故频率减负荷、电力系统频率自动调节、按频率自动启动水轮机组，实现发电厂或变电站的备用电源自动投入、输电线路自动重合闸、变压器分接头自动调整、并联电容器自动投切等。

（5）直流电源设备：包括蓄电池组和硅整流装置，用作开关电器的操作、信号、继电保护及自动装置的直流电源，以及事故照明和直流电动机的备用电源。

任务四　换流站认知

与交流输电系统相比，直流输电系统具有点对点、大容量、远距离输送线路造价低、运行稳定、能限制短路电流、调节速度快等优势，尤其在我国能源分布不均衡，从西部大规模向东部输电的情况下，直流输电的优势更显突出。

微课6
换流站认知

直流输电系统主要由整流站、直流输电线路、逆变站三部分组成。具有功率反送功能的直流系统换流站，既可作为整流站运行，又可作为逆变站运行。作为整流站运行时，将交流变换为直流；作为逆变站运行时，将直流逆变为交流。

直流输电系统基本构成如图1-29所示。

采用双极型的直流输电，一根导线是正极，另一根导线是负极，中性点接地。在正常运行时中性点没有电流通过，当一根导线或一极设备发生故障时，另一极的一根导线即以大地作回路，继续输送一半功率或全部功率；如果设备绝缘薄弱，还可降压运行，这样就提高了系统运行的可靠性。

换流站按照功能区域可以分为阀厅与控制楼区域、换流变压器区域、直流场区域、交流

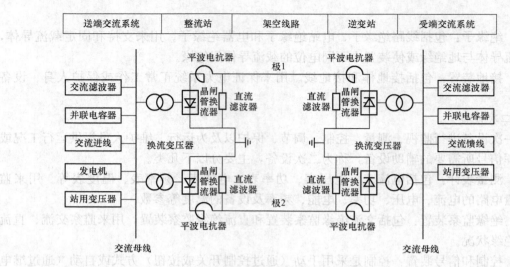

图 1-29 直流输电系统基本构成

场区域。控制楼布置有通信设备、控制保护设备、直流电源和阀的冷却设备等。特高压直流换流站典型布置如图 1-30 所示。

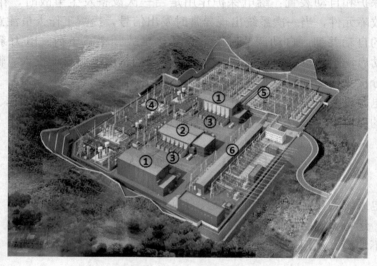

图 1-30 特高压直流换流站典型布置
①—高压阀厅；②—低压阀厅；③—换流变压器；④—直流场；⑤—交流滤波场；⑥—户内 GIS

（1）阀厅布置。阀厅与控制楼采用整体建筑结构。阀厅里的设备主要有换流阀、相关的开关设备、过电压保护设备以及火灾报警装置等。换流阀是高压直流系统的核心设备，其主要功能是把交流转换成直流或实现逆变换。直流输电中使用最广泛的是晶闸管换流阀，在柔性直流输电系统中也用到 IGBT 型换流阀。在阀厅中，每个 12 脉动阀组由 2 个 6 脉动阀串联组成，1 个 6 脉动阀每相由 2 个换流阀臂串联，每相 2 个阀臂紧密串联接在 1 个阀塔上组成二重阀，每个 12 脉动阀组安装在 1 个阀厅内，全站共 4 个阀厅。每极设高、低压阀厅各 1 个，面对面布置。两个极的低压阀厅背靠背布置。图 1-31 所示为换流站阀厅内部。

图 1-31　换流站阀厅

（2）换流变压器布置。换流变压器区域主要布置有换流变压器及其消防装置。采用典型的换流变压器阀侧套管直接插入阀厅的紧邻阀厅布置方式，阀侧套管插入阀厅后，在阀厅内部完成连接。每个阀厅对应的 6 台单相双绕组换流变压器之间用防火墙隔开，成一字排列布置于阀厅外。每极的高、低端换流变压器采用背靠背布置，可以有效降低噪声。图 1-32 所示为 ±800kV 特高压直流输电换流变压器。

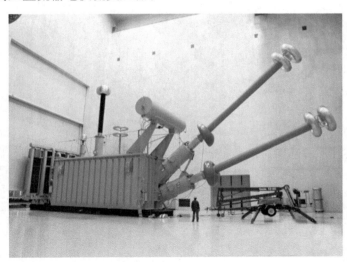

图 1-32　±800kV 特高压直流输电换流变压器

（3）直流场布置。直流场区域的设备有平波电抗器、直流滤波器、直流避雷器、直流测量装置，以及用于运行方式转换和故障清除所需的直流开关设备。户外直流场按极对称布置，直流中性点设备布置在直流场的中央，直流极母线设备布置在直流配电装置的两侧，每极 2 组直流滤波器布置在直流中性点设备和直流高压极线设备之间。

（4）交流场和交流滤波器布置。交流场区域主要包括交流侧开关设备、交流滤波器及无功补偿装置、交流避雷器、交流测量装置等。500kV 交流配电装置采用户内 GIS 配电装置布置，500kV 交流滤波器配电装置的 4 大组交流滤波器及电容器按田字形布置。

思考与练习

1-1 凝汽式火力发电厂与热电厂的区别是什么？凝汽式火力发电厂与燃机电厂的区别又是什么？

1-2 目前我国装机容量最大的凝汽式火力发电厂是哪一个电厂？有几台机组？单机容量多大？总装机容量多大？

1-3 坝后式水电厂与河床式水电厂的区别是什么？试举出目前我国装机容量排在前五位的堤坝式水电厂及其各自装机容量。

1-4 浙江天荒坪抽水蓄能水电站年发电量 31.6 亿 kWh，年抽水用电量 42.86 亿 kWh，用电量大于发电量，请问抽水蓄能水电站的盈利模式是什么？

1-5 目前我国核电站选址都在沿海地区，请问这是出于怎样的考虑？

1-6 新能源发电有哪些形式？与传统能源发电相比，新能源发电有哪些优缺点？如果让你选择，你愿意去哪一种类型的新能源电厂工作？

1-7 变电站主要有哪些类型？在电力系统中，它们分别起什么作用？

1-8 在发电厂或变电站中，哪些设备属于一次设备？哪些设备属于二次设备？

1-9 在电力系统中，换流站起什么作用？

项目二 开关设备及运行

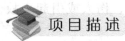

项目描述

学习高压开关设备（断路器、隔离开关、熔断器、负荷开关）的工作原理、结构特点、运行要求等知识，了解、掌握智能变电站中常见的隔离断路器的相关技术。

教学目标

知识目标

①掌握断路器的工作原理及基本结构；②掌握隔离开关的工作原理及分类；③掌握熔断器的工作原理及分类；④掌握负荷开关的工作原理及基本结构；⑤熟悉隔离断路器的结构特点。

技能目标

①能说出断路器的工作原理及分类；②能说出隔离开关的工作原理及分类；③能说出熔断器的工作原理及分类；④能说出负荷开关与断路器的区别；⑤能说出隔离断路器的结构特点。

任务一 电弧形成与熄灭理论认知

一、电弧的特点和危害

电弧实际上是一种气体放电现象，是在某些因素作用下，气体被强烈游离，产生很多带电粒子，使气体由绝缘变为导通的过程。电弧形成后，依靠电源不断输送能量，维持其燃烧，并产生很高的高温。

微课7
开关电器电弧的
形成和熄灭

1. 电弧的主要特征

（1）电弧由三部分组成，包括阴极区、阳极区和弧柱区，如图 2-1 所示。

（2）电弧的温度很高。电弧燃烧时，能量高度集中，弧柱区中心温度可达到 10000℃以上，表面温度也有 3000～4000℃，同时发出强烈的白光，故称弧光放电为电弧。

（3）电弧是一种自持放电，但又不同于其他形式的放电现象，如电晕放电、火花放电等，电极间的带电粒子不断产生和消失，处于一种动态平衡，弧柱区电场强度很低，一般仅为 10～200V/cm。

（4）电弧是一束游离的气体，质量很轻，在电动力、热力或其他外力作用下能迅速移动、伸长、弯曲和变形。

2. 电弧对电力系统和电气设备的危害

（1）电弧的高温可能烧坏电器触头和触头周围的其他部件；对充油设备还可能引起着火甚至爆炸等危险，危及电力系统的安全运

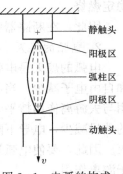

图 2-1 电弧的构成

行，造成人员的伤亡和财产的重大损失。

（2）由于电弧是一种气体导电现象，所以在开关电器中，虽然开关触头已经分开，但是在触头间只要有电弧的存在，电路就没有断开，电流仍然存在，直到电弧完全熄灭，电路才真正断开，电弧的存在延长了开关电器断开故障电路的时间，加重了电力系统短路故障的危害。

（3）由于电弧在电动力、热力作用下能移动，容易造成飞弧短路、伤人或引起事故扩大。

二、电弧的产生与熄灭

电弧的产生和熄灭过程，实际上是气体介质由绝缘变为导通和由导通又变为截止的过程。

1. 电弧的形成

电弧的产生和维持是触头间中性粒子（分子和原子）被游离的结果，游离就是中性粒子转化为带电粒子，带电粒子的定向运动形成电弧，如图 2-2 所示。用开关电器切断有电流通过的电路时，在触头处产生电弧的条件非常低，只要电源电压大于 $10\sim20\text{V}$，电流大于 $80\sim100\text{mA}$，在开关电器的动触头、静触头分离瞬间，触头间就会出现电弧。

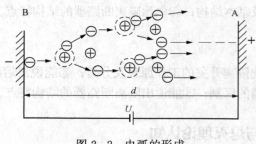

图 2-2　电弧的形成

（1）触头开断瞬间自由电子的产生。由阴极通过热电子发射或强电场发射自由电子。

触头刚分离时，触头间的接触压力和接触面积不断减小、接触电阻迅速增大，使接触处剧烈发热，局部高温使此处电子获得动能就可能发射出来，这种现象称为热电子发射。另一方面，触头刚分离时，由于触头间的间隙很小，在电压作用下间隙形成很高的电场强度 E，当电场强度超过 $3\times10^6\text{V/m}$ 时，阴极触头表面的自由电子就可能在强电场力的作用下，被拉出金属表面，这种现象称为强电场发射。

（2）电场游离形成电弧。从阴极表面发射出来的自由电子，在触头间电场力的作用下加速运动，不断与间隙中的中性气体粒子（原子或分子）撞击，如果电场足够强，在极短促的时间内，会产生大量的自由电子和正离子，在触头间隙形成强烈的放电现象，形成了电弧，这种现象称为电场游离。

（3）热游离维持电弧的燃烧。触头间在发生了雪崩式碰撞游离后，发展为电弧，并产生高温。高温下形成热游离，热游离供给弧隙大量的电子和正离子，维持放电进行，维持电弧稳定燃烧。

因此，在断路器触头间隙中，由电场游离产生电弧，由热游离维持电弧燃烧。

2. 电弧的熄灭

电弧的熄灭是电弧区域内已电离的粒子不断发生去游离的结果。去游离使弧隙中正离子和自由电子减少。当游离作用大于去游离作用时，电弧电流增加，电弧燃烧加强；当游离作用与去游离作用持平时，电弧维持稳定燃烧；当去游离作用大于游离作用，弧隙中导电粒子的数目减少，电导下降，电弧越来越弱，弧温下降，使热游离下降或停止，最终导致电弧熄灭。因此，要使电弧熄灭，必须使电弧区游离作用减弱，去游离作用增强，使去游离作用强于游离作用。

三、开关电器中熄灭交流电弧的基本方法

交流电流每半个周期过零一次，称为"自然过零"。电流过零时，电弧自然熄灭。如果电弧是稳定燃烧的，则电弧电流过零熄灭后，在另半周又会重燃。如果电弧过零后，电弧不发生重燃，电弧就熄灭。所以，交流电流过零的时刻是熄灭电弧的良好时机，如果在电流过零时采取有效措施使电弧不再重燃，则电弧最终熄灭。目前，在开关电器中广泛采用的灭弧方法有以下几种。

1. 吹弧

利用灭弧介质（气体、油等）在灭弧室中吹动电弧，广泛应用在开关电器中，特别是高压断路器中。

用弧柱区外新鲜、低温的灭弧介质吹拂电弧，对熄灭电弧起到多方面的作用。它可将电弧中大量正负离子吹到触头间隙以外，以绝缘性能高的新鲜介质代之；它使电弧温度迅速下降，阻止热游离的继续进行，触头间的绝缘强度提高；被吹走的离子与冷介质接触，加快了复合过程的进行，使电弧拉长变细，加快了电弧的分解，弧隙电导下降。按吹弧方向分为：

（1）横吹。吹弧方向与电弧轴线相垂直时，称为横吹，如图 2-3（a）所示。横吹更易于把电弧吹弯拉长，增大电弧表面积，加强冷却和增强扩散。

（2）纵吹。吹动方向与电弧轴线一致时，称为纵吹，如图 2-3（b）所示。

纵吹能促使弧柱内带电粒子向外扩散，使新鲜介质更好地与炽热的电弧相接触，冷却作用加强，并把电弧吹成若干细条，易于熄灭。

（3）纵横吹。横吹灭弧室在开断小电流时，因灭弧室内压力太小，开断性能差。为了改善开断小电流时的灭弧性能，可将纵吹和横吹结合起来。在开断大电流时主要靠横吹，开断小电流时主要靠纵吹。

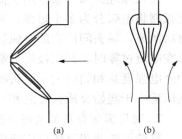

图 2-3 吹弧方式
(a) 横吹；(b) 纵吹

2. 采用多断口串联灭弧

在许多高压和超高压断路器中，常采用每相两个或多个开断口串联的方式。熄弧时，多断口把电弧分解为多个相串联的短电弧，使电弧的总长度加长，弧隙电导下降；在触头行程、分闸速度相同的情况下，电弧被拉长的速度成倍增加，促使弧隙电导迅速下降，提高了介电强度的恢复速度；另外，加在每一断口上的电压减小数倍，输入电弧的功率和能量减小，降低了弧隙电压的恢复速度，缩短了灭弧时间。如图 2-4 所示是每相两对触头串联的示意图。多断口比单断口具有更好的灭弧性能，便于采用积木式结构（用于 110kV 及以上电压的断路器中）。

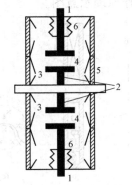

图 2-4 双断口灭弧

1—动导电杆；2—静导电杆；
3—屏蔽罩；4—触头；
5—绝缘外壳；6—波纹管

采用多断口的结构后，每个断口上的电压出现分配不均的现象，这是由于两断口之间的导电部分对地电容的影响而引起的。为了使各个灭弧室的工作条件相接近，通常在每个断口外边并联一个比对地电容大得多的电容 C，称为均压电容，其容量一般为 1000～2000pF。接了均压

电容后，只要电容容量足够大，多断口的电压就接近相等了。实际中一般按断口间最大电压不超过均匀分配值10％的要求来选择均压电容的电容量。

3. 提高分闸速度

迅速拉长电弧，有利于迅速减小弧柱内的电位梯度，增加电弧与周围介质的接触面积，加强冷却和扩散作用。现代高压开关中都采取了迅速拉长电弧的措施灭弧，如采用强力分闸弹簧，其分闸速度已达16m/s。

4. 用耐高温金属材料制作触头

触头材料对电弧的去游离也有一定影响，用熔解点高、导热系数和热容量大的耐高温金属制作触头，可以减少热电子发射和电弧中的金属蒸气，减弱游离过程，利于电弧熄灭。

5. 采用优质灭弧介质

灭弧介质的特性，如导热系数、介电强度、热游离温度、热容量等，对电弧的游离程度有很大影响，这些参数值越大，去游离作用越强。现代高压开关中，广泛采用压缩空气、SF_6气体、真空等作为灭弧介质。

6. 短弧原理灭弧

短弧原理灭弧方法常用于低压开关电器中，如自动开关和电磁接触器等。利用一个金属灭弧栅将电弧分为多个短弧，利用近阴极效应的方法灭弧，如图2-5所示。灭弧栅用金属材料制成，触头间产生的电弧被磁吹线圈驱入灭弧栅，每两个栅片间就是一个短弧，每个短弧在电流过零时，其阴极附近都产生150～250V的起始介电强度，如果所有串联短弧的起始介电强度总和始终大于触头间的外加电压，电弧就不会重燃而熄灭。在低压电路中，电源电压远小于起始介质强度之和，因而电弧不能重燃。

7. 利用固体介质的狭缝灭弧装置灭弧

狭缝灭弧装置灭弧也广泛应用在低压开关。狭缝由耐高温的绝缘材料（如陶土或石棉水泥）制作，通常称为灭弧罩。电弧形成后，用磁吹线圈产生的磁场作用于电弧，电弧受电动力作用吹入狭缝中，把电弧迅速拉长的同时，电弧与灭弧罩内壁紧密接触，热量被冷的灭弧罩吸收，电弧温度下降，电弧表面被冷却和吸附；又因窄缝中的气体被加热使压力很大，加强了电弧中的复合过程。如图2-6所示为用狭缝灭弧装置的灭弧工作原理示意图。

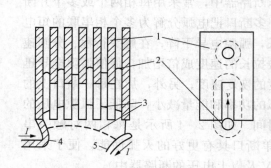

图2-5　用灭弧栅熄灭电弧

1—灭弧栅片；2—电弧；
3—电弧移动位置；4—静触头；5—动触头

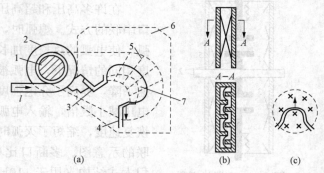

图2-6　用狭缝灭弧装置的灭弧工作原理示意图

（a）灭弧装置；（b）灭弧片；（c）磁吹线圈

1—磁吹铁芯；2—磁吹线圈；3—静触头；4—动触头；
5—灭弧片；6—灭弧罩；7—电弧移动位置

任务二 断路器及运行

开关电器是用来控制电路的电器。在发电厂和变电站中运行的发电机、变压器、进出线等回路，经常需要进行投入和退出；在电力系统发生事故时也需要退出故障设备，因此在发电厂和变电站中需要装设必要的开关电器。断路器是开关电器的一种。

高压断路器是指额定电压为 1kV 及以上，能够关合、承载和开断运行状态的正常电流，并能在规定的时间内关合、承载和开断规定的异常电流（如短路电流、过负荷电流）的开关电器。

一、高压断路器的用途要求和分类

1. 作用

控制：正常运行时接通和开断电路。即根据电网运行要求，将一部分电气设备及线路投入或退出运行状态、转为备用或检修状态。

保护：电力系统故障时与继电保护配合自动断开故障。即在电气设备或线路发生故障时，通过继电保护装置及自动化装置使断路器动作分闸，将故障部分从电网中迅速切除，防止事故扩大，保证电网的无故障部分得以正常运行，还能实现自动重合闸的功能。

微课 8
高压断路器概述

2. 高压断路器的基本要求

(1) 工作可靠性高。

(2) 足够的开断能力和足够的动、热稳定。

(3) 尽可能短地切断时间。

(4) 能实现自动重合闸。

(5) 结构简单、安装和检修方便。

3. 高压断路器的分类

(1) 按灭弧介质分为：油断路器（分为多油断路器和少油断路器）、压缩空气断路器、真空断路器、SF_6 断路器。

(2) 按安装地点可分为：户内式、户外式。

二、高压断路器的技术参数和型号

1. 技术参数

(1) 额定电压 U_N（kV）。额定电压表示断路器在运行中长期承受的系统最高电压，断路器的额定电压应等于或大于系统最高电压。交流断路器的额定电压（即最高工作电压）如下：3.6、7.2、12、24、40.5、72.5、126、252、363、550、800kV 和 1100kV。额定电压不仅决定了断路器的绝缘要求，而且在相当程度上决定了断路器的总体尺寸和灭弧条件。

(2) 额定电流 I_N（A）。额定电流是指在额定频率下长期通过断路器且使断路器无损伤、各部件发热不超过长期工作的最高允许发热温度的电流。我国规定断路器的额定电流如下：200、400、630、（1000）、1250、（1500）、1600、2000、3150、4000、5000、6300、8000、10000、12500、16000A 和 20000A。额定电流大小决定断路器导电部分和触头尺寸及结构。

（3）额定开断电流（kA）。在额定电压下，断路器能可靠开断的最大短路电流。当电压低于额定电压时，允许开断电流超过额定开断电流，但有一个极限开断电流（由断路器的灭弧能力和承受内部气体压力的机械强度决定）。我国规定的额定短路开断电流如下：1.6、3.15、6.3、8、10、12.5、16、20、25、31.5、40、50、63、80kA 和 100kA 等。

（4）动稳定电流（峰值）（kA）。又称额定峰值耐受电流，指断路器在闭合状态允许通过的最大短路电流峰值，又称极限通过电流。它表明断路器在冲击短路电流的作用下，能承受的最大电动力的能力，其值等于额定短路关合电流。动稳定电流反映断路器承受短路电流电动力作用的能力，它决定了断路器导电部分及支持部分的机械强度及触头的结构形式。

（5）热稳定电流（有效值）（kA）。又称额定短时耐受电流，指断路器在某一定热稳定时间内允许通过的最大短路电流有效值，表明断路器承受短路电流热效应的能力，它将影响断路器导电部分和触头的结构及尺寸。

（6）额定短路关合电流（kA）。当断路器关合存在预伏故障的设备或线路时，在动、静触头尚未接触前相距几毫米时，触头间隙发生预击穿，随之出现短路电流，给断路器的关合造成阻力，影响动触头合闸速度及触头接触压力，甚至出现触头弹跳、熔焊或严重烧损，严重时会引起断路器爆炸。

额定短路关合电流是指断路器在额定电压下能接通的最大短路电流峰值，制造厂家对关合电流一般取额定短路开断电流的 2.55（$1.8\sqrt{2}$）倍。断路器关合短路电流的能力既与灭弧装置的性能有关，又与操动机构的合闸动力有关。

（7）合闸时间（s）。从发出合闸命令（合闸线圈通电）起至断路器接通为止所经过的时间。

（8）分闸时间（s）。从发出分闸命令（分闸线圈通电）起至三相电弧完全熄灭所经过的时间。它是反映断路器开断快慢的参数，为断路器固有分闸时间和熄弧时间之和。

（9）自动重合闸性能。装设在输配电线路上的高压断路器，如果配备自动重合闸装置则能明显提高供电可靠性，但断路器自动重合闸不成功时，须连续两次跳闸灭弧，两次跳闸之间还必须关合于短路故障，为此，要求高压断路器满足自动重合闸的额定操作顺序为

$$分 —\theta— 合分 —t— 合分$$

式中：θ 为断路器切断短路故障后，从电弧熄灭时刻到电路重新接通为止所经过的时间，称为无电流间隔时间，通常为 0.3～0.5s；t 为强送电时间，通常为 180s。

上式表明，原先处在合闸送电状态中的高压断路器，在继电保护装置作用下分闸（第一个"分"），经过时间 θ 秒后断路器又重新合闸，如果短路故障是永久性的，则在继电保护装置作用下立即分闸（第一个"合分"），经强送电时间 t 秒后手动合闸，如短路故障仍未消除，则随即又跳闸（第二个"合分"）。表 2 - 1 为一台应用于 220kV 系统中的断路器的主要参数。

表 2 - 1   **应用于 220kV 系统中的断路器的主要参数**

序号	名　称	参　数
1	断路器型号	LW30 - 252
2	额定电压（kV）	252
3	额定频率（Hz）	50
4	额定电流（A）	4000

续表

序号	名　称		参　数
5	额定短路开断电流	交流分量有效值（kA）	50
		开断次数	20
6	额定短路关合电流（kA）		125
7	额定短时耐受电流及持续时间（kA/s）		50/3
8	额定峰值耐受电流（kA）		125
9	分闸时间（ms）		≤50
10	固有分闸时间（ms）		≤30
11	合闸时间（ms）		≤100
12	重合闸无电流间隙时间（ms）		≥300

2. 高压断路器型号

高压断路器型号一般由英文字母和阿拉伯数字组成，表示方法如下。

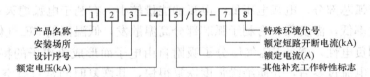

产品名称的字母代号：S 为少油断路器，Z 为真空断路器，L 为 SF_6 断路器。

安装场所字母代号：N 为户内，W 为户外。

其他补充工作特性的字母代号：G 为改进型，F 为分相操作。

例如：型号为 LW6-252/3150-40 的断路器，表示额定电压为 252kV，额定电流为 3150A，额定短路开断电流为 40kA 的户外 SF_6 断路器。ZN28-12/1250-25，表示户内式真空断路器，设计序号为 28，额定电压为 12kV，额定电流为 1250A，额定开断电流为 25kA。

三、高压断路器结构

高压断路器的结构示意图如图 2-7 所示。

（1）开断元件：包括动触头、静触头、导电部件和灭弧室，执行接通或断开电路的任务，是断路器的执行元件。

（2）绝缘支柱：支撑固定开断元件，并使处在高电位状态下的触头和导电部分与接地的零电位部分绝缘。

（3）操动机构：向开断元件提供分、合闸操作的能量，实现规定的顺序操作，并维持断路器的合闸状态。操动机构与动触头的连接由传动机构和提升杆（在绝缘支柱内）来实现。

（4）基座：用于支撑、固定和安装开关电器的各结构部分，使之成为一个整体。

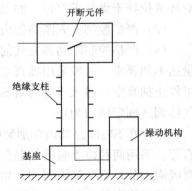

图 2-7　高压断路器结构示意图

四、SF₆断路器

微课 9
SF₆断路器及运行

SF₆断路器利用 SF₆ 气体作绝缘和灭弧介质，在使用电压等级、开断性能等方面有显著的优势，在 110kV 以上的电压等级中居主导地位。

1. SF₆气体的特性

SF₆ 气体是一种无色、无味、无毒和不可燃的惰性气体，在常温下易液化，化学性能稳定，具有良好的绝缘性能，不会老化变质，在均匀电场和正常状态下，它的绝缘强度是空气的 $2.5 \sim 3$ 倍；在 $0.2 \sim 0.3$ MPa 下，它的绝缘强度与变压器油相同。因此，采用 SF₆ 气体作为高压电器的绝缘介质和灭弧介质，可以大大缩小电器的外形尺寸，减少占地面积。

电场的均匀程度对 SF₆ 气体间隙击穿电压的影响要比空气大得多。在极不均匀电场下 SF₆ 间隙击穿电压将仅相当于空气的 1/3，因此，SF₆ 断路器在设计本身中一般会尽量避免出现极不均匀的电场出现。在制造过程和使用维修中，不允许有尖角、碰伤、划伤及电焊渣附着等现象存在，表面必须光滑。

SF₆ 气体具有很强的灭弧性能，不仅是由于它具有优良的绝缘特性，还因为它具有独特的热特性和电特性。在 SF₆ 气体中的电弧，弧芯的导电率高，导热率低，弧芯部分温度高，电弧电流集中于弧芯部分，电弧电压低，电弧的能量较小，有利于电弧熄灭；弧柱外围部分导热率高，电导率低，温度低，有利于弧芯部分高温散发，低温区的 SF₆ 气体及其分解物具有负电性（所谓负电性，就是 SF₆ 气体分子吸附自由电子而形成负离子的特性），有利于正负粒子的复合，电流过零后，介质绝缘强度恢复很快，其恢复时间常只有空气的 1%，即其灭弧能力为空气的 100 倍；电弧在 SF₆ 气体内冷却时直至相当低的温度，仍能导电，电流过零前的截流小，避免了较高的截流过电压。

纯 SF₆ 气体无腐蚀，但其分解物遇水后会变成腐蚀性很强的电解质，如 SF_4、S_2F_2、S_2F_{10}、SOF_{10}、HF 及 SO_2，会刺激皮肤、眼睛等，大量吸入还会引起头晕和肺水肿。也会对设备内部某些材料造成损害及故障。因此，对使用的 SF₆ 气体纯度及各种杂质含量应加以控制，严格控制 SF₆ 气体中水分、杂质含量，主要如下。

（1）SF₆ 断路器的密封十分重要。密封不是单纯防止 SF₆ 气体泄漏出来，更是要防止水分从大气侧侵入内部。

（2）断路器组装时，零部件必须先进烘箱烘干，使之达到工艺要求。尤其是绝缘零件，对环氧拉杆干燥要求严格。如果烘得不干，环氧拉杆会释放水分，造成气体含水量升高。

（3）严格控制充入断路器内的 SF₆ 气体含水量。

（4）严格控制断路器充气前空气的含水量。充气前，先测量断路器内的含水量，如含水量达不到要求，一般采用抽真空办法，使其内部干燥。先试纯氧，再测含水量，达到要求即可停止抽真空，注入干燥的新 SF₆ 气体，当测得含水量符合要求时，再注入干燥的新的 SF₆ 气体到达额定压力为止。

（5）在 SF₆ 断路器内部加装吸附剂。通常使用的吸附剂有分子筛、活性氧化铝、合成沸石等。采用两种以上吸附剂混合效果会更好，即用一种吸附剂（如分子筛或活性氧化铝）主要吸附水分，另一种吸附剂（如沸石）主要吸附有害的气体。断路器生产过程中，在设备中加入的吸附剂约为气体注入量的 $1\% \sim 10\%$。

2. SF_6断路器的优点

(1)断口耐压高。由于单断口耐压高，所以对于同一电压等级，SF_6断路器的断口数目比油断路器和空气断路器的断口数目少，使结构简化、占地面积少，有利于断路器的制造和运行管理。

(2)开断能力强，开断性能优越。由于SF_6气体良好的灭弧特性，使SF_6断路器燃弧时间短、开断电流大，目前500kV及以上电压等级的SF_6断路器，其额定开断电流一般为40～60kA，最大已达80kA。SF_6断路器不仅可以开断空载长线路不重燃，切断空载变压器不截流，而且可以比较容易地切断近区短路故障。

(3)载流量大、电寿命长、检修周期长。由于SF_6气体分子量大，比热大，对触头和导体的冷却效果好，因此在允许的温升限度内。可通过较大的工作电流，额定电流可达12000A；开断电路时触头烧损轻微，所以电寿命长，一般连续（累计）开断电流4000～8000kA可以不检修。SF_6气体中不存在碳元素，SF_6断路器内没有碳的沉淀物，其允许开断的次数多，无须进行定期的全面解体检修，检修周期长，日常维护量极小，年运行费用低。

(4)运行可靠性高，安全性好。SF_6断路器的导电和绝缘部件均密封，不受大气条件影响，也能防止外部物体入侵，减少了设备故障的可能性，保证了长期较高的运行可靠性。金属容器外部接地，防止意外接触带电部位，使用安全；SF_6气体在密封系统中循环使用，没有爆炸和火灾危险，噪声低、无污染，安全性高。

3. SF_6断路器的缺点

(1)制造工艺要求高、价格贵。SF_6断路器的制造精度和工艺要求比油断路器高很多，制造成本高，约为断路器的2～3倍。

(2)气体管理技术要求高。SF_6气体在环境温度较低、气压提高到某个程度时，难以在气态下使用。SF_6气体混有杂质时，其分解物有毒，对人体有害。SF_6气体处理和管理工艺复杂，要有一套完备的气体回收、分析测试设备。

4. SF_6断路器的类型

(1)按其灭弧方式分为单压式和双压式两种。

1)单压式SF_6断路器又称压气式SF_6断路器，只有一个气压系统，气压值约为0.3～0.6MPa。当分闸时，开断过程中利用动触头及活塞的运动产生压气作用，在触头和喷嘴间产生高速气流来吹灭电弧。图2-8所示为其开断过程示意图。

从图中可以看出，操作拉杆带动动触头系统（包括喷嘴、动触头、可动气缸）迅速向下移动，首先静主触头指和动主触头脱离接触，然后动静弧触头分离。在动触头系统向下运动过程中，逆止阀关闭，压气缸内腔的SF_6气体被压缩，气压增大，动静弧触头分离后，SF_6气体经喷嘴向电弧区吹弧，使电弧冷却和去游离而熄灭，并使断口间的介质强度迅速恢复，以达到开断额定电流和各种故障电流的目的。

2)双压式灭弧室有高压和低压两个气压系统。低压系统主要用作灭弧室的绝缘介质，高压系统只在灭弧时才起作用，灭弧时，高压室控制阀打开，高压SF_6气体经过喷嘴吹向低压系统，再吹向电弧使其熄灭。由于双压式的结构复杂，辅助设备多，已渐被单压式取代。

(2)按触头动作方式分为变开距和定开距两种。

1)变开距式SF_6断路器在灭弧过程中，触头的开距是变化的。变开距灭弧室的特点是

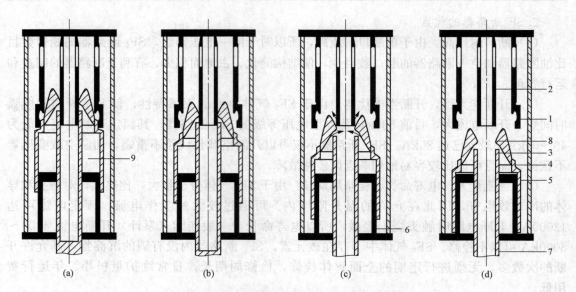

图 2-8 单压式变开距断路器开断过程示意图

（a）合闸位置；（b）触头分离；（c）气吹电弧；（d）分闸位置

1—静主触头；2—静弧触头；3—动弧触头；4—动主触头；5—压气缸；6—活塞；7—操作拉杆；8—喷嘴；9—压气室

触头开距在分闸过程中不断增大，最终开距很大，断口电压可以很高，起始介质强度恢复较快；喷嘴与触头是分开的，喷嘴的形状不受限制，可以设计得比较合理，可动部分的行程较小，超行程与金属短接时间也较短，有利于改善吹弧效果，提高开断能力；缺点是电弧拉得较长，电弧能量较大，绝缘喷嘴容易被电弧烧坏。

2）定开距式 SF$_6$ 断路器的结构特点是断路器的弧隙由两个静触头保持固定的开距，故称为定开距。触头开距设计得比较小，110kV 电压的开距只有 30mm。触头从分离位置到熄弧位置的行程很短，因而电弧能量小，熄弧能力强，燃弧时间短，可以达到较大的额定开断电流；分闸后，断口间电场比较均匀，绝缘性能较稳定；缺点是压气室体积大，SF$_6$ 气体压力提高到所需值的时间较长，行程较大，超行程与金属短接时间较长，所以使断路器的动作时间加长。

（3）按其结构形式分为落地罐型和瓷柱绝缘支柱型。

1）落地罐型 SF$_6$ 断路器是触头和灭弧室装在充有 SF$_6$ 气体并接地的金属罐中，触头与罐壁间的绝缘采用环氧支持绝缘子，引出线靠绝缘瓷套管引出，可以在套管上装设电流互感器。落地罐式 SF$_6$ 断路器结构图和实物图分别如图 2-9 和图 2-10 所示。

2）绝缘套支柱型 SF$_6$ 断路器外形图如图 2-11 所示，灭弧室位于上部，靠支柱绝缘套对地绝缘，灭弧室可布置成"T"形或"I"形。绝缘套支柱型 SF$_6$ 断路器实物图如图 2-12 所示。

5. SF$_6$ 断路器的气压监测

由于 110kV 以上高压断路器一般采用具有一定压力的 SF$_6$ 气体作为绝缘、灭弧介质，如因灭弧室密封问题，导致气体泄漏，使灭弧室气体压力降低，可能会发生灭弧困难，甚至在关合操作过程中发生爆炸，因此监测高压断路器的 SF$_6$ 气体压力成为监视断路器运行状态的必须手段。

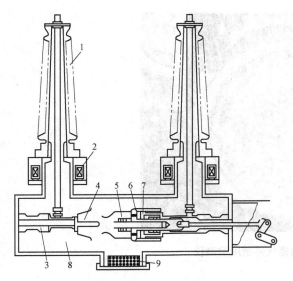

图 2-9 落地罐式 SF_6 断路器结构图

1—套管；2—电流互感器；3—绝缘子；4—静触头；

5—动触头；6—压气缸；7—压气活塞；

8—SF_6 气体；9—吸附剂

图 2-10 落地罐式 SF_6 断路器实物图

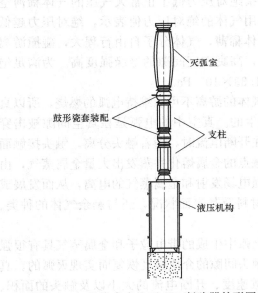

灭弧室

鼓形瓷套装配

支柱

液压机构

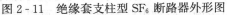

图 2-11 绝缘套支柱型 SF_6 断路器外形图

图 2-12 绝缘套支柱型 SF_6 断路器实物图

断路器内 SF_6 气体压力通常由指针式密度监测仪进行在线测量，其工作原理为：当 SF_6 气体由于泄漏而造成压力下降时，仪表的指示也将随之发生变化，当降至报警值时，电接点的一对接点闭合，输出报警信号；当压力继续下降，达到闭锁值时，电接点的另一对接点闭合，输出闭锁信号，禁止断路器分、合操作。图 2-13 所示为 SF_6 断路器气体密度监测仪。

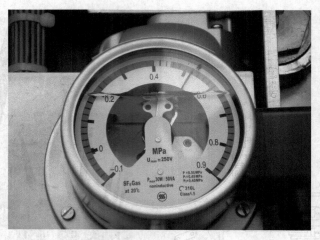

图2-13　SF₆断路器气体密度监测仪

五、真空断路器

微课 10
真空断路器及运行

真空断路器利用"真空"作为灭弧和绝缘介质，断路器的触头在真空中开断，电弧在真空中熄灭。

1. 真空断路器的工作原理

（1）真空。所谓真空是指绝对压力低于正常大气压的气体稀薄空间。真空的程度即真空度，用气体的绝对压力值表示，绝对压力越低表示真空度越高。真空中气体稀薄，气体分子自由行程大，碰撞游离机会少，击穿电压高，所以，高真空度间隙的绝缘强度高。为满足绝缘强度的要求，真空度一般要求在 $1.33×10^{-7}～1.33×10^{-3}$Pa。

（2）真空电弧。真空中气体十分稀薄，这些气体的游离不可能维持电弧的燃烧，所以真空间隙被击穿而产生的电弧不是气体碰撞游离产生的。真空中的电弧是在真空间隙被击穿时，触头电极蒸发出来的金属蒸气电离产生的。在开断电流时，随着触头分离，触头接触面迅速减少，电流密度非常大，温度急剧升高，接触点的金属熔化并蒸发出大量金属蒸气，由于金属温度很高，同时又存在很强的电场，导致强电场发射和金属蒸气的电离，从而发展成为电弧。真空中的电弧特性，主要取决于触头的材料及其表面状况，还与剩余气体的种类、间隙距离和电场的均匀程度有关。

（3）真空电弧的熄灭。真空断路器利用真空电弧中生成的带电粒子和金属蒸气具有很强扩散速度的特性，在电弧电流过零暂时熄灭时，触头间隙的介质强度恢复而实现灭弧的。真空间隙高绝缘强度的恢复，取决于带电粒子的扩散速度、开断电流的大小以及触头的面积、形状和材料等因素。在燃弧区施加横向磁场和纵向磁场，驱动电弧高速扩散，可以提高介质强度的恢复速度，还能减轻触头的烧损程度，提高使用寿命。

2. 真空断路器的结构

（1）真空断路器主要由真空灭弧室、支架和操动机构组成。

真空灭弧室是真空断路器的核心元件，具有开断、导电和绝缘的功能，主要由绝缘外壳、动静触头、屏蔽罩和波纹管组成，其结构如图2-14所示。由于波纹管在轴向上可以伸缩，因而这种结构既能实现在灭弧室外带动动触头作分合运动，又能保证真空外壳的密封性。在动触头、静触头和波纹管周围装有屏蔽罩。由于大气压力的作用，灭弧室在无机械外力作用时，其动静触头始终保持闭合位置，当外力使动导电杆向外运动时，触头才分离。真空灭弧室的性能主要取决于触头材料和结构，还与屏蔽罩结构、灭弧室的材质及制造工艺有关。

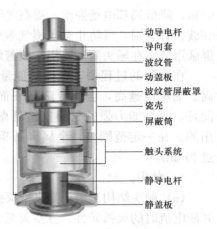

图 2-14　真空灭弧室结构

动导电杆
导向套
波纹管
动盖板
波纹管屏蔽罩
瓷壳
屏蔽筒
触头系统
静导电杆
静盖板

1) 绝缘外壳。外壳既是真空灭弧室的密封容器，要容纳和支持真空灭弧室内的各种零件，而且当动触头、静触头在断开位置时起绝缘作用。因此，整个外壳通常由绝缘材料和金属组成。对外壳的要求首先是气密性要好，所有材料均不允许有任何漏孔存在，一般要求 20 年内，真空度不得低于规定值；其次是要有一定的机械强度；最后绝缘体在真空和大气中都必须有良好的绝缘性能。现在绝缘外壳广泛采用硬质玻璃、高氧化铝陶瓷或微晶玻璃制造。外壳的端盖常用不锈钢，无氧铜等金属制成。

如图 2-15 所示为玻璃外壳真空灭弧室，图 2-16 所示为陶瓷外壳真空灭弧室。

图 2-15　玻璃外壳真空灭弧室

图 2-16　陶瓷外壳真空灭弧室

图 2-17　波纹管

2) 波纹管。波纹管能保证动触头在一定行程范围内运动时，不破坏灭弧室的密封状态。波纹管常用不锈钢制成，如图 2-17 所示。波纹管的侧壁可在轴向上伸缩，它的允许伸缩量决定了灭弧室所能获得的触头最大开距。真空断路器的触头每分合一次，波纹管便产生一次机械变形，长期频繁和剧烈的变形容易使波纹管因材料疲劳而损坏，导致灭弧室漏气无法使用。波纹管是真空灭弧室中最易损坏的部件，其金属的疲劳寿命决定了真空灭弧室的机械寿命。

3) 屏蔽罩。真空灭弧室常用的屏蔽罩有主屏蔽罩、波纹管屏蔽罩和均压屏蔽罩。

在触头周围设置主屏蔽罩，可以防止燃弧过程中金属蒸气和金属颗粒喷溅到绝缘外壳内壁，导致绝缘外壳的绝缘强度降低和绝缘破坏。金属蒸气在屏蔽罩表面会凝结，不容易返回电弧间隙，有利于熄弧后弧隙介质强度的迅速恢复，屏蔽罩还能起到使灭弧室内部电压均匀分布，降低局部电场强度，提高绝缘性能，有利于促进真空灭弧室小型化。波纹管屏蔽罩包在波纹管周围，可防止金属蒸气溅落在波纹管上，影响波纹管的工作、降低使用寿命。均压屏蔽罩装设在触头附近，用于改善触头间的电场分布。

在开断的过程中，电弧的能量有很大一部分消耗在屏蔽罩上，使屏蔽罩温度升得相当高。而温度越高，会使屏蔽罩表面冷凝电弧生成物的能力越差，因而应尽量采用导热性能好、凝结能力强的材料制造屏蔽罩，常用的材料为无氧铜、不锈钢和玻璃，铜是最常用的。在一定范围内，金属屏蔽罩厚度的增加可以提高灭弧室的开断能力，但通常不超过 2mm。

4）触头。

（a）触头结构。触头是真空灭弧室内最为重要的元件，既是关合电路的通流元件，又是开断电流时的灭弧元件。真空灭弧室的开断能力和电气寿命主要由触头结构来决定。目前真空断路器的触头一般采用对接式，其发展经历了三种结构型式，即平板触头、横向磁场触头（包括杯状和螺旋触头）和纵向磁场触头，如图 2 - 18 所示。

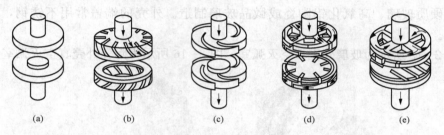

图 2 - 18　真空触头结构型式
（a）平板触头；（b）杯状触头（横向磁场）；（c）螺旋触头（横向磁场）；（d）、（e）纵向磁场触头

a）平板触头最简单，机械强度好，易加工，但开断电流较小（有效值在 8kA 以下），一般只适用于真空接触器和真空负荷开关中，如图 2 - 18（a）所示。

b）横向磁场触头是利用电流流过触头本身时产生的横向磁场驱使电弧在触头表面运动的触头，主要类型有杯状和螺旋触头，如图 2 - 18（b）和（c）所示。

图 2 - 19 所示为横向磁场的中接式螺旋槽触头，在触头圆盘的中部有一凸起的圆环，圆盘上开有三条螺旋槽，从圆环的外周一直延伸到触头的外缘。当触头在闭合位置时，只有圆环部分接触。触头分离时，在圆环上产生电弧。由于电流线在圆盘处有拐弯，在弧柱部分产生与弧柱垂直的横向磁场。如果电流足够大，真空电弧发生集聚的话，那么磁场会使电弧离开接触圆环，向触头的外缘运动，把电弧推向开有螺旋槽的触头表面（称为跑弧面）。一旦电弧转移到跑弧面上，触头上的电流就受到螺旋槽的限制，只能按照规定的路径流通，见图 2 - 19 中虚线所示。这时垂直于触头表面的弧柱就受到一个作用力 F，它的径向分量 F' 使电弧朝外缘运

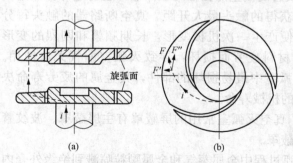

图 2 - 19　中接式螺旋槽触头工作原理

动，而切向分量 F'' 使电弧在触头上沿切向方向运动，故可使电弧在触头外缘上作圆周运动，

从而使电弧熄灭。螺旋槽触头在大容量灭弧室中应用十分广泛，开断能力可高达 40～60kA。

如图 2-20 所示为杯状槽触头。触头形状似
一个圆形厚壁杯子，杯壁上开有一系列斜槽，而
动静触头的斜槽方向相反。这些斜槽实际上构成
许多触指，靠其端面接触。当触头分离产生电弧
时，电流经倾斜的触指流通，产生横向磁场，驱
使真空电弧在杯壁的端面上运动。杯状触头在开
断大电流时，在许多触指上同时形成电弧，环形
分布在圆壁的端面，每一个电弧都是电流不大的
集聚型电弧，且不再进一步集聚。这种电弧形态
称为半集聚型真空电弧。它的电弧电压比螺旋槽
触头的要低，电磨损也较小。

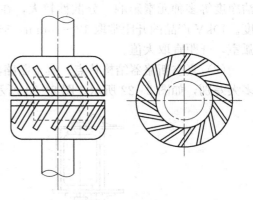

图 2-20　杯状槽触头工作原理

在相同触头直径下，杯状触头的开断能力比螺旋触头要大一些，而且电气寿命也较长。

c）纵向磁场触头是利用磁场间隙中呈现的纵向磁场来提高开断能力的触头。纵向磁场
能约束带电粒子，降低电弧电压，使电弧能量均匀地输入触头的整个端面，不会造成触头表
面局部的熔化，适合开断大电流的需要，真空灭弧室的体积也大大减小，极大地提高了真空
断路器的竞争能力。如图 2-21 所示为纵向磁场触头。它是在触头背面设置一个特殊形状的
线圈，串联在触头和导电杆之间，导电杆中的电流先分成四路流过线圈的径向导体，进入线
圈的圆周部分，然后流入触头。动静触头的结构是完全一样的。开断电流时由于流过线圈的
电流在弧区产生一定的纵向磁场，可使电弧电压降低和集聚电流值提高，从而能大大提高触
头开断能力和电气寿命。

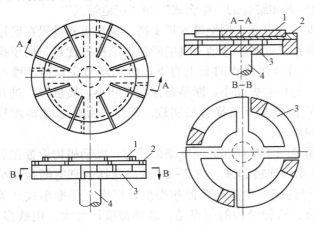

图 2-21　纵向磁场触头
1—触头；2—触头托；3—线圈；4—导电杆

（b）触头材料。真空断路器除要
求触头材料具有开断能力大、耐压水
平高及耐受电磨损外，还要求含气量
低、抗熔焊性能好和截流水平低。

难熔金属材料的耐弧、抗熔焊性
能好，采用高温除气处理可使含气量
低，但截流水平太高，极限开断电流
也提不高。易熔的良导电材料开断能
力好，但耐弧性、抗熔性能以及真空
性能都不好。单一的金属材料一般不
能同时满足上述要求，故需采用多元
合金。

现在较广泛地采用铜—钨—铋—
锆（Cu—W—Bi—Zr）合金或钨—镍—铜—锑（W—Ni—Cu—Sb）合金作小容量的真空灭
弧室的触头，在开断电流小于 4kA 时，性能较好，截流水平比钨也有降低。

大容量的真空灭弧室，主导电部分可选用铜—铋合金、铜—铋—铈（Ce）、铜—铋—
银、铜—铋—铝、铜—碲（Te）—硒（Se）等三元合金，它们的导电性能良好，提高了抗
熔焊性，降低了截流水平，电弧电压也低。

真空间隙的耐压特性受真空度、触头材料与表面状况、屏蔽罩的电场分布以及零部件的洁净度等多种元素影响，分散性较大，在选取真空灭弧室的触头开距时，要考虑一定的裕度。10kV 产品的开距常取 12～16mm，35kV 产品的开距常取 35～40mm。开断电流大的灭弧室，开距宜取大值。

（2）真空断路器结构特点。真空断路器总体结构除具有真空灭弧室外，与油断路器没有多大差别，如图 2 - 22 所示。图 2 - 23 所示为落地式真空断路器实物图。

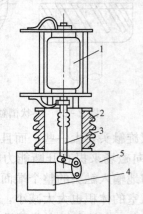 

图 2 - 22　落地式真空断路器结构示意图　　　　图 2 - 23　落地式真空断路器实物图
1—灭弧室；2—绝缘支撑；3—传动机构；4—操动机构；5—机座

真空灭弧室的固定方式，既可以垂直安装，也可以水平安装，还可选择任意角度进行安装，因此出现了多种多样的总体结构型式。按真空灭弧室的布置方式可分为"落地式"和"悬挂式"两种最基本的形式，以及以上两种相结合的"综合式"和"接地箱式"。

落地式真空断路器是将真空灭弧室安装在上方，用绝缘支撑支持，操动机构设置在底座下方，上下两部分由传动机构通过绝缘杆连接起来。落地式真空断路器结构的优点是便于操作人员观察和更换灭弧室；传动效率高，分合闸操作时直上直下，传动环节少，传动摩擦小；整个断路器的重心较低，稳定性好，操作时振动小；断路器深度尺寸小，质量轻，进开关柜方便；产品系列性强，且户内户外产品的相互交换容易实现。但是产品的总体高度较高，检修操作机构较困难，尤其是带电检修时。

悬挂式真空断路器是将真空灭弧室用绝缘子悬挂在底座框架的前方，操动机构设置在后方（即框架内部），前后两部分用绝缘传动杆连接起来。图 2 - 24 示出悬挂式真空断路器结构示意图。悬挂式真空断路器在结构上与传统的少油断路器相类似，宜用于手推车式开关柜，其操动机构与高电压隔离，便于检修。这种结构的特点是：总体深度尺寸大，用铁多，质量重；绝缘子受弯曲力作用；操作时灭弧室振动大；传送效率不高。因此，一般只适用于户内中等电压以下的产品。手推车式真空断路器如图 2 - 25 所示。

3. 真空断路器的优缺点

（1）真空断路器的优点。

1）真空介质的绝缘强度高，触头间隙小，灭弧室的体积小，减少了操动机构的操作，对操动机构的功率要求较小。

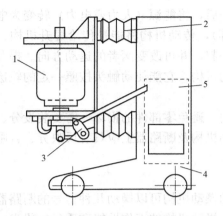

图 2-24 悬挂式真空断路器结构示意图

图 2-25 手推车式真空断路器

1—真空灭弧室；2—绝缘支撑；3—传动机构；4—机座；5—操动机构

2）灭弧能力强，开断电流大，燃弧时间短，电弧电压低，触头电磨损小，开断次数多，电气寿命长，一般可达 20 年。

3）电弧开断后，介质强度恢复速度快，动导电杆的惯性小，适合用于频繁操作和快速切断场合，具有多次重合闸功能。

4）介质不会老化，也不需要更换，在使用年限内，真空灭弧室与触头部分不需要检修，维修工作量小，维护成本低。

5）使用安全，体积小，质量轻。

6）环境污染小。开断是在密闭容器内进行的，电弧和炽热的金属蒸气不会向外喷溅而污染周围环境，操作时也没有严重噪声，没有易燃易爆介质，无爆炸和火灾危险。

7）灭弧室作为独立元件，安装调试简单方便。

（2）真空断路器的缺点。

1）开断感性负载或容性负载时，由于截流、振荡、重燃等原因，容易引起过电压。

2）触头结构采用对接式，操动机构使用了弹簧，容易产生合闸弹跳与分闸反弹。合闸弹跳不仅会产生较高的过电压影响电网稳定运行，还会使触头烧损甚至熔焊，特别是在投入电容器组产生涌流时及短路关合的情况下更加严重。分闸反弹会减小触头间距，从而导致重击穿。

3）对密封工艺、制造工艺要求高，价格高。

六、高压断路器的操动机构

1. 操动机构的组成

断路器的分闸、合闸动作是通过操动机构来实现的，操动机构的工作性能和质量的优劣，对断路器的各种性能和可靠性起着极为重要的作用。在断路器本体以外的机械操动装置称为操动机构，而操动机构与断路器动触头之间连接的部分称为传动机构和提升机构，其组成如图 2-26 所示。

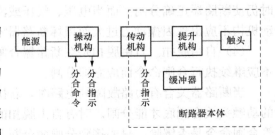

图 2-26 断路器操动机构的组成

　　断路器操动机构接到分闸（或合闸）命令后，将能源（人力或电力）转变为电磁能（或弹簧位能、重力位能、气体或液体的压缩能等），传动机构将能量传给提升机构。传动机构将相隔一定距离的操动机构与提升机构连在一起，并可改变两者的运动方向。提升机构是断路器的一个部分，是带动断路器动触头运动的机构，它能使动触头按照一定的轨迹运动，通常为直线运动或近似直线运动。

　　断路器操作时的速度很高。为了减少撞击，避免零部件的损坏，需要装设分、合闸缓冲器，缓冲器大多装在提升机构的近旁。在操动机构及断路器上应具有反映分、合闸位置的机械指示器。

　　2. 对操动机构的要求

　　操动机构一般做成独立产品。一种型号的操动机构可以操动几种型号的断路器，而一种型号的断路器也可配装不同型号的操动机构。操动机构的工作性能和质量的优劣，对高压断路器的工作性能和可靠性起着极为重要的作用。

　　（1）合闸。正常工作时，用操动机构使断路器合闸，这时电路中流过的是工作电流，关合是比较容易的。但在电网事故情况下，断路器要合到有故障的电路上时，因流过短路电流，存在阻碍断路器合闸的电动力，有可能出现不能可靠合闸，即触头合不足的情况。这会引起触头严重烧伤，甚至会发生断路器爆炸等严重事故。因此，要求操动机构必须能足以克服短路电动力的阻碍作用力，即具有关合短路故障电流的能力。

　　对于电磁、气动、液压等操动机构还应要求合闸电源电压、气压或液压在一定范围内变化时，仍能可靠工作。当电压、气压或液压在下限值（规定为额定值的80％或85％）时，操动机构应使断路器具有关合短路故障的能力。而当电压、气压或液压在上限值（规定为额定值的110％）时，操动机构不应出现由于操动力、冲击力过大等情况使断路器的零部件损坏。

　　（2）保持合闸。由于合闸过程中，合闸命令的持续时间很短，而且操动机构的操作功只在短时间内提供，因此操动机构中必须有保持合闸的部分，以保证在合闸命令和操作功消失后，能使断路器保持在合闸位置。

　　（3）分闸。操动机构不仅要求能够电动（自动或遥控）分闸，在某些特殊情况下，应该可能在操动机构上进行手动分闸，而且要求断路器的分断速度与操作人员的动作快慢和下达命令的时间长短无关。为了达到快速分闸和减少分闸功操动机构应有分闸省力机构。当接到分闸命令后，为满足灭弧性能要求，断路器应能快速分闸。分断时间应尽可能缩短，以减少短路故障存在的时间。

　　对于电磁、气动、液压等操动机构还要求分闸电源电压、气压或液压在一定范围内变化时仍使断路器正确分闸。而当电压、气压或液压在上限值（规定为额定值的110％）时，操动机构不应出现因操动力过大而损坏断路器零部件现象。

　　（4）自由脱扣。自由脱扣是在断路器合闸过程中如操动机构又接到分闸命令，操动机构不应继续执行合闸命令而应立即分闸。

　　当断路器关合有短路故障的电路时，若操动机构没有自由脱扣能力，则必须等到断路器的动触头关合到底才能分闸。对有自由脱扣的操作机构，则不管触头关合到什么位置，也不管合闸命令是否解除，只要接到分闸命令断路器就能立刻分闸。

　　（5）防跳跃。当断路器关合有短路故障电路时，断路器将自动分闸。此时若合闸命令还未解除，则断路器分闸后又将再次合闸，接着又会分闸。这样，就有可能使断路器连续多次合分短路故障电路，这一现象称为"跳跃"。出现"跳跃"现象时，断路器将连续多次合分短路电流，造成触头严重烧伤，甚至引起断路器爆炸事故。防"跳跃"措施，有机构的和电气的两种方法。

（6）复位。当断路器分闸后，操动机构中的各个部件应能自动地恢复到准备合闸的位置。因此，在操动机构中还需装设一些复位用的零部件，使得每个部件应能自动地恢复到准备合闸的位置。

（7）连锁。为了保证操动机构的动作可靠，要求操动机构具有一定的连锁装置。常用的连锁装置有：①分合闸位置连锁。保证断路器在合闸位置时，操动机构不能进行合闸操作；在分闸位置时，不能进行分闸操作。②低气（液）压与高气（液）压连锁。当气体或液体压力低于或高于额定值时，操动机构不能进行分、合闸操作。③弹簧操动机构中的位置连锁。弹簧储能不到规定要求时，操动机构不能进行分、合闸操作。

（8）缓冲。当断路器的分合闸速度很高，要使高速运动的零部件立刻停下来，必须用缓冲装置来吸收运动部分的动能，以防止断路器中某些零部件因受到很大的冲击力而损坏。

3. 操动机构的种类及其特点

（1）手动操动机构（CS）。靠手动直接合闸的操动机构称为手动操动机构。它主要用来操动电压等级较低、额定开断电流很小的断路器。除工矿企业用户外，电力部门中手动操动机构已很少采用。手动操动机构结构简单、不要求配备复杂的辅助设备及操作电源；缺点是不能自动重合闸，只能就地操作，不够安全。因此，手动操动机构应逐渐被手动储能的弹簧操动机构所代替。

（2）电磁操动机构（CD）。依靠电磁力合闸的操动机构称为电磁操动机构。电磁操动机构的优点是结构简单、工作可靠、制造成本较低，缺点是合闸线圈消耗的功率太大，因而用户需配备价格昂贵的蓄电池组。电磁操动机构的结构笨重、合闸时间长（0.2～0.8s），因此在超高压断路器中很少采用，主要用来操作110kV及以下的断路器。图2-27所示为电磁型操动机构。

（3）电动机操动机构（CJ）。利用电动机经减速装置带动断路器合闸的操动机构称为电动机操动机构。电动机所需的功率决定于操作功率的大小以及合闸做功的时间，由于电动机做功的时间很短（即断路器的固有合闸时间），因此要求电动机有较大的功率。电动机操动机构的结构比电磁操动机构复杂、造价也贵，但可用于交流操作。用于断路器的电动机操动机构在我国已很少生产，有些电动机操动机构则用来操动额定电压较高的隔离开关，对合闸时间没有严格要求。

（4）弹簧操动机构（CT）。利用已储能的弹簧为动力使断路器动作的操动机构称为弹簧操动机构。弹簧储能通常由电动机通过减速装置来完成。对于某些操作功不大的弹簧操动机构，为了简化结构、降低成本，也可用手力来储能。图2-28所示为弹簧操动机构。

（5）气动操动机构。图2-29所示为配用压气式 SF_6 断路器的一种气动操动机构的动作原理图。由于这种断路器的分闸功比合闸功大，所以分闸时由工作活塞2驱动，并使合闸储能弹簧1储能。合闸时由合闸弹簧驱动。机构的操作程序如下：

图 2-27 电磁型操动机构

图 2-28 弹簧操动机构

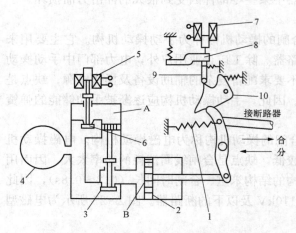

图 2-29 气动操动机构的动作原理图

1—合闸储能弹簧；2—工作活塞；3—主阀；4—储气筒；
5—分闸电磁铁；6—分闸启动阀；7—合闸电磁铁；
8、9、10—合闸脱扣（分闸保持）机构

1）分闸。如图 2-29 所示，分闸电磁铁 5 通电，分闸启动阀 6 动作，压缩空气向 A 室充气，使主阀 3 动作，打开储气筒 4 通向工作活塞 2 的通道，B 室充气，活塞向右运动，一方面压缩合闸储能弹簧 1 使其储能，另一方面驱动断路器传动机构使之分闸。分闸完毕后，分闸电磁铁断电，分闸启动阀复位，主阀 3 复位，工作活塞被保持机构保持在分闸位置。

2）合闸。合闸电磁铁 7 通电，使合闸脱扣机构 10 动作，在合闸弹簧力的驱动下，断路器合闸。

气动操动机构的压缩空气压力约为 0.6～1.0MPa。气动操动机构的主要优点是构造简单、工作可靠、操作时没有剧烈的冲击。缺点是需要有压缩空气的供给设备。

（6）液压操动机构（CY）。液压操动机构是利用液压传动系统的工作原理，将工作缸以前的部件制成操动机构，与断路器本体配合、使用。工作缸可以装在断路器的底部，通过绝缘拉杆及四连杆机构与断路器触头系统相连。

图 2-30 所示为液压操动机构的简图，其动作程序如下：

1）升压。运行时，先将油泵 9 开动，低压油箱 2 的低压油经过过滤器 10，经油泵 9 变成高压油后输到储压筒 1 内，使储压筒内活塞上升，压缩上腔氮气储能。

2）合闸。合闸电磁铁 4 通电，使高压油通过 3 两级控制阀系统流到工作缸 6 活塞的左边，活塞向右运动，断路器合闸。

3）分闸。分闸电磁铁 5 通电，两级控制阀系统 3 切断通向工作缸 6 活塞左边的高压油道，并使该腔通向低压油箱 2，工作活塞向左动作，断路器分闸。

4）信号指示。信号缸 7 的动作是与工作缸 6 一致的，通过信号缸内活塞的位置，接通或开断辅助开关的信号触点，显出分、合位置的指示信号。

5）为了保证液压系统内的压力不超过安全运行的范围，在图 2-30 中采用安全阀 8。

我国液压操动机构的工作压力有 20、33MPa 等多种。因为液压油的性能受温度的影响很大，在操动机构箱壳内有的装有电热器，以保证液压油的工作温度不低于规定的数值。

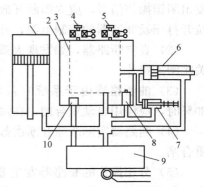

图 2-30　液压操动机构简图
1—储压筒；2—低压油箱；
3—两级控制阀系统；4—合闸电磁铁；
5—分闸电磁铁；6—工作缸；
7—信号缸及辅助触头；8—安全阀；
9—油泵；10—过滤器

七、断路器的运行操作

1. 断路器操作基本要求

（1）断路器投运前，应检查接地线是否全部拆除，防误闭锁装置是否正常。

（2）操作前应检查控制回路和辅助回路的电源，检查机构已储能。

（3）检查油断路器油位、油色正常；真空断路器灭弧室无异常；SF₆ 断路器气体压力在规定的范围内；各种信号正确、表计指示正常。

（4）长期停运超过 6 个月的断路器，在正式执行操作前应通过远方控制方式进行试操作 2～3 次，无异常后方能按操作票拟定的方式操作。

（5）操作前，检查相应隔离开关和断路器的位置；应确认继电保护已按规定投入。

（6）操作控制把手时，不能用力过猛，以防损坏控制开关；不能返回太快，以防时间短断路器来不及合闸。操作中应同时监视有关电压、电流、功率等表计的指示及红绿灯的变化。

（7）操作开关柜时，应严格按照规定的程序进行，防止由于程序错误造成闭锁、二次插头、隔离挡板和接地开关等元件损坏。

（8）断路器（分）合闸动作后，应到现场确认本体和机构（分）合闸指示器以及拐臂、传动杆位置，保证开关确已正确（分）合闸。同时检查开关本体有、无异常。

（9）断路器合闸后检查：

1）红灯亮，机械指示应在合闸位置。

2）送电回路的电流表、功率表及计量表是否指示正确。

3）电磁机构电动合闸后，立即检查直流盘合闸电流表指示，若有电流指示，说明合闸线圈有电，应立即拉开合闸电源，检查断路器合闸接触器是否卡涩，并迅速恢复合闸电源。

4）弹簧操动机构，在合闸后应检查弹簧是否储能。

（10）断路器分闸后的检查：

1）绿灯亮，机械指示应在分闸位置。

2）检查表计指示正确。

2. 断路器故障状态下操作规定

（1）断路器运行中，由于某种原因造成油断路器严重缺油，SF₆ 断路器气体压力异常，发出闭锁操作信号，应立即断开故障断路器的控制电源。断路器机构压力突然到零，应立即拉开打压及断路器的控制电源，并及时处理。

（2）真空断路器，如发现灭弧室内有异常，应立即汇报，禁止操作，按调度命令停用开关跳闸连接片。

（3）油断路器由于系统容量增大，运行地点的短路电流达到断路器额定开断电流的80％时，应停用自动重合闸，在短路故障开断后禁止强送。

（4）断路器实际故障开断次数仅比允许故障开断次数少一次时，应停用该断路器的自动重合闸。

（5）分相操作的断路器发生非全相合闸时，应立即将已合上相拉开，重新操作合闸一次。如仍不正常，则应拉开合上相并切断该断路器的控制电源，查明原因。

（6）分相操作的断路器发生非全相分闸时，应立即切断该断路器的控制电源，手动操作将拒动相分闸，查明原因。

任务三　隔离开关及运行

一、隔离开关的作用

微课 11
高压隔离开关及运行

隔离开关是高压开关电器中使用最多的一种电器，它本身的工作原理和结构虽比较简单，但由于使用量大，工作可靠性要求高，对变电站和电厂的设计、建设、安全运行的影响均很大。隔离开关的主要作用如下。

（1）隔离电源。分闸后建立明显、可靠的绝缘间隙，将需要检修的线路或电气设备用看得见的空气绝缘间隙与电源隔开，以保证检修人员及设备的安全。

（2）倒闸操作。根据运行需要，切换线路。

（3）分、合小电流电路。如套管、母线、连接头的充电电流，断路器均压电容的电容电流，双母线换接时的环流以及电压互感器、消弧线圈、避雷器等的励磁电流。根据不同结构类型的具体情况，隔离开关可用来分、合一定容量的空载变压器、空载线路的励磁电流。

二、对隔离开关的要求

（1）隔离开关应具有明显可见的断口，使运行人员能清楚地观察隔离开关的分、合状态。

（2）绝缘稳定可靠，特别是断口绝缘，一般要求比断路器高出约 10％～15％，即使在恶劣的气候条件下，也不能发生漏电或闪络现象，确保检修运行人员的人身安全。

（3）导电部分要接触可靠，除能承受长期工作电流和短时动、热稳定电流外，户外产品应考虑在各种严重的工作条件下（包括母线拉力、风力、地震、冰冻、污秽等不利情况），触头仍能正常分合和可靠接触。

（4）尽量缩小外形尺寸，特别是在超高压隔离开关中，缩小导电闸刀运动时所需要的空间尺寸，有利于减少变电站的占地面积。

（5）隔离开关与断路器配合使用时，要有机械的或电气的连锁，以保证动作的次序，即在断路器开断电流之后，隔离开关才分闸；在隔离开关合闸之后，断路器再合闸。

（6）在隔离开关上装有接地开关时，主开关与接地开关之间应具有机械的或电气的连锁，以保证动作的次序：即在主开关没有分开时，保证接地开关不能合闸；在接地开关没有分闸时，保证主开关不能合闸。

（7）隔离开关要有好的机械强度，结构简单、可靠，操动时，运动平稳，无冲击。

我国隔离开关型号和参数表示法如下：

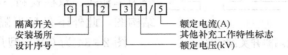

安装场所字母代号：N 为户内，W 为户外。

其他补充工作特性的字母代号：T 为统一设计，G 为改进型，D 为带接地闸刀，K 为快分型，C 为磁套管出线。

例如：GN10-20/8000 表示户内隔离开关，设计序号为 10、额定电压为 20kV、额定电流为 8000A。

三、户内式隔离开关

图 2-31 为某户内式隔离开关的结构。操动机构通过连杆机构接在转轴 6 上，使转轴 6 转动，产生分、合闸动作。隔离开关另配有操动机构，有手动、电动驱动、气动、液压传动之别。与断路器的操动机构比较，隔离开关操动机构的分、合闸速度不高，动作时间长，主要是要求平衡、少冲击。图 2-32 为 GN19 型户内式隔离开关。

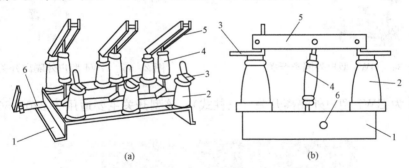

(a)　　　　　　　　　　　　　　(b)

图 2-31　某户内式隔离开关的结构图

(a) 三相外形；(b) 单相结构

1—底座；2—支柱绝缘子；3—静触头；4—转动绝缘子；5—开关；6—转轴

四、户外式隔离开关

在 35kV 及以上电压级中，隔离开关一般采用户外式结构，具有下列特点：

（1）支柱绝缘子要采用具有大裙边的户外式绝缘子。

（2）要求能开断小电流，有的结构上装有灭弧角。

（3）为了在结冰的情况下隔离开关能可靠地分、合，在有的结构上还采用破冰机构。

图 2-32　GN19 型户内式隔离开关

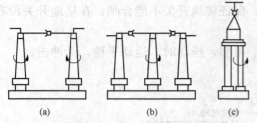

图 2-33　户外式隔离开关结构图
(a) 双柱式；(b) 三柱式；(c) 单柱式

图 2-35 为 GW4 型户外隔离开关（双柱式）。该型开关主要适用于 220kV 以下电压等级的场合。

(4) 在电压较高时，为了保证检修线路时的安全，有时还装有接地开关。此时，在隔离开关的主开关打开后，随即将接地开关接地。

户外隔离开关按其绝缘支柱结构的不同可分为单柱式、双柱式和三柱式，如图 2-33 所示结构图，此外还有 V 形隔离开关。

图 2-34 为 GW5 型户外隔离开关。该型开关主要适用于 35～110kV 电压等级的场合。

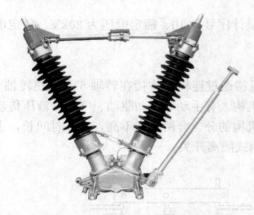

图 2-34　GW5 型户外隔离开关

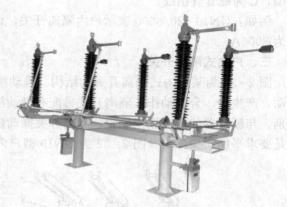

图 2-35　GW4 型户外隔离开关

图 2-36 为 GW7 型户外隔离开关（三柱式）。该型开关主要适用于 220～500kV 电压等级的场合。

图 2-36　GW7 型户外隔离开关

图 2-37 为 GW22 型户外隔离开关。该型开关主要适用于 110～220kV 电压等级的场合。

图 2-38 为 GW6 型户外隔离开关。该型开关主要适用于 220～500kV 电压等级的场合。

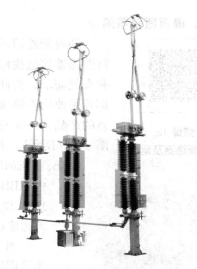

图 2-37　GW22 型户外隔离开关　　　　图 2-38　GW6 型户外隔离开关

五、隔离开关的运行操作原则

（1）隔离开关操作前应检查断路器、相应接地开关确已拉开并分闸到位，确认送电范围内接地线已拆除。

（2）隔离开关电动操动机构操作电压应在额定电压的 85%～110%。

（3）手动合隔离开关应迅速、果断，但合闸终了时不可用力过猛。合闸后应检查动触头、静触头是否合闸到位，接触是否良好。

（4）手动分隔离开关开始时，应慢而谨慎；当动触头刚离开静触头时，应迅速，拉开后检查动触头、静触头断开情况。

（5）隔离开关在操作过程中，如有卡滞、动触头不能插入静触头、合闸不到位等现象时，应停止操作，待缺陷消除后再继续进行。

（6）在操作隔离开关过程中，若绝缘子有断裂等异常时应迅速撤离现场，防止人身伤亡。对 GW6、GW16 型等隔离开关，合闸操作完毕后，应仔细检查操动机构上、下拐臂是否均已越过死点位置。

（7）电动操作的隔离开关正常运行时，其操作电源应断开。

（8）操作带有闭锁装置的隔离开关时，应按闭锁装置的使用规定进行，不得随便动用解锁钥匙或破坏闭锁装置。

（9）严禁用隔离开关进行下列操作：

1）带负荷分、合操作。

2）配电线路的停送电操作。

3）雷电时，拉合避雷器。

4）系统有接地（中性点不接地系统）或电压互感器内部故障时，拉合电压互感器。

5）系统有接地时，拉合消弧线圈。

任务四　隔离断路器及运行

一、隔离断路器简介

微课 12
隔离断路器及运行

随着断路器可靠性的不断提高，利用隔离开关来隔离高压电源进行断路器停电检修的检修策略和模式，已不再适用于电网的实际管理和发展需求。由此提出变电站的设计原则由原来的断路器两端设置隔离开关改为将隔离功能集成到断路器的灭弧室内部，从而产生了一个新的产品——隔离断路器（Disconnecting Circuit Breaker，DCB）（如图 2-39 所示），并将其应用于"新一代智能变电站"。

ABB、SIEMENS、ALSTOM 三家公司均有隔离断路器产品，其中 ABB 公司是最早进行隔离断路器相关研究的公司，已实现从 72.5kV 到 550kV 各电压等级的应用，在瑞典、新西兰等国家已装用了 1000 余台。

图 2-40 为传统变电站中的设备布置情况，图 2-41 则为采用隔离断路器后的设备布置情况。

根据国际大电网会议（CIGRE）和相关研究机构对各国电网在运隔离断路器运行情况的统计分析，将断路器和隔离开关集成为隔离断路器后，132kV 隔离断路器的维护停电时间由 5.3h/（年·台）下降为 1.2h/（年·台），设备维护量降低 87%，设备故障停电时间由 0.21h/（年·台）下降为 0.12h/（年·台），设备故障率降低 43%；400kV 隔离断路器的维护停电时间由 4.8h/（年·台）下降为 0.5h/（年·台），设备维护量降低 90%，设备故障停电时间由 0.19h/（年·台）下降为 0.09h/（年·台），设备故障率降低 50%。

图 2-39　运行中的隔离断路器

图 2-40　传统变电站中的设备布置

图 2-41 采用隔离断路器后的设备布置

当然，隔离断路器的应用也对电气设备运行带来一些挑战，如隔离断路器的操作均涉及母线，检修时需要母线短时停电；为保证不影响供电，在隔离断路器检修时，需设置快速接头；为避免母线停电，甚至需要设计母线带电作业程序。

二、隔离断路器的结构

隔离断路器结合了传统断路器与隔离开关等设备的功能，设备的动触头、静触头被保护在 SF$_6$ 灭弧室内，兼具断路器和隔离开关的双重功能，可替代传统断路器与隔离开关的联合应用。

单断口隔离断路器和双断口隔离断路器的接地工作位置如图 2-42 所示。

隔离断路器的工作位置除了具有传统断路器的合闸位置和分闸位置，还具有接地位置，如图 2-43 和图 2-44 所示。

隔离断路器除了集成接地开关，也采用与电流互感器紧凑式布局，电流互感器与隔离断路器拉近距离布置或将电流互感器支架与隔离断路器的支架集成，可进一步减少土地面积和工程量。随着近年电子式互感器尤其是全光互感器的发展，隔离断路器在瓷柱式断路器基础上，集成了接地开关、电子式电流互感器和在线监测装置。实现了将电流互感器集成至隔离断路器本体上，以获得更为紧凑、简单可靠的结构和更高的技术等量。采用隔离断路器，可

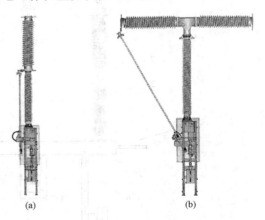

图 2-42 隔离断路器的接地工作位置
(a) 单断口隔离断路器；(b) 双断口隔离断路器

以减少站内一次设备的数量，减少变电站空间与土地占用，优化变电站纵向尺寸，降低工程成本，既解决了 GIS 设备造价太高的困扰，又解决了敞开式变电站中设备布置分散、占地面积大的不足，以及隔离开关长期裸露在空气中运行可靠性差的问题。

图 2-43 隔离断路器工作过程

设备上部为灭弧室，中间为电子式电流互感器，下部为支柱瓷套及框架，框架内集成了接地开关三相联动传动系统，整体结构紧凑。除主要元件之外，还配备有包含智能终端、合并单元与

在线监测系统等智能组件的智能控制柜。其工作位置除了具有传统断路器的合闸位置和分闸位置外，还具有接地位置。隔离断路器结构如图 2-45 所示。

(a)　　　　　　　　　　　(b)

图 2-44　隔离断路器工作位置

(a) 合闸/分闸位置；(b) 分闸并接地位置

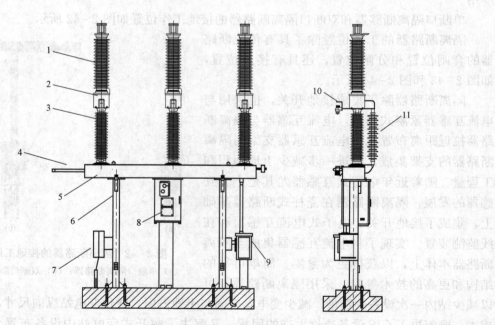

图 2-45　隔离断路器结构

1—隔离断路器灭弧室；2—电子电流互感器的线圈及采集器；3—支柱套管；4—接地开关动侧；
5—框架；6—支腿；7—光纤熔接盒；8—隔离断路器操动机构；9—接地开关机构；
10—接地开关静侧；11—光纤绝缘子

任务五 高压熔断器及运行

高压熔断器是串联接在电路中的一种结构简单、安装方便的保护电器。当流过其熔体电流超过一定数值时，熔体自身产生的热量自动地将熔体熔断而断开电路的一种保护设备，其功能主要是对电路及其设备进行短路和过负载保护。

熔断器因具有结构简单、体积小、质量轻、价格低、维护方便、使用灵活等特点而广泛使用在 60kV 及以下电压等级的小容量电气装置中，主要作为小功率辐射形电网和小容量变电站等电路的保护，也常用来保护电压互感器。在 3～60kV 系统中，还与负荷开关、重合器及分断器等开关电器配合使用，用来保护输电线路、变压器以及电容器组。目前在 1kV 及以下装置中，熔断器应用最多，它常与刀开关电器组合成负荷开关或熔断器式开关。

一、高压熔断器型号表示和含义

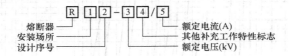

安装场所字母代号：N 为户内，W 为户外。

其他补充工作特性的字母代号：G 为改进型，Z 为直流专用，GY 为高原专用。

如 RW4 - 10/50 型：额定电流为 50A，额定电压为 10kV，设计序号为 4 的户外高压熔断器。

二、熔断器的结构与工作原理

熔断器的结构主要由熔体、熔管、触头座、动作指示器、充填物和底座等构成。熔管一般是瓷质管，熔丝由单根或多根镀银的细铜丝并联绕成螺旋状，熔丝埋放在石英砂中，熔丝上焊有小锡球。图 2 - 46 为熔断器内部示意图。

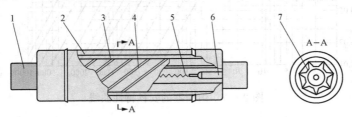

图 2 - 46 熔断器内部示意图

1—端帽；2—瓷管；3—灭弧填料；4—熔体；5—线圈电阻；6—撞击器；7—星形骨架

熔断器的工作原理：熔断器在正常工作情况下，由于通过熔体的电流较小，熔体的温度虽然上升，但达不到熔点，熔体不会熔化，电路能可靠接通；当电路发生短路或过载时，电流增大，熔体温度升高达到熔点而熔化，在被保护设备的温度未达到破坏绝缘之前将电路切断，从而起到保护作用。

熔断器的工作过程可分为：①熔断器的熔体因短路或过载而加热到熔化温度。②熔体熔化和汽化。③间隙击穿和产生电弧。④电弧熄灭，电路被断开。

熔断器的全开断时间为上述四个过程所经过的时间总和。熔体熔化时间与熔体的材料、截面积、电流大小及熔体的散热等因素有关，长到几小时，短到几毫秒甚至更短。电流越大，熔断时间越短，熔体材料的熔点高则熔化慢、熔断时间长，反之熔断时间短。间隙击穿产生电弧的时间一般在毫秒以下；燃弧时间与熔断器灭弧装置的原理、结构及开断电流大小有关，一般为几毫秒到几十毫秒。

三、熔断器的安秒特性

高压熔断器的时间—电流特性称为熔断器的安秒特性，也称为熔断器的保护特性，是指熔断器的熔断时间与通过熔体的电流大小的关系曲线。对应于每一种额定电流的熔体都要有一条安秒特性曲线。熔体的安秒特性曲线为反时限曲线，流过熔体的电流越大，熔断时间越短，反之，电流小时熔断时间则长，如图 2 - 47 所示。

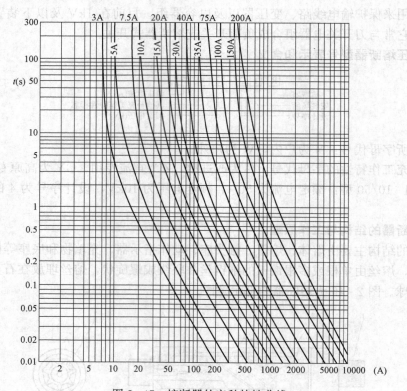

图 2 - 47　熔断器的安秒特性曲线

按照保护特性选择熔体才能获得熔断器动作的选择性。所谓选择性，是指当电网中有几级熔断器串联使用时，分别保护各电路中的设备，如果某一设备发生过负荷或短路故障时，应当由保护该设备（离该设备最近）的熔断器熔断，切断电路，即为选择性熔断；如果保护该设备的熔断器不熔断，而由上级熔断器熔断或者断路器跳闸，即为非选择性熔断。发生非选择性熔断时，停电范围扩大，造成不应有的损失。

熔断器主要用在配电线路中，作为线路或电气设备的短路保护。由于熔体安秒特性分散性大，因此串联使用的熔断器必须保证一定的熔化时间差。如图 2 - 48 所示，主回路用 20A

熔体，分支回路用5A熔体。当k点发生短路时，其短路电流为200A，此时熔体1的熔断时间为0.3s，熔体2的熔断时间为0.02s，两者相差0.28s，显然熔体2先熔断，保证了有选择性地切除故障。如果熔体1的额定电流为30A，熔体2的额定电流为20A，若k点的短路电流为800A，则熔体1的熔断时间为0.04s，熔体2的熔断时间为0.027s，两者仅相差0.013s，若再考虑安秒特性的分散性以及燃弧时间的影响，在k点

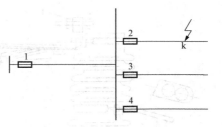

图2-48 配电线路中熔断器的配置

出现故障时，有可能出现熔体1和熔体2同时熔断，这一情况称为保护选择性不好。因此，当熔断器串联使用时，熔体的额定电流等级不能太近。一般情况下，如果熔体为同一材料时，上一级熔体的额定电流应为下一级熔体额定电流的2～4倍。

四、高压熔断器的类型

（1）高压熔断器按照使用环境分为户内式和户外式。主要有RN系列户内熔断器、RW系列户外跌落式熔断器、单台并联电容器保护用高压熔断器BRW型。RN系列主要用于3～35kV电力系统的短路保护和过载保护。RN1型是用于电力变压器和电路线路的短路保护，RN2型是用于电压互感器的短路保护，其断流容量分为1000、2000及4000MVA，1min内熔断电流在0.2～1.8A范围内。BRW（N）型并联电容器单台保护用高压熔断器主要适用于电力系统中做高压并联电容器的单台过电流保护用，即用来切断故障电容器，以保证无故障电容器的正常运行。图2-49为RN1型户内高压熔断器。

图2-50为RW9型户外高压熔断器。

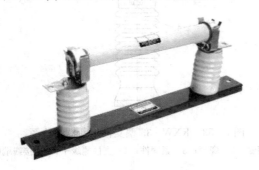

图2-49 RN1型户内高压熔断器

图2-50 RW9型户外高压熔断器

（2）高压熔断器按结构特点分为跌落式和支柱式。户外高压跌落式熔断器经济、操作方便，适应户外环境性强，广泛用于10kV线路上，作为线路和其他设备的短路和过载保护，在变压器有载运行状态下也允许进行分合操作。跌落式熔断器主要由瓷绝缘子、接触导电系统和熔管组成。熔管由消弧管和保护管复合而成，保护管套在产气管外面可增加机械强度，在保护管内装有用桑皮纸或钢纸等制成的消弧管，当短路电流使熔体熔断时，消弧管在电弧作用下产生大量气体，在电流过零时将电弧熄灭。由于熔体熔断，在熔管的上下动触头弹簧片作用及自身重力作用下，熔管自动翻落，形成明显的隔离断口。如图2-51所示为RW4-10型户外跌落式熔断器结构示意图。

图2-52为跌落式熔断器实物图。

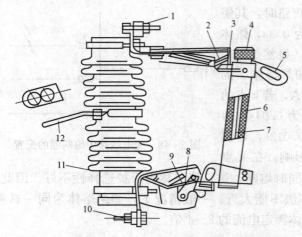

图 2-51　RW4-10 型户外跌落式高压熔断器结构示意图

1—上接线端；2—上静触头；3—上动触头；4—管帽；
5—操作环；6—熔管；7—熔体；8—下动触头；9—下静触头；
10—下接线柱；11—绝缘子；12—固定安装板

图 2-53 所示为 RXW-35 型支柱熔断器结构图。熔断器由瓷套、熔管及棒形支柱绝缘子和接线端帽等组成。熔管装于瓷套中，熔体放在充满石英砂的熔管内，有限流作用。

（3）高压熔断器按工作特性分为限流型和非限流型。限流型熔断器在发生短路时，熔体在短路电流未达到最大值（短路冲击电流）之前就熔断使电流立即减小到零，即认为熔断器限制了短路电流的发展，因而这种熔断器可以大大减轻电气设备在短路时的伤害。非限流型熔断器在熔体熔化后，电流几乎不减小，仍继续达到最大值，在电流第一次过零或经几个周期之后电弧才熄灭。

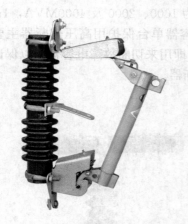

图 2-52　跌落式熔断器实物图

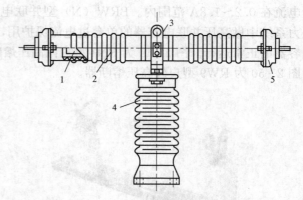

图 2-53　RXW-35 型支柱熔断器结构图

1—熔管；2—瓷套；3—紧固件；4—支柱绝缘子；5—接线端帽

五、高压熔断器的运行维护要求

（1）操作户外跌落式熔断器时根据规定需由两人进行（一人监护，一人操作），戴绝缘手套，穿绝缘靴，使用电压等级相匹配的合格绝缘棒进行。

（2）操作人员在拉、合跌落式熔断器时，需注意力度的使用，不能使蛮力，否则对熔断器会产生过大的冲击，容易对熔断器造成损伤。

合熔断器的过程用力是慢（开始）—快（当动触头临近静触头时）—慢（当动触头临近合闸终了时）；拉熔断器的过程用力是慢（开始）—快（当动触头临近静触头时）—慢（当动触头临近拉闸终了时）。快是为了防止电弧造成电器短路和灼伤触头，慢是为了防止操作冲击力，造成熔断器机械损伤。

（3）在对跌落式熔断器进行分闸操作时一般规定先拉中间相，再拉两边相。这是因为线路由三相运行改为两相运行时，拉断中间相时所产生的电弧火花最小，不至于造成相间短路。其次再拉两边相（先拉背风边相，再拉迎风边相），因为中间相已被拉开，两边相的距离增加了一倍，即使有过电压产生，造成相间短路的可能性也很小，拉最后迎风边相时，仅有对地的电容电流，产生的电火花已很轻微。

合闸时：先合迎风边相，再合背风边相，最后合中相。

（4）更换熔断器的熔管（体），一般应在不带电情况下进行，若需带电更换，则应使用绝缘工具。

任务六 负荷开关及运行

一、负荷开关的功能及特点

1. 负荷开关功能

（1）隔离。负荷开关在断开位置时，像隔离开关一样有明显的断开点，因此可起电气隔离作用。对于停电的设备或线路提供可靠停电的必要条件。

微课 14
高压负荷开关及运行

（2）开断和关合。负荷开关具有简易的灭弧装置，因而可分、合负荷开关本身额定电流之内的负荷电流。它可用来分、合一定容量的变压器、电容器组，一定容量的配电线路。

（3）替代作用。配有高压熔断器的负荷开关，可作为断流能力有限的断路器使用。这时负荷开关本身用于分、合正常情况下的负荷电流，高压熔断器则用来切断短路故障电流。

负荷开关与限流熔断器串联组合成一体的负荷开关称作"负荷开关—熔断器组合电器"。熔断器可以装在负荷开关的电源侧，也可以装在负荷开关的受电侧。当不需要经常更换熔断器时，宜采用前一种布置，这样可以用熔断器保护负荷开关本身引起的短路事故。反之，则宜采用后一种布置，以便利用负荷开关兼作隔离开关的功能，用它来隔离加在限流熔断器上的电压。组合式负荷开关在工作性能上虽可代替断路器，但由于限流熔断器为一次性动作使用的电器，所以只能选用于不经常出现短路事故和不十分重要的场所。然而，组合式负荷开关的价格比断路器低得多，且具有显著限流作用的独特优点，这样可以在短路事故时大大减低电网的动稳定性和热稳定性，从而可有效地减少设备的投资费用。图 2-54 为带熔断器保护的负荷开关。

图 2-54 带熔断器保护的负荷开关

2. 负荷开关特点及用途

负荷开关的用途与它的结构特点是相对应的，从结构上看，负荷开关主要有两种类型，一种是独立安装在墙上、架构上的，其结构类似于隔离开关；另一种是安装在高压开关柜中，特别是采用真空或 SF_6 气体的，则更接近于断路器。高压负荷开关的作用主要是用于配电网中切断与关合线路负荷电流和关合短路电流。由于受使用条件的限制，高压负荷开关不能作为电路的保护，必须与具有开断短路电流能力的开关设备配合，最常用的是与熔断器配合。负荷开关主要用于较为频繁操作和非重要的场所，尤其是在小容量变压器保护中，当变压器发生大电流故障时，熔断器可在 $10 \sim 20ms$ 切断电流，这比断路器保护时间快得多。因此，负荷开关在我国中压配电网中发展前景广阔。

二、对高压负荷开关的要求

（1）负荷开关在分闸位置时要有明显可见的间隙。负荷开关前面无须串联隔离开关，在检修电气设备时，只要开断负荷开关即可。

（2）要能经受尽可能多的开断次数，而无须检修触头相和调换灭弧室装置的组成元件。

（3）负荷开关虽不要求开断短路电流，但要求能关合短路电流，并有承受短路电流的动稳定性和热稳定性的要求。

三、高压负荷开关种类

（1）按使用环境分为户内式、户外式。

（2）按灭弧形式和灭弧介质分为油、压气式、产气式、真空式、SF_6 式等。

（3）按用途分为通用负荷开关、专用负荷开关、特殊用途负荷开关。目前有隔离负荷开关、电动机负荷开关、单个电容器组负荷开关等。

（4）按操作方式分为三相同时操作和逐相操作。

（5）按操动机构分为动力储能和人力式。

（6）按操作的频繁程度分为一般和频繁。

（7）按发展方向分为：

1）矿物油负荷开关结构简单且价格低廉，但存在容易引起爆炸和火灾的危险。

2）压气式负荷开关是一种将空气经压缩后直接喷向电弧断口而熄灭电弧的开关。

3）产气式负荷开关是国内目前产量最多、使用最广泛的。由于受到原设计上的限制，随着电网容量的增大，转移电流和短路电流关合能力已接近极限，需要进一步改进提高。

4）SF_6 负荷开关有两种，一种结构简单，用于户外柱上，另一种结构较复杂，用于城市环网供电单元，制成环网柜的形式，性能优异，但价格上偏高一些。

5）真空负荷开关在性能上与 SF_6 负荷开关基本相同，在某些指标上还超过 SF_6 负荷开关，而在价格上比 SF_6 负荷开关要便宜。我国西安高压电器研究所与其他有关电器制造工厂都正在积极开发真空负荷开关和真空负荷开关—熔断器组合电器。在国外，德国西门子电气公司和日本三菱公司等已开发了各种真空负荷开关和真空负荷开关—熔断器组合电器，并已投入使用。

四、负荷开关、断路器、隔离开关的区别

（1）负荷开关和断路器的本质区别就是它们的开断容量不同，断路器的开断容量可以在制造过程中做得很高，但是负荷开关的开断容量是有限的。负荷开关的保护一般是加熔断器保护，只有速断和过电流。断路器主要是依靠加电流互感器配合二次设备来保护电气设备或线路。

（2）负荷开关是可以带负荷分断的，有自灭弧功能。隔离开关一般是不能带负荷分断的，结构上没有灭弧罩。断路器具有完善的灭弧功能，可以分断负荷电流和短路电流。

（3）负荷开关和隔离开关，都可以形成明显断开点，大部分断路器不具有隔离功能。

（4）隔离开关是在断开位置满足隔离要求的开关，只能在没有任何负荷电流的情况下开断，起到隔离电源的作用，它一般装在负荷开关或断路器的两端；负荷开关是能分断正常负荷电流的开关；断路器既能分断正常负荷电流，也能分断故障电流。

（5）隔离开关不具备保护功能，负荷开关有过载保护的功能。负荷开关和熔断器的组合电器能自动跳闸，具备断路器的部分功能。而断路器与各种继电保护配合，具有短路保护、过载保护、欠电压保护等功能。

（6）负荷开关主要用在开闭所和容量不大的配电变压器（<800kVA）；断路器主要用在经常开断负荷的电机和大容量的变压器以及变电站。

思考与练习

2-1　电弧对电力系统和电气设备有哪些危害？熄灭交流电弧的方法有哪些？

2-2　简述高压断路器的作用和基本结构。

2-3　在断路器参数中，额定短时开断电流、额定短时耐受电流、额定短路关合电流、额定峰值耐受电流等四个参数分别是如何规定的？在数值上，它们之间有何关系？

2-4　SF_6 断路器有何特点？水分对 SF_6 断路器有何影响？

2-5　如何监测 SF_6 断路器灭弧室中的气体压力？如果有气体泄漏，如何保证断路器的安全？

2-6　真空断路器与 SF_6 断路器相比，其电弧的形成有何不同？

2-7　简述真空断路器的结构。

2-8　断路器操动机构应具有哪些基本功能？操动机构有哪些类型？

2-9　隔离开关有什么作用？它与断路器配合操作时有何要求？

2-10　当发生带负荷拉合隔离开关的误操作时，应如何处理？

2-11　与传统断路器相比，隔离断路器有何特点？

2-12　熔断器有什么作用？其工作原理是什么？如何保证熔断器保护的选择性？

2-13　负荷开关、断路器、隔离开关等三种开关电器有何区别？

项目三 互感器及运行

 项目描述

学习常规电流互感器和电压互感器、电子式电流互感器和电压互感器的基本知识。

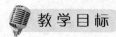 教学目标

知识目标

①掌握电流互感器和电压互感器的类型、作用、准确度、接线方式；②掌握使用互感器的注意事项；③熟悉电子式互感器的工作原理。

技能目标

具有电流互感器和电压互感器的接线分析能力。

知识背景

互感器包括电流互感器和电压互感器，是一次系统和二次系统之间的联络元件，其作用是将一次高电压、大电流变成二次标准的低电压、小电流，便于二次电路正确反映一次系统的运行情况。

互感器是电力系统中测量仪表、继电保护和自动装置等二次设备获取电气一次回路信息的传感器。互感器将高电压、大电流按比例变成低电压（100V 或 $100/\sqrt{3}$V）和小电流（5A 或 1A），其一次侧接在一次系统，二次侧接二次系统。通常，测量仪表与继电保护和自动装置工作状态不同，分别接在互感器不同的二次回路中。

互感器的作用是：

（1）使高压装置与测量仪表和继电器在电气方面很好的隔离，保证工作人员的安全。

（2）使测量仪表和继电器标准化和小型化，并可采用小截面电缆进行远距离测量。

（3）当电路上发生短路时，保护测量仪表的电流线圈，使它不受大电流的损害。

为了确保工作人员在接触测量仪表和继电器时的安全，互感器的每一个二次绕组必须有一点可靠接地，以防一、二次绕组间绝缘损坏而使二次部分长期存在高电压。

互感器包括电流互感器和电压互感器两大类，主要是电磁式的，在电力系统中广泛应用。电容式电压互感器，在超高压系统中被广泛应用。非电磁式的新型互感器，如光电耦合式、电容耦合式及无线电电磁波耦合式电流互感器目前在新建的智能变电站中有所应用。

任务一　电流互感器及运行

一、电磁式电流互感器的工作原理

电力系统中广泛采用的是电磁式电流互感器，用 TA 表示（旧符号为 CT 或 LH）。它的工作原理与变压器相似，其原理结构和接线如图 3-1 所示。

微课 15
电流互感器及运行

其特点有：

（1）一次绕组串联在被测电路中，匝数很少。一次绕组中的电流完全取决于被测电路的电流，而与二次电流无关。

（2）二次绕组匝数多，且所串联的仪表或继电器的电流线圈阻抗很小，所以正常运行时，电流互感器二次侧接近于在短路状况下工作。

电流互感器一、二次额定电流之比称为电流互感器的额定变（流）比 K_i，可表示为

$$K_i = \frac{I_{N1}}{I_{N2}} \approx \frac{N_2}{N_1} \approx \frac{I_1}{I_2} \qquad (3-1)$$

式中，N_1、N_2 为一、二次绕组匝数；I_{N1}、I_{N2} 为一、二次绕组的额定电流。

可见，由测量出的二次电流 I_2 乘以额定电流比 K_i 即可近似得到实际一次电流 I_1。

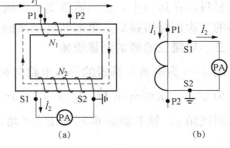

图 3-1　电磁式电流互感器的原理结构图和接线图
(a) 原理结构图；(b) 接线图

电流互感器的二次额定电流有 5A 和 1A 两种，一般强电系统用 5A，弱电系统用 1A，当配电装置距离控制室较远时，也可考虑用 1A（因为距离较远，所需二次电缆较长，二次电缆阻抗较大，二次额定电流采用 1A 可降低电流互感器二次侧电缆的功率损耗）。

由于电流互感器二次绕组的额定电流通常都规定为 5A，所以变比的大小取决于一次额定电流的大小。目前电流互感器的一次额定电流等级有：5、10、15、20、30、40、50、75、100、150、200、300、400、600、800、1000、1200、1500、2000、3000、4000、5000、6000、8000、10000、15000、20000、25000A。

二、电流互感器二次侧开路的影响

电流互感器正常工作时二次侧接近于短路状态，磁动势平衡方程式为

$$\dot{F}_1 + \dot{F}_2 = \dot{F}_0 \qquad (3-2)$$

其中，二次负荷电流产生的二次磁动势 $\dot{F}_2$（$\dot{I}_2 N_2$）对一次磁动势 $\dot{F}_1$（$\dot{I}_1 N_1$）有去磁动势作用，因此合成磁动势 $\dot{F}_0$（$\dot{I}_0 N_1$）及铁芯中的合成磁通 Φ 数值都不大，在二次绕组内所感应的电动势的数值不超过几十伏。

运行中电流互感器如果二次回路开路，$\dot{I}_2 = 0$，则二次去磁动势 $\dot{F}_2 = 0$，而一次磁动势 $\dot{F}_1$ 仍保持不变，且全部用于励磁，此时合成磁动势 $\dot{F}_0 = \dot{F}_1$，较正常状态的合成磁动势增大了许多倍，使铁芯中的磁通急剧增加而达饱和状态。铁芯饱和致使随时间变化的磁通

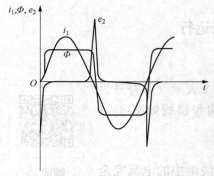

图 3-2 电流互感器二次侧开路时，
i_1、Φ 和 e_2 的变化曲线

波形变为平顶波，如图 3-2 所示。由于二次绕组感应电动势是与磁通的变化率 $\dfrac{\mathrm{d}\Phi}{\mathrm{d}t}$ 成正比的，因此，二次绕组将在磁通过零前后，感应产生很高的尖顶波电动势，其值可达数千甚至上万伏（与电流互感器额定变比及开路时二次电流值有关），将危及工作人员人身安全、损坏仪表和继电器的绝缘。此外，由于磁感应强度骤增，会引起铁芯和绕组过热，在铁芯中还会产生剩磁，使互感器准确度变低。

因此，当电流互感器正常工作时，二次绕组是不允许开路的。为了防止电流互感器二次侧开路，二次侧不允许装设熔断器或低压空气断路器，且二次连接导线应采用截面积不应小于 2.5mm² 的铜芯材料。在运行中，如果需要更换电流互感器二次回路仪表或继电器时，必须先将电流互感器的二次回路短接后，再断开需更换的仪表或继电器。

三、电流互感器的测量误差

图 3-3 为电流互感器的等值电路与相量图。相量图中以二次侧电流 $\dot{I}'_2$ 为参考相量，初相角为 0°。二次侧电压 $\dot{U}'_2$ 超前 $\dot{I}'_2$ 一个二次侧负荷的功率因数角 φ_2，$\dot{E}'_2$ 超前 $\dot{I}'_2$ 一个二次侧总阻抗角 α，铁芯磁通 Φ 超前 $\dot{E}'_2$ 90°角，励磁磁动势 $\dot{I}_0 N_1$ 超前 Φ 一个铁芯损耗角 ψ 角。

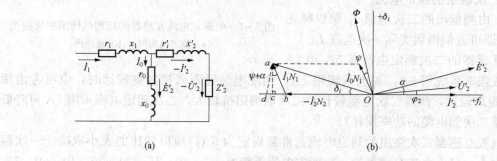

图 3-3 电流互感器等值电路图和相量图
(a) 等值电路图；(b) 相量图

由于励磁电流的影响，使得实际一次电流 $\dot{I}_1$ 与电流互感器测出的电流 $K_i \dot{I}_2$ 在数值上和相位上都有差异，所以测量结果有误差。电流互感器的测量误差，通常用电流误差（变比误差，简称比差）和相位误差（角差）来表示。

1. 电流误差

二次电流的测量值乘以额定电流比所得一次电流的近似值与实际一次电流之差对实际一次电流的百分数，即

$$f_i = \frac{K_i I_2 - I_1}{I_1} \times 100 \qquad (3-3)$$

2. 相位误差

相位误差是指旋转 180°后的二次电流相量 $-\dot{I}'_2$ 与一次电流相量 $\dot{I}'_1$ 的夹角 δ_i。规定 $-\dot{I}'_2$ 超

前 $\dot{I}_1'$ 时角差为正，反之为负。

3. 影响电流互感器测量误差的因素

（1）一次电流 I_1 的影响。一次电流比一次额定电流小得多时，由于 $I_1 N_1$ 较小，不足以建立励磁，则误差较大；当一次电流增大至一次额定电流附近时，电流互感器运行在设计的工作状态，误差最小；当一次电流增大，大大超过一次额定电流时，一次磁动势 $I_1 N_1$ 很大，磁路饱和，其误差也很大。

为此，正确使用电流互感器，应使一次额定电流与一次实际运行电流相匹配。

（2）二次负载的影响。如果一次电流不变，则二次负载阻抗 Z_2 及功率因数 $\cos\varphi_2$ 直接影响误差的大小。当二次负载阻抗 Z_2 增大时，二次输出电流将减小，即二次去磁磁动势 $I_2 N_2$ 下降，对一次磁动势 $I_1 N_1$ 的去磁程度减弱，电流误差和相位误差都会增加；当二次功率因数角 φ_2 变化时，电流误差和相位误差会出现不同的变化。

因此，要保证电流互感器的测量误差不超过规定值，应将其二次负载阻抗和功率因数限制在相应的范围内。

四、电流互感器的准确级和额定容量

1. 测量用电流互感器的准确级

测量用电流互感器的准确级，以该准确级在额定电流下所规定的最大允许电流误差的百分数来标称。GB 1208—2006《电流互感器》规定测量用电流互感器的准确级有 0.1、0.2、0.5、1、3 和 5 级。各准确级和误差限值规定见表 3-1。

表 3-1　　　　　　　　　　　　　电流互感器准确级和误差限值

准确级	一次电流占额定电流的百分数	误差限值		保证误差的二次负荷范围
		电流误差（±%）	相位差（±′）	
0.1	5	0.4	15	$(0.25\sim1.0)S_{2N}$
	20	0.2	8	
	100～120	0.1	5	
0.2	5	0.75	30	$(0.25\sim1.0)S_{2N}$
	20	0.35	15	
	100～120	0.2	10	
0.5	5	1.5	90	$(0.25\sim1.0)S_{2N}$
	20	0.75	45	
	100～120	0.5	30	
1	5	3	180	
	20	1.5	90	
	100～120	1	60	
3	50	3		$(0.5\sim1.0)S_{2N}$
	120	3		
5	50	5		
	120	5		

一般地讲，0.1、0.2级电流互感器多用于实验室精密测量；0.5、1级的则大量用于发电机和变电站的盘式仪表；用于电度计量的电流互感器，其准确级一般为0.5级，500kV宜用0.2级；3级的一般用于非重要回路的电流测量；其他各级（5P级或10P级）全部用于保护。

2. 保护用电流互感器准确级

对保护用电流互感器的基本要求之一，是在一定的过电流值下，误差应在一定限值之内，以保证继电保护装置正确动作。如果继电保护动作时间较长，电流互感器在稳态下的误差就能满足使用要求，这种互感器称为一般保护用电流互感器，用字母"P"表示；如果继电保护动作时间短，则需对电流互感器提出保证暂态误差的要求，这种互感器称为暂态保护用电流互感器，用字母"TP"表示。

电流互感器在系统发生短路时，短路电流很大，铁芯趋于饱和，由于励磁电流中高次谐波含量很大，二次电流波形发生畸变，不能用前述的电流误差和相位误差来规定其误差特性，而要用复合误差来规定其误差特性，所以衡量保护用电流互感器误差性能的指标有两个。

（1）复合误差。复合误差是指在稳态时，一次电流瞬时值同二次电流瞬时值与额定电流比的乘积之差占一次电流有效值的百分数，即

$$\varepsilon(\%) = \frac{100}{I_1} \sqrt{\frac{1}{T} \int_0^T (K_i i_2 - i_1)^2 \mathrm{d}t} \tag{3-4}$$

式中：I_1 为一次电流有效值；i_1 为一次电流瞬时值；i_2 为二次电流瞬时值；T 为一个周期的时间。

（2）准确限值系数。准确限值系数则是指保证复合误差不超出规定值的最大一次电流与一次额定电流的比值。其值越大，表明电流互感器的保护性能越好。一般保护用电流互感器的准确级和误差限值见表 3-2。

表 3-2　一般保护用电流互感器的准确级和误差限值

准确级	电流误差（±%）	相位误差（±′）	复合误差（%）
	额定限值一次电流下		在额定准确限值一次电流下
5P	1.0	60	5.0
10P	3.0	—	10.0

在实际工作中，经常将保护用电流互感器的准确限值系数跟在准确级标称后写出，例如，电流互感器标有"5P20"，表示当一次绕组流过的短路电流为额定电流的20倍时互感器的复合误差小于5%。

3. 电流互感器的额定容量

电流互感器的额定容量 S_{2N} 是指电流互感器在二次额定电流 I_{2N} 和额定二次阻抗 Z_{2N} 下运行时，二次绕组输出的容量为

$$S_{2N} = I_{2N}^2 Z_{2N} \tag{3-5}$$

由于电流互感器的二次额定电流通常为5A或1A，所以，电流互感器的额定容量和额定二次阻抗之间只差一个系数（25或1）。因此，额定容量常用额定二次阻抗来代表。

由于电流互感器的误差和二次阻抗有关,因此,同一台电流互感器使用在不同准确级时,其额定容量也不同。例如,某10kV电流互感器的铭牌上有如下标示:容量15VA,0.5级;容量30VA,1级;容量75VA,3级。以上标示是指负载阻抗为0.6Ω（15/5²）时,准确级为0.5级;负载为1.2Ω（30/5²）时,准确级为1级;负载为3Ω（75/5²）时,准确级降到3级。因此,要使电流互感器在选定的准确级下工作,必须满足$Z_2 \leqslant Z_{2N}$或$S_2 \leqslant S_{2N}$。

五、电流互感器的分类和型号

1. 电流互感器的分类

（1）按功能分,电流互感器分为测量用电流互感器和保护用电流互感器两类。测量用电流互感器分为一般用途和特殊用途（S类）两类;保护用电流互感器分为P类、PR类、PX类和TP类。

（2）按安装地点,电流互感器可分为户内式和户外式。35kV及以上多制成户外式,并以瓷套为箱体,以节约材料、减轻重量和缩小体积;20kV及以下多制成户内式。图3-4为户外瓷套式高压电流互感器。

（3）按安装方式,电流互感器可分为穿墙式（图3-5）、支持式和套管式。穿墙式电流互感器装设在穿过墙壁、天花板和地板的地方,并兼作套管绝缘子用;支持式电流互感器安装在地面上或支柱上;套管式电流互感器安装在35kV及以上电力变压器或落地罐式断路器的套管绝缘子内。

（4）按绝缘方式,电流互感器可分为干式、浇注式（图3-6）和油浸式（图3-7）。干式电流互感器用绝缘胶浸渍,适用于低压户内;浇注式电流互感器利用环氧树脂作绝缘浇注成型,适用于35kV及以下的户内;油浸式电流互感器适用于户外。

图3-4　户外瓷套式高压电流互感器

图3-5　穿墙式电流互感器

图3-6　户内浇注式电流互感器

（5）按一次绕组匝数,电流互感器可分为单匝式和多匝式。单匝式电流互感器的一次绕组为单根导体,铁芯制成环形直接套在导体上,二次绕组均匀绕在铁芯上以减小二次侧漏磁。在某些情况下，单匝式电流互感器可不必配置专门的一次绕组，可利用母线作为一次绕组。图3-8所示为测量三芯电缆中零序电流用的零序电流互感器，其自身没有一次绕组，利用穿越其中的电缆作为一次绕组。这种电流互感器的主要优点是结构简单、尺寸较小、价格便宜，主要缺点是被测电流很小时，由于一次侧磁动势较小，测量准确度较低。

图3-7 户外油浸式电流互感器　　图3-8 零序电流互感器

而多匝式电流互感器的一次侧绕组是多匝穿过铁芯，铁芯上绕有二次绕组。这种电流互感器由于一次侧绕组匝数较多，所以，即使一次电流很小，也能获得较高的准确度。因此，对于一次侧电流较小的互感器，一次绕组必须做成多匝式。

2. 电流互感器的型号

目前，国产电流互感器型号编排方法规定如下：

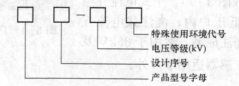

特殊使用环境代号
电压等级(kV)
设计序号
产品型号字母

产品型号均以汉语拼音字母表示，字母含义及排列顺序见表3-3。

表3-3　　　　　　　　　　　　　电流互感器型号字母含义

第一个字母		第二个字母		第三个字母		第四个字母		第五个字母	
字母	含义	字母	含义	字母	含义	字母	含义	字母	含义
L	电流互感器	A	穿墙式	C	瓷绝缘	B	保护级	J	加强型
		C	瓷箱式	G	改进型	D	差动保护		
		D	单匝式	K	塑料外壳	J	加大容量		
		F	多匝式	L	电容式绝缘	Q	加强型		

续表

| 第一个字母 | | 第二个字母 | | 第三个字母 | | 第四个字母 | | 第五个字母 | |
字母	含义	字母	含义	字母	含义	字母	含义	字母	含义
L	电流互感器	J	接地保护	P	中频			J	加强型
		M	母线式	Q	气体绝缘				
		Q	线圈式	S	速饱和				
		R	装入式	W	户外式				
		Y	低压用	Z	浇注绝缘				
		V	倒置式						
		Z	支柱式						

　　例如：LZZBJ9-10A2，L表示电流互感器；第一个Z表示支柱式；第二个Z表示浇注式；B表示带保护级；J表示加强级；9表示设计序号；10表示额定电压为10kV；A2表示结构代号。

六、电流互感器的极性及接线方式

1. 电流互感器的极性

电流互感器的极性按减极性原则标注，如图3-9（a）所示。当一次电流 I_1 由P1流向P2，二次侧电流 I_2 从二次绕组S1流出，经过测量仪表再从S2流回绕组，即一次电流从P1流进，二次电流从S1流出，规定P1和S1为同极性端（P2和S2也为同极性端）。对于功率表和继电保护装置，电流互感器的极性很重要，接错极性将引起功率表计数错误或继电保护装置发生误动作。

2. 电流互感器的接线方式

电流互感器常用的接线方式有单相接线、不完全星形接线和星形接线。

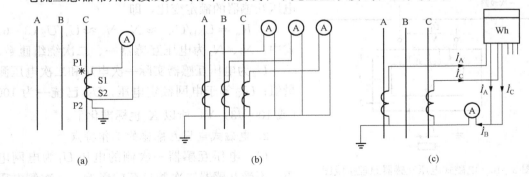

图3-9　电流互感器接线图
（a）单相接线；（b）三相星形接线；（c）不完全星形接线

　　图3-9（a）所示为单相接线。电流表通过的电流为一相的电流，通常用于测量对称三相负荷的一相电流。

　　图3-9（b）所示为三相星形接线。三只电流互感器分别反应三相电流和各种类型的短

路故障电流。广泛用于负荷不论平衡与否的三相三线制电路和低压三相四线制电路中，供测量和保护使用。

图 3-9（c）所示为不完全星形接线，公共线中流过的电流为两相电流之和，所以这种接线又称两相电流和接线。在三相电流对称时，由 $\dot{I}_A + \dot{I}_C = -\dot{I}_B$ 可知，二次侧公共线中的电流，恰为未接互感器的 B 相的二次电流；而当一次系统发生不对称短路时，二次侧公共线中流过的电流往往不是真正的 B 相电流，不能反应 B 相接地故障。因此，不完全星形接线主要供三相二元件的功率表或电能表使用。

在电流互感器的所有接线中，其二次绕组应该有一个接地点，以免一、二次绕组之间的绝缘击穿使二次侧也带上高电压，危及人身和设备的安全。

任务二　电压互感器及运行

目前电力系统广泛应用的电压互感器，用 TV 表示（旧符号为 PT 或 YH）。按其工作原理主要可分为电磁式、电容分压式两种。110kV 及以下多为电磁式电压互感器，220kV 及以上多为电容分压式电压互感器。

一、电磁式电压互感器

1. 电磁式电压互感器的工作原理

电磁式电压互感器的工作原理、构造和接线方式都与变压器相似。其一次绕组匝数很多，二次绕组匝数很少，相当于降压变压器。工作时，一次绕组并联在一次电路中，而二次绕组并联接入测量仪表、继电器等的电压线圈。电磁式电压互感器与电力变压器主要区别在于电磁式电压互感器的容量很小，通常只有几十到几百伏安，并且在大多数情况下，其负荷是恒定的。

电磁式电压互感器的等值电路与普通变压器相同，其原理接线图如图 3-10 所示。

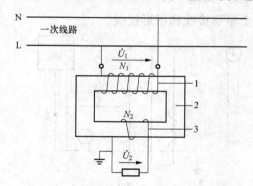

图 3-10　电磁式电压互感器原理接线图

电压互感器一、二次绕组额定电压之比称为电压互感器的额定变比，即

$$K_u = U_{N1}/U_{N2} \approx N_1/N_2 \approx U_1/U_2 \quad (3-6)$$

式中：N_1、N_2 为电压互感器一、二次绕组匝数；U_1、U_2 为电压互感器实际一次电压和二次电压测量值；U_{N1} 等于电网额定电压，U_{N2} 已统一为 100（或 $100/\sqrt{3}$）V，所以 K_u 也标准化了。

2. 电磁式电压互感器的工作特点

（1）电压互感器一次侧的电压 U_1 为电网电压，不受互感器二次侧负荷的影响，一次侧电压高，一次侧绕组需有足够的绝缘强度。

（2）互感器二次侧负荷主要是测量仪表和继电器的电压线圈，其阻抗很大，通过的电流很小，所以电压互感器的正常工作状态接近于空载状态，二次电压接近于二次电动势，并取决于一次电压值。

（3）电压互感器二次侧不允许短路。如果短路会出现大的短路电流，将使保护熔断器熔断，造成二次负荷停电。

二、电压互感器误差和准确级

1. 电压互感器的误差

电磁式电压互感器的等值电路如图3-11所示。

由于电压互感器本身存在励磁电流和内阻抗，使测量出来的二次电压 $\dot{U}'_2$ 与实际一次电压 $\dot{U}_1$ 在大小和相位上不可能完全相等，即常用电压误差（比差）和相位误差（角差）表示。

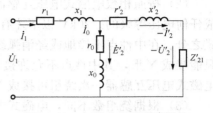

图3-11　电磁式电压互感器的
等值电路图

电压误差是指电压互感器实际测量出来的电压 $K_U U_2$ 与一次实际电压 U_1 之差，占 U_1 的百分数，即

$$f_u = \frac{K_U U_2 - U_1}{U_1} \times 100(\%) \tag{3-7}$$

影响电压误差的因素有：

（1）一次电压的影响。一次电压与电压互感器额定电压偏离越大，电压互感器的误差越大。故正确使用电压互感器，应使一次额定电压与电网的额定电压相适应。

（2）二次负载的影响。如果一次电压不变，则二次负载阻抗及其功率因数直接影响误差的大小。当二次负荷过大，二次负载阻抗下降，二次电流增大，在电压互感器绕组上的电压降上升，使误差增大；二次负载的功率因数过大或过小时，除影响电压误差外，相位误差也会相应增大。因此，要保证电压互感器的测量误差不超过规定值，应将二次负载和功率因数限制在相应的范围内。

2. 电压互感器的准确级

电压互感器的准确级是指在规定的一次电压和二次负荷变化范围内，负荷功率因数为额定值时，电压误差的最大值。我国电压互感器准确级和误差限值标准见表3-4。

表3-4　　　　　　　　　电压互感器的准确级和误差限值标准

准确级	误差极限		一次电压误差范围	频率、功率因数及二次负荷变化范围
	电压误差（±%）	相位误差（±'）		
0.2	0.2	10		
0.5	0.5	20	$(0.8\sim1.2)\,U_{1N}$	$(0.25\sim1)\,S_{2N}$ $\cos\varphi_2 = 0.8$ $f = f_n$
1	1.0	40		
3	3.0	不规定		
3P	3.0	120	$(0.05\sim1)\,U_{1N}$	
6P	6.0	240		

电压互感器的测量精度有0.2、0.5、1、3、3P、6P等六个准确度级。0.2、0.5、1级的适用范围同电流互感器，3级的用于某些测量仪表和继电保护装置。保护用电压互感器用P表示，常用的有3P和6P。

三、电磁式电压互感器的分类和型号

1. 电磁式电压互感器的分类

电磁式电压互感器由铁芯、绕组、绝缘等构成。

（1）按照安装地点，电磁式电压互感器可分为户内式和户外式。通常 35kV 及以下多制成户内式电磁式电压互感器，35kV 以上则制成户外式电磁式电压互感器。

（2）按照相数电磁式电压互感器可分为单相式和三相式。单相式电磁式电压互感器可制成任何电压等级的。20kV 以下才有三相式电磁式电压互感器，且有三相三柱式和三相五柱式之分。在中性点不接地或经消弧线圈接地的系统中，三相三柱式电磁式电压互感器一次侧只能接成 Y 形，其中性点不允许接地，这种接线方式不能测量相对地电压。而三相五柱式电磁式电压互感器一次绕组可接成 YN 形。

（3）根据绕组数不同，电磁式电压互感器可分为双绕组、三绕组和四绕组。

（4）按照绝缘方式，电磁式电压互感器可分为浇注式、油浸式、干式和充气式。干式电磁式电压互感器结构简单，无着火和爆炸危险，但绝缘强度低，只适用于电压为 6kV 及以下的空气干燥的屋内配电装置中；浇注式电磁式电压互感器结构紧凑，也无着火和爆炸危险，且维护方便，适用于 3～35kV 户内装置；充气式电磁式电压互感器主要用于 SF_6 全封闭组合电器中；油浸式电磁式电压互感器绝缘性能好，可用于 10kV 以上的屋内外配电装置。

2. 电磁式电压互感器的型号

目前，国产电磁式电压互感器（简称电压互感器）型号编排方法如下：

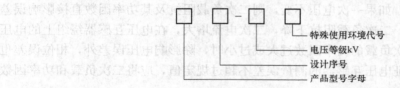

　　　　　　　　　　　　　　　特殊使用环境代号
　　　　　　　　　　　　　　　电压等级 kV
　　　　　　　　　　　　　　　设计序号
　　　　　　　　　　　　　　　产品型号字母

电压互感器型号中的字母都用汉语拼音字母表示，字母排列顺序及其对应符号含义见表 3-5。

表 3-5　　　　　　　　　　　电压互感器型号字母的含义及排列顺序

序号	类别	含义	代表字母
1	名称	电压互感器	J
2	相数	单相	D
		三相	S
3	绕组外的绝缘介质	变压器油	J
		空气（干式）	G
		浇注成固体形	Z
		气体	Q
4	结构特征	带备用电压绕组	X
		三柱芯带补偿绕组	B
		五柱芯每相三绕组	W
		串级式带备用电压绕组	C

例如：JDZ10-10 中 J 表示电压互感器，D 表示单相，Z 表示浇注式，第一个"10"表示设计序号，第一个"10"表示额定电压为 10kV。

电压互感器在特殊使用环境的代号主要有以下几种：CY—船舶用；GY—高原地区用；

W—污秽地区用；AT—干热带地区用；TH—湿热带地区用。

四、电容式电压互感器

随着电力系统输电电压的增高，电磁式电压互感器的体积越来越大，成本随之增高，因此研制了电容式电压互感器，又称 CVT。电容式电压互感器是在电容套管电压抽取装置的基础上研制而成的，广泛用于 110kV 及以上中性点直接接地系统测量电压用，目前我国500kV 电压互感器只生产电容式电压互感器的。与电磁式电压互感器相比，具有以下优点：

（1）除作为电压互感器使用外，还可将其分压电容兼作高频载波通信的耦合电容。

（2）电容式电压互感器的冲击绝缘强度比电磁式电压互感器高。

（3）体积小，质量轻，成本低。

（4）在高压配电装置中占地面积较小。

电容式电压互感器的主要缺点是误差特性和暂态特性比电磁式电压互感器差、输出容量较小。

1. 电容式电压互感器的测量原理

图 3 - 12 所示为电容式电压互感器的测量原理图。在图中，U_1 为电网相对地电压，C_1 为主电容，C_2 为分压电容，Z_2 表示仪表、继电器等电压线圈负荷，$U_2 = U_{C2}$，因此

$$U_{C2} = \frac{C_1 U_1}{C_1 + C_2} = K_u U_1 \tag{3-8}$$

式中：K_u 为分压比，$K_u = C_1 / (C_1 + C_2)$。

改变 C_1 和 C_2 的比值，可得到不同的分压比。由于 U_2 与一次电压 U_1 成比例变化，故通过测得 U_2 就可得到 U_1，即可测出相对地电压。

2. 电容分压式电压互感器基本结构

电容分压式电压互感器基本结构如图 3 - 13 所示。其主要元件是电容（C_1，C_2），非线性电感（补偿电感线圈）L_2，中间电磁式电压互感器 TV。为了减少杂散电容和电感的有害影响，增设一个高频阻断线圈 L_1，它和 L_2 及中间电磁式电压互感器一次绕组串联在一起，L_1、L_2 上并联放电间隙 E_1、E_2，以防止互感器因受二次短路所产生的过电压而造成损坏。

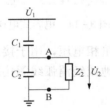

图 3 - 12　电容式电压互感器的测量原理图

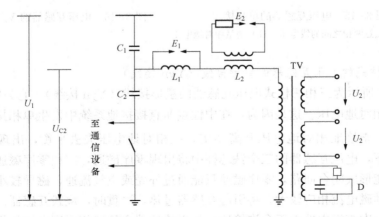

图 3 - 13　电容式电压互感器结构原理图

电容（C_1，C_2）和非线性电感 L_2 和 TV 的一次绕组组成的回路，当受到二次侧短路或断路等冲击时，由于非线性电抗的饱和，可能激发产生高次谐波铁磁谐振过电压，对互感器、仪表和继电器造成危害，并可能导致保护装置误动作。为了抑制高次谐波的产生，在互感器二次绕组上装设阻尼器 D，阻尼器 D 有一个电感和一个电容并联，一只阻尼电阻被安插在这个偶极振子中。阻尼电阻有经常接入和谐振时自动接入两种方式。

图 3 - 14 为电容式电压互感器。

图 3 - 14　电容式电压互感器

五、电压互感器的接线

在三相系统中需要测量的电压有线电压、相对地电压、发生单相接地故障时出现的零序电压。一般测量仪表和继电器的电压线圈都采用线电压，每相对地电压和零序电压则用于某些继电保护和绝缘监察装置中。为测量这些电压，电压互感器有各种不同的接线。

1. 单相接线

如图 3 - 15 所示为只有一只单相电压互感器的接线，用在只需要测量 35kV 及以下的中性点非直接接地电网任意两相之间的线电压，或 110kV 及以上中性点直接接地系统的相对地电压，如图 3 - 15（a）、（b）所示。

2. V-V 接线

如图 3 - 16 所示为两只单相电压互感器接成的不完全星形接线（V/V 接线），这种接线只能测量线电压，不能测量相电压，用于接入只需要线电压的测量仪表和继电器，广泛用于 20kV 及以下中性点不接地或经消弧线圈接地的电网中。

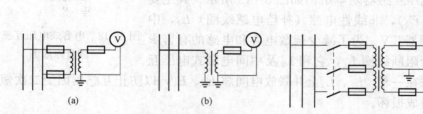

图 3 - 15　电压互感器的单相接线　　　　图 3 - 16　电压互感器的 V/V 接线
（a）测量任意两相之间的线电压；（b）测量相对地电压

3. 三相三柱式的电压互感器的星形接线（Yyn 接线）

如图 3 - 17 所示为三相三柱式电压互感器的星形接线（Yyn 接线）。它只能测量线电压，不能用来测量相对地电压。这是因为，在中性点非直接接地系统中发生单相接地时，接地相对地电压为零，未接地相对地电压升高 $\sqrt{3}$ 倍，三相对地电压失去平衡，出现零序电压。在零序电压作用下，电压互感器的三个铁芯柱中将出现零序磁通，三相零序磁通同相位，在三个铁芯柱中不能形成闭合回路，零序磁通只能通过外壳或空气流通，磁导较小，零序漏电抗也较小，零序励磁电流相应较大，将引起互感器过热，严重时，烧毁互感器。所以三相三柱式电压互感器一次绕组中性点不允许接地（如果接地就会给三相零序电流提供通路，零序电流过大会烧坏互感器绕组）。为此，三相三柱式电压互感器的一次绕组中性点不能引出，不能测量相电压，不能用来监视电网对地绝缘，故这种接线在电力系统中很少采用。

4. 三相五柱式电压互感器的接线

如图 3-18 所示为三相五柱式电压互感器的 YNynd 接线。

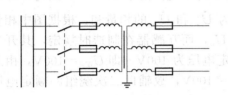
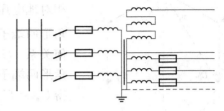

图 3-17　三相三柱式电压互感器的星形接线　　　图 3-18　三相五柱式电压互感器的 YNynd 接线

三相五柱式电压互感器具有五个铁芯磁柱，三相绕组绕在中间三个柱上，如图 3-19 (a) 所示。当系统发生单相接地时，零序磁通 Φ_{A0}、Φ_{B0}、Φ_{C0} 在铁芯中的回路如图 3-19（b）所示。零序磁通可通过两边铁芯组成回路，因此磁导较大，零序电抗较大，从而零序励磁电流较小，所以三相五柱式电压互感器一次绕组中性点可以接地。

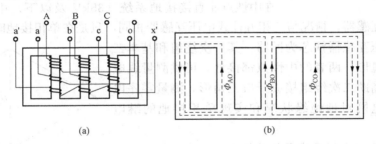

(a)　　　　　　　　　　　　　(b)

图 3-19　三相五柱式电压互感器磁路示意图
（a）原理图；（b）零序磁通回路图

三相五柱式电压互感器的一次绕组和基本二次绕组均接成星形，两者的中性点都接地，可供测量线电压和相电压；辅助二次绕组接成开口三角形，测量零序电压，用于监视电网对地绝缘状况和实现单相接地的继电保护。与三只单相电压互感器的接线相比，三相五柱式电压互感器节省占地、价格低廉，因此，在 20kV 以下的屋内配电装置中广泛采用。

（1）三相五柱式电压互感器应用于中性点非直接接地电网。在中性点非直接接地系统中，正常运行时因各相对地电压为相电压，三相电压的相量和为零，因此开口三角形两端子间电压为零。当发生一相接地时，例如 C 相接地，接地后的相量图如图 3-20 所示，A 相和 B 相对地电压 $\dot{U}_a$、$\dot{U}_b$ 均升高为 $\dot{U}'_a$（幅值为 $\sqrt{3}U_a$）和 $\dot{U}'_b$（幅值为 $\sqrt{3}U_b$），由于 $\dot{U}_c=0$，此时，开口三角形两端子的电压为 $\dot{U}'_a$ 和 $\dot{U}'_b$ 的相量和，根据图中相量几何关系，$U_\Delta=\sqrt{3}U'_a=\sqrt{3}\times\sqrt{3}U_a=3U_a$，而互感器在制造时规定，其开口三角形两端子间的额定电压为 100V，即 $U_{\Delta N}=100$V，由此推得 $U_{aN}=U_{bN}=\dfrac{1}{3}U_{\Delta N}=\dfrac{100}{3}$V，故辅助二次绕组的额定电压为 $\dfrac{100}{3}$V。因此，这种情况下，电压互感器的变比为 $\dfrac{U_N}{\sqrt{3}}\Big/\dfrac{100}{\sqrt{3}}\Big/\dfrac{100}{3}$V（$U_N$ 为一次系统的额定电压）。

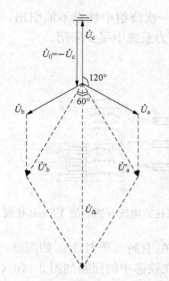

（2）三相五柱式电压互感器应用于中性点直接接地电网。在中性点直接接地系统中，正常运行时，三相电压平衡，开口三角形两端子间电压也为零。当发生一相接地时，例如 C 相接地，接地后的相量图如图 3 - 21 所示，A 相和 B 相对地电压 $\dot{U}_a$、$\dot{U}_b$ 均不变，由于 $\dot{U}_c = 0$，此时，开口三角形两端子的电压为 $\dot{U}_a$ 和 $\dot{U}_b$ 的相量和，根据图中相量几何关系，$U_\Delta = U_a = U_b$，而互感器在制造时规定，其开口三角形两端子间的额定电压为 100V，即 $U_{\Delta N} = 100V$，由此推得 $U_{aN} = U_{bN} = U_{\Delta N} = 100V$，故辅助二次绕组的额定电压为 100V。因此，这种情况下，电压互感器的变比为 $\dfrac{U_N}{\sqrt{3}}/\dfrac{100}{\sqrt{3}}/100V$。

图 3 - 20　开口三角形电压相量图
（中性点非直接接地系统）

5. 三只单相电压互感器的 YNynd 接线

如图 3 - 22 所示为三只单相电压互感器的 YNynd 接线，在中性点非直接接地系统（35kV 及以下）中，采用三只单相电磁式电压互感器，情况与三相五柱式电压互感器相同，只是在单相接地时，各相零序磁通以各自的电压互感器铁芯为回路。其一次绕组和基本二次绕组均接成星形，两者的中性点都接地，可供测量线电压和相电压；辅助二次绕组接成开口三角形，测量零序电压，用于监视电网对地绝缘状况和实现单相接地的继电保护。

6. 电容分压式电压互感器的接线

如图 3 - 23 所示是电容分压式电压互感器的接线，主要用于 110～500kV 中性点直接接地的电网中。其接线与三只单相电压互感器的 YNynd 接线相同。

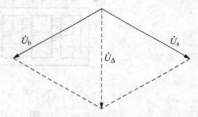

图 3 - 21　开口三角形电压相量图
（中性点直接接地系统）

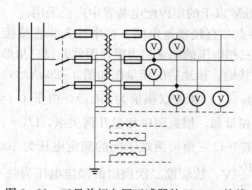

图 3 - 22　三只单相电压互感器的 YNynd 接线

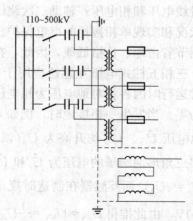

图 3 - 23　电容分压式电压互感器的接线

电压互感器接线时应注意以下几点：

（1）电压互感器与一次系统的连接：35kV及以下电压等级采用熔断器和隔离开关串联形式，熔断器作为电压互感器一次侧和电压互感器本体的过电流保护，但不能保护二次侧故障。所以二次侧仍需装熔断器，以实现二次侧过负荷和过电流保护。110kV及以上电压等级则不装熔断器，这是因为：①110kV及以上熔断器在开断短路电流时，产生的电弧太强烈，容易造成分断困难和熔断器爆炸；②110kV及以上电压等级的电压互感器相间距离较大，电压互感器引线发生相间短路的可能性不大。110kV及以上电压等级仍然需要装设隔离开关，当电压互感器停电检修时，可利用隔离开关将电源侧高电压隔离，保证安全。

（2）二次侧接线。

1）电压互感器必须有一点可靠接地，所以，二次侧中性线、接地线不能加装熔断器。

2）电压互感器二次侧的保护接地点不许装设在二次侧熔断器的后面，必须设在二次熔断器的前面，保证二次侧熔断器熔断时，电压互感器的二次绕组仍然保留保护接地点。

3）辅助三角形接成开口三角形不装设熔断器，60kV及以下电压等级通常连接绝缘监察装置（用以监测单相接地故障），110kV及以上电压等级通常用作零序电压保护。

4）V-V接线中，B相接地，B相不允许装设熔断器，以保证二次设备和人身安全。

任务三　电子式互感器

一、电子式互感器的发展背景

随着电压等级的提高和电网智能化发展，电磁式互感器逐渐暴露出一系列固有的缺点：①绝缘结构越来越复杂，产品的造价也越来越高，产品重量大，支撑结构复杂。②电磁式电流互感器固有的磁饱和现象，一次电流较大时会使二次输出发生畸变，严重时会影响继电保护设备的运行，造成拒动或误动。③电磁式互感器的输出为模拟量，不能与数字化二次设备直接接口，不利于电力系统的数字化进程。

随着光纤传感技术、光纤通信技术的飞速发展，光电技术在电力系统中的应用越来越广泛，电子式互感器就是其中之一。电子式互感器的诞生是互感器传感准确化、传输光纤化和输出数字化发展趋势的必然结果。电子式互感器是智能变电站的关键设备之一，与常规电磁式互感器相比具有许多优越性。

（1）高低压完全隔离，绝缘性能优良，安全性高。电磁式互感器的被测高压信号与二次绕阻之间通过铁芯耦合，它们之间的绝缘结构复杂，其造价随电压等级呈指数关系上升。电子式互感器将高压侧信号通过绝缘性能很好的光纤传输到二次设备，这使得其绝缘结构大大简化，电压等级越高其性价比优势越明显。

电子式互感器利用光缆而不是电缆作为信号传输工具，其高压侧与低压侧之间只存在光纤联系，信号通过光纤传输，高压回路与二次回路在电气上完全隔离，不存在电压互感器二次回路短路或电流互感器二次回路开路给设备和人身造成的危害，安全性和可靠性大大提高。

（2）不含铁芯，消除了磁饱和、铁磁谐振等问题。电磁式电流互感器由于使用了铁芯，不可避免地存在磁饱和及铁磁谐振等问题。电子式互感器在原理上与传统互感器有着本质的区别，一般不用铁芯做磁耦合，因此消除了磁饱和及铁磁谐振现象，从而使互感器运行暂态响应好，稳定性好，保证了系统运行的高可靠性。

（3）动态范围大，测量精度高，频率响应范围宽。电网正常运行时，电流互感器流过的电流并不大，但短路电流一般很大，而且随着电网容量的增加，短路电流越来越大。电磁式电流互感器因存在磁饱和问题，难以实现大范围测量，一台互感器很难同时满足高精度计量和继电保护的需要。电子式互感器有很宽的动态范围，一台电子式互感器可同时满足计量和继电保护的需要。

电子式互感器的频率范围主要取决于相关的电子线路部分，频率响应范围较宽。电子式互感器可以测出高压电力线上的谐波，还可进行电网电流暂态、高频大电流与直流的测量。而电磁式互感器是难以进行这方面的工作的。

（4）数据传输抗干扰能力强，适应了电力系统数字化、智能化和网络化发展的需要。电磁式互感器传送的是模拟信号，电站中的测量、控制和继电保护传统上都是通过同轴电缆将电气传感器测量的电信号传输到控制室，当多个不同的装置需要同一个互感器的信号时，就需要进行复杂的二次接线，这种传统的结构不可避免地会受到电磁场的干扰。而光电式互感器输出的数字信号可以很方便地进行数字通信，可以将光电式互感器以及需要取用互感器信号的装置构成一个现场总线网络，实现数据共享，从而节省大量的二次电缆；同时光纤传感器和光纤通信网固有的抗电磁干扰性能，在恶劣的电站环境中更是显示出无与伦比的优越性，光纤网络取代传统的电气连接是未来电站建设与改造的必需趋势。

（5）没有因充油而潜在的易燃、易爆炸等危险。电子式互感器的绝缘结构相对简单，一般不采用油作为绝缘介质，不会引起火灾和爆炸等。

（6）体积小、质量轻。电子式互感器无铁芯，其重量较相同电压等级的电磁式互感器小很多。美国西屋公司公布的 345kV 的光电式互感器的重量为 109kg，而相同电压等级的油浸式电流互感器的重量有 2t 左右，这给运输和安装带来了很大的方便。

二、电子式互感器分类

传感方法对电子式互感器的结构体系有很大影响。根据原理可以分为有源电子式互感器和无源电子式互感器。有源电子式互感器又称为电子式电流/电压互感器（ECT/EVT），其特点是需要向传感头提供电源，主要以罗柯夫斯基（Rogowski）线圈（以下简称罗氏线圈）为代表。无源电子式互感器主要指采用法拉第效应光学测量原理的互感器，又称为光电式电流/电压互感器（OCT/OVT），其特点是无需向传感头提供电源。

电子式互感器类型较多，其简单分类如图 3-24 所示。

1. 罗氏线圈电流互感器

罗氏线圈是一种较为成熟的测量元件，实际上是将导线均匀地绕在非磁性环形骨架上，一次导线置于线圈中央，如图 3-25 所示。由于不存在铁芯，因此不存

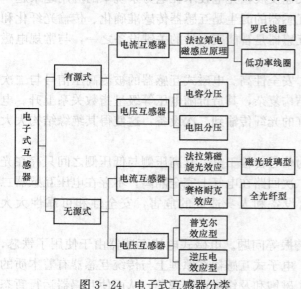

图 3-24　电子式互感器分类

在饱和现象。

如果导线电流为 $i(t)$，根据法拉第电磁感应定律，罗氏线圈两端产生的感应电动势为

$$e(t) = -M\frac{di}{dt} = -\mu NS\frac{di}{dt} \qquad (3-9)$$

式中：M 为互感系数；μ 为磁导率；N 为线圈匝数；S 为线圈截面积；

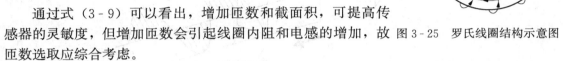

图 3-25 罗氏线圈结构示意图

通过式（3-9）可以看出，增加匝数和截面积，可提高传感器的灵敏度，但增加匝数会引起线圈内阻和电感的增加，故匝数选取应综合考虑。

罗氏线圈两端产生的感应电动势 $e(t)$ 经过积分器处理后得到与被测电流成比例的电压信号，经处理、变换后，即可得到与一次电流成比例的模拟量输出，再经 A/D 转换后变为数字信号，通过电光转换（LED）电路将数字信号变为光信号，然后通过光纤将数字光信号送至二次侧供继电保护和电能计量等设备用。有源电子式电流互感器高压侧的电子模块需工作电源，利用激光供电技术实现对高压侧电子模块的供电是目前普遍采用的方法，这也是有源电子式互感器的关键技术之一。其工作原理如图 3-26 所示。

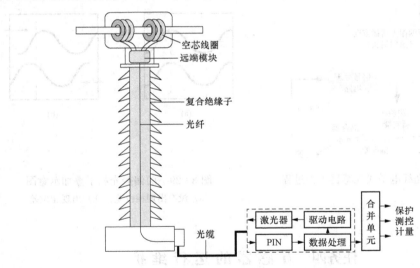

图 3-26 罗氏线圈工作原理示意图

2. 全光纤电子式电流互感器（FOCT）

全光纤电子式互感器利用了法拉第磁光效应原理。如图 3-27 所示，法拉第磁光效应是指当一束线偏振光通过置于磁场中的磁光材料时，线偏振光的偏振面会线性地随着平行于光学方向的磁场的大小发生旋转，旋转角为 θ。

全光纤电子式互感器基本的工作过程如下（参见图 3-28）：光源发出的光被分成两束物理性能不同的光，并沿光缆向上传播（见黑、白箭头）；在汇流排处，两光波经反射镜的反射并发生交换，最终回到光电探测器处并发生相干叠加；当通电导体中无电流时，两光波的相对传播速度保持不变，即物理学上所说的没有出现相位差［图 3-29 (a)］；而通上电流后，在通电导体周围的磁场作用下，两束光波的传播速度发生相对变化，即出现了相位差

［图 3 - 29（b）］，最终表现的是探测器处叠加的光强发生了变化，通过测量光强的大小，即可测出对应的电流大小。

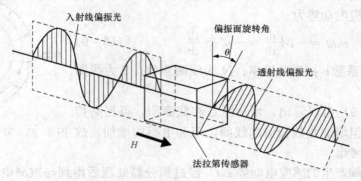

图 3 - 27　法拉第磁光效应原理

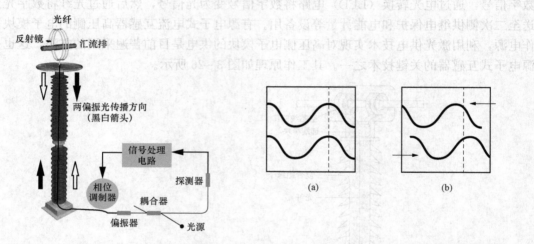

图 3 - 28　全光纤电子式互感器工作过程

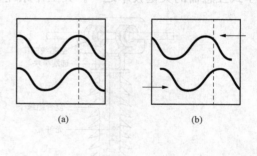

图 3 - 29　两偏振光相干叠加示意图
（a）没有出现相位差；（b）出现相位差

任务四　互感器的运行维护

一、互感器的维护

1. 一般要求

（1）互感器应有标明基本技术参数的铭牌标志，互感器技术参数必须满足装设地点运行工况的要求。

（2）电压互感器的各个二次绕组（包括备用）均必须有可靠的保护接地，且只允许有一个接地点。电流互感器备用的二次绕组应短路接地。接地点的布置应满足有关二次回路设计的规定。

（3）互感器应有明显的接地符号标志，接地端子应与设备底座可靠连接，并从底座接地螺栓用两根接地引下线与地网不同点可靠连接。接地螺栓直径应不小于 12mm，引下线截面应满足安装地点短路电流的要求。

（4）互感器二次绕组所接负荷应在准确级所规定的负荷范围内。

（5）互感器的引线安装，应保证运行中一次端子承受的机械负载不超过制造厂规定的允许值。

（6）互感器安装位置应在变电站（所）直击雷保护范围之内。

（7）停运半年及以上的互感器应按有关规定试验检查合格后方可投运。

（8）电压互感器二次侧严禁短路。

（9）电压互感器允许在 1.2 倍额定电压下连续运行，中性点有效接地系统中的互感器，允许在 1.5 倍额定电压下运行 30s，中性点非有效接地系统中的电压互感器，在系统无自动切除对地故障保护时，允许在 1.9 倍额定电压下运行 8h。

（10）电磁式电压互感器一次绕组 N（X）端必须可靠接地，电容式电压互感器的电容分压器低压端子（N、J）必须通过载波回路线圈接地或直接接地。

（11）中性点非有效接地系统中，作单相接地监视用的电压互感器，一次中性点应接地，为防止谐振过电压，应在一次中性点或二次回路装设消谐装置。

（12）电压互感器二次回路，除剩余电压绕组和另有专门规定者外，应装设快速开关或熔断器；主回路熔断电流一般为最大负荷电流的 1.5 倍，各级熔断器熔断电流应逐级配合，自动开关应经整定试验合格方可投入运行。

（13）电流互感器二次侧严禁开路，备用的二次绕组也应短接接地。

（14）三相电流互感器一相在运行中损坏，更换时要选用电流等级、电流比、二次绕组、二次额定输出、准确级、准确限值系数等技术参数相同，保护绕组伏安特性无明显差别的互感器，并进行试验合格，以满足运行要求。

2. SF₆ 互感器

（1）运行中应巡视检查气体密度表工况，产品年漏气率应小于 1%。

（2）若压力表偏出绿色正常压力区（表压小于 0.35MPa）时，应引起注意，并及时按制造厂要求停电补充合格的 SF₆ 新气，控制补气速度约为 0.1MPa/h。一般应停电补气，个别特殊情况需带电补气时，应在厂家指导下进行。

（3）要特别注意充气管路的除潮干燥，以防充气 24h 后检测到的气体含水量超标。

（4）如气体压力接近闭锁压力，则应停止运行，着重检查防爆片有否微裂泄漏，并通知制造厂及时处理。

（5）补气较多时（表压力小于 0.2MPa），应进行工频耐压试验（试验电压为出厂试验值的 80%~90%）。

（6）运行中应监测 SF₆ 气体含水量不超过 300μL/L，若超标时应尽快退出，并通知厂家处理。充分发挥 SF₆ 气体质量监督管理中心的作用，应做好新气管理、运行及设备的气体监测和异常情况分析，监测应包括 SF₆ 压力表和密度继电器的定期校验。

二、互感器的操作

（1）严禁用隔离开关或摘下熔断器的方法拉开有故障的电压互感器。

（2）停用电压互感器前应注意下列事项：

1）防止自动装置的影响，防止误动、拒动。

2）将二次回路主熔断器或自动开关断开，防止电压反送。

（3）新更换或检修后互感器投运前，应进行下列检查：

1）检查一、二次接线相序、极性是否正确。

2）测量一、二次线圈绝缘电阻。

3）测量熔断器、消谐装置是否良好。

4）检查二次回路有无短路。

思考与练习

3-1　互感器的作用是什么？互感器与系统如何连接？

3-2　电流互感器一次回路如何接入系统？试画出电流互感器二次侧接有两只电流表的接线示意图。

3-3　电流互感器所在回路最大持续工作电流为1125A，现有额定电流分别为1000、1200、1500A的三台电流互感器，二次额定电流均为5A，请问选哪一台电流互感器比较合适？其额定变比是多少？

3-4　电流互感器在运行中二次侧为什么不允许开路？如何防范？

3-5　表征电流互感器测量误差的参数是什么？电流互感器的准确级是如何定义的？运行中如何减小电流互感器的测量误差？

3-6　有两台保护用电流互感器，其型号分别为10P10和10P20，请说出各自型号所代表的含义？从保护性能来讲，哪一台电流互感器的性能更好？

3-7　有一台电流互感器的铭牌如图3-30所示，请解释该电流互感器型号中各字母和数字含义。

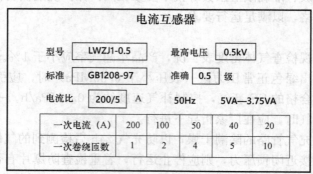

图3-30　电流互感器的铭牌

3-8　画出电流互感器常见的接线方式，并叙述其适用范围？

3-9　电压互感器一次回路如何接入系统？试画出电压互感器二次侧接有两只电压表的接线示意图。

3-10　电压互感器在运行中二次侧为什么不允许短路？如何防范？

3-11　电容分压式电压互感器的工作原理是什么？与电磁式电压互感器相比，具有什么优点？

3-12　在三相五柱式电压互感器的接线中，一次侧和二次侧中性点为什么都需要接地？不接地可以吗？

3-13　与电磁式互感器相比较，电子式互感器主要优点有哪些？

项目四 限流电器及运行

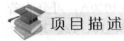

项目描述

学习发电厂、变电站中常用限流电器的原理、种类和运行。

教学目标

知识目标

①掌握限流电器的基本原理；②了解限流电抗器的结构、参数以及布置方式；③了解分裂变压器的用途；④了解消弧线圈的种类及用途。

技能目标

在现场能正确说出限流电器的名称及作用。

知识背景

短路电流直接影响电气设备的选择和安全运行。电力系统的短路电流随系统中单机容量及总装机容量的加大而增长。在大容量发电厂和电网中，短路电流可达很大数值，致使在选择发电厂和变电站的断路器及其他配电设备时面临困难，要使配电设备能承受短路电流的冲击，往往需要提高容量等级，这不仅将导致投资增加，甚至还有可能因断流容量不足而选不到合乎要求的断路器。在中压和低压电网中，这一现象尤为突出。所以在发电厂和变电站的接线设计中，常需采用限制短路电流的措施，减少短路电流，以便采用价格较便宜的轻型电器及截面较小的导线。对短路电流限制的程度，取决于限制措施的费用与技术经济上的受益程度二者之间的比较结果。

限流电器是输配电设备中用以增加电路的短路阻抗，从而达到限制短路电流目的的装置。本章将介绍限制短路电流的意义及各种限流措施，讲述限流电器的工作原理。由于限流电器作为一个阻抗元件串接在电路中，当正常工作电流流过时，关键的问题在于如何解决使之达到限制短路电流的目的，又不使正常工作电流情况下引起的过大的电压损失。本项目将围绕该问题重点进行讨论。

任务一 限流电抗器及运行

一、普通限流电抗器介绍

普通限流电抗器是单相、中间无抽头的空心电感线圈。在发电厂和降压变电站的 6～10kV 配电装置中，过去采用水泥电抗器，现在多采用环氧树脂浇注干式空心电抗器。干式空心电抗器采用多层绕组并联的筒形结构；绕组选用小截面圆导线多股平行绕制，可使涡流

微课 17
限流电抗器及运行

损耗和漏磁损耗明显减小；绕组外部用浸渍环氧树脂的玻璃纤维缠绕严密包封，并经高温固化，使之具有很好的整体性，其机械强度高，耐受短时电流的冲击能力强；采用机械强度高的铝质星形接线架，涡流损耗小；内外表面上都涂有抗紫外线防老化的特殊防护层，其附着力强，能耐受户外恶劣的气候条件。限流电抗器如图 4-1 所示。

其额定电压一般有 6、10kV 两种，额定电流 200～4000A，可分为若干种。电抗器的百分电抗（$X_K\%$）有 6 段：4、5、6、8、10、12。其符号

图 4-1　限流电抗器

一般表示为

$$XKDGKL-①-②-③$$

其中：XK 为限流电抗器；D 为单相（三相用 S 表示）；GK 为干式空心；L 为铝线（铜线不标）；①为系统额定电压（kV）；②为额定电流（A）；③为百分电抗（%）。

表 4-1 给出了单相限流干式空心电抗器的参数，由表可见在相同的额定电流和百分电抗情况下，额定电压高，则额定电抗也大，同时单相质量也大。

表 4-1　　　　　　　　　　　　　单相限流干式空心电抗器的参数

型号	额定电压（kV）	额定电流（A）	百分电抗（%）	额定电抗（Ω）	热稳定电流（3s）kA	动稳定电流（kA）	单相质量（kg）
XKDGKL-6-3500-4	6	3500	4	0.0396	87.5	223.1	712
XKDGKL-10-3500-4	10	3500	4	0.0660	87.5	223.1	876

二、电抗器的布置

电抗器的布置有垂直、水平和品字形三种方式，一般线路电抗器采用垂直或品字形布置。当电抗器的电流超过 1000A 时，电抗值超过 5%～6% 时，宜采用品字形布置。额定电流超过 1500A 的母线分段电抗器或变压器低压侧的电抗器，则采用水平布置。

安装电抗器必须注意的是垂直布置时，B 相应放在上、下两相之间；品字形不应将 A、C 相重叠在一起。这是因为 B 相电抗器线圈的绕向与 A、C 相不同，所以在外部短路时，电

抗器相间的最大作用力是吸引力，使得相邻两相电抗器之间的绝缘子承受的最大电动力为压缩力。它们的布置如图4-2所示，其中图4-2（a）为垂直布置，图4-2（b）图为品字形布置，图4-2（c）图为水平布置。

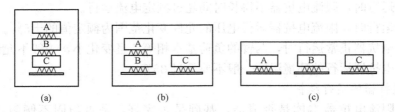

图4-2　限流电抗器的布置

（a）垂直布置；（b）品字形布置；（c）水平布置

三、分裂电抗器

普通电抗器装设在电路中是为了限制短路电流和维持母线残压，因而要求电抗器的电抗要大。但是在正常工作中又希望电抗器的电抗值小一些，使得正常运行时电压损耗小一些。采用分裂电抗器就是为了解决这个矛盾。

分裂电抗器的结构是中间有一个抽头，它的绕组是由同轴的导线缠绕方向相同的两分段组成。它的原理图如图4-3所示，一般情况1接电源，2、3接负荷。所以也把它称为双臂限流电抗器。它的工作原理分析如下。

正常运行时，通常两边负荷平衡且电抗器两分段对称，则 $\dot{I}_1$ 和 $\dot{I}_2$ 的大小相等、方向相反，所产生的互感电势为负值，即削弱自感产生的电动势。可以通过设置互感系数（互感与自感的比值）减小1-2（或1-3）之间的电压为纯自感电动势的1/2，则1-2（或1-

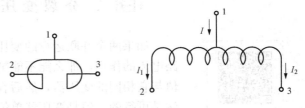

图4-3　分裂电抗器原理图

3）之间等效的感抗比没有互感情况下的等效感抗小1/2。

发生短路时，如在2端发生短路，短路电流从端点1流入端点2。则由于 $\dot{I}_2 \ll \dot{I}_1$，流入端点3的电流可以忽略，流入端点2的短路电流阻抗为该支路的自感抗，比正常运行时的阻抗值增大1倍。

由以上分析可见，分裂电抗器正常运行时阻抗值较小，引起的电压损耗值小。发生短路时的阻抗为正常运行阻抗的2倍。使限制短路电流的作用得到了加强。但是，对于分裂电抗器而言，要求正常运行时两臂电流应平衡，否则会引起两臂电压降不一致，对供电带来一定的困难。

在满足正常电压损耗的条件下，一般分裂电抗器的阻抗越大限流效果越好。但如果分裂电抗器阻抗太大，当一侧负荷突然切除时，会使该侧产生过电压，而没有切除负荷的另一侧则会产生一个很大的压降。所以一般要求分裂电抗器的阻抗不能太大（一般不超过12%）。其符号一般表示为

$$\text{FKL} - \boxed{1} - 2 \times \boxed{2} - \boxed{3}$$

其中：FK为分裂电抗器；L为铝线（铜线不标）；$\boxed{1}$ 为额定电压（kV）；$\boxed{2}$ 为每臂额定电流

（A）；③为百分电抗（％）。

四、限流电抗器的运行

1. 限流电抗器的正常运行

（1）正常运行时，限流电抗器不得长时间超过额定电流运行。

（2）正常运行时，限流电抗器运行电压的允许变化范围为额定值的±5％。

（3）分裂电抗器正常运行时，两臂的负荷基本相等，且变化小，一般不允许单臂运行。

（4）限流电抗器运行的环境温度一般不要超过35℃。

2. 限流电抗器的运行维护

（1）检查限流电抗器本体是否清洁，基础是否完好，是否稳固不倾斜，有无位移等现象。

（2）检查水泥支柱是否完好，有无裂纹，油漆是否脱落。

（3）检查连线接头接触是否良好，有无发红、冒汽、冰雪融化等过热现象，连接线有无弯曲和断股损伤，连接金具是否变形，紧固件、连接件是否松动。

（4）检查支柱绝缘子有无裂纹和破损等现象，有无放电痕迹，有无焦臭等异味。

（5）检查限流电抗器室内通风是否良好，是否清洁，有无杂物，尤其是有无磁性杂物，是否漏水。

（6）检查限流电抗器是否有噪声、振动声和放电声等异常声音。

任务二　分裂变压器及运行

微课 18
分裂变压器及运行

　　如果两个并联运行的变压器在低压侧分裂运行，可以达到限制短路电流的作用，那么能不能把一台容量较大的变压器变换为两台电抗值与它相同的变压器，然后在它们的低压侧分裂运行呢？显然这个方法是可行的。但是变压器单位容量的造价（元/kVA）随单台容量的减少而增加，一台大容量变压器变为两台较小容量的变压器，这会增大变压器本体的投资。为解决这一矛盾，一般采用分裂变压器，分裂变压器如图4-4所示。

图 4-4　分裂变压器

一、用于厂用变压器

如图 4 - 5（a）所示为分裂变压器用于厂用变压器，它的等值电路如图 4 - 5（c）所示，为了使分裂变压器的阻抗结构完全等效于两台变压器，一般制作时使 $x_1 \approx 0$，$x_{2'} = x_{2''}$。如果 $2'$ 和 $2''$ 所带负荷平衡的情况下，正常运行时，有

$$x_{1-2} = x_1 + \frac{x_{2'}}{2} \approx \frac{x_{2'}}{2} \tag{4-1}$$

当某一负荷支路发生短路时（如 $2'$），则限制流入 $2'$ 的短路电流的阻抗为

$$x_{1-2'} = x_1 + x_{2'} \approx x_{2'} \approx 2x_{1-2} \tag{4-2}$$

可见发生短路时的短路阻抗为正常运行时的阻抗的 2 倍。

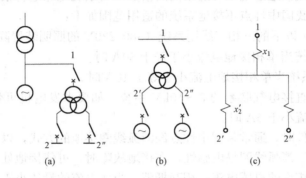

图 4 - 5 分裂变压器接线图
（a）分裂变压器用于厂用变压器；（b）分裂变压器用于扩大单元接线；（c）分裂变压器等值电路

二、用于中小型机组扩大单元接线中的主变压器

正常运行时：$x_{1-2} = x_1 + \frac{x_{2'}}{2} \approx \frac{x_{2'}}{2}$。

发生短路时（如 $2'$），如果另一台发电机停机不工作，由系统提供短路电流。限制该短路电流的阻抗为：$x_{1-2'} = x_1 + x_{2'} \approx x_{2'} \approx 2x_{1-2}$。

如果系统不提供短路电流，则由另一发电机提供短路电流。限制该短路电流的阻抗为

$$x_{2'-2''} = x_{2'} + x_{2''} \approx 2x_{2'} \approx 4x_{1-2} \tag{4-3}$$

如果系统和另一发电机同时提供短路电流，由于 $x_{2'}$ 为两个电流的通道，使得限制短路电流的阻抗比 $x_{1-2'}$ 和 $x_{2'-2''}$ 有所提高。

由上可知，当分裂变压器低压侧有一支路短路时，无论短路电流是由系统提供还是另一台发电机提供，其阻抗均比正常运行时要大。

一般把 x_{1-2} 称为穿越阻抗，$x_{1-2'}$ 称为半穿越阻抗，$x_{2'-2''}$ 称为分裂阻抗。定义分裂系数 $k_f = \frac{x_{2'-2''}}{x_{1-2}}$，在运行中一般 k_f 越大，它限制短路电流的能力越好。当分裂变压器用作大容量机组的厂用变压器时，与双绕组变压器相比，它限制短路电流的效果显著。如果分裂绕组另一支路由电动机供给短路点的反馈电流，因受分裂阻抗的限制，也减少很多。当分裂绕组的一个支路发生故障时，另一支路母线电压降低比较小。同样，当分裂变压器一个支路的电动机自启动，另一个支路的电压几乎不受影响。但分裂变压器的价格较贵，一般它的价格约为同容量的普通变压器的 1.2 倍。

任务三 消弧线圈及运行

一、消弧线圈工作原理

在电力系统中，由于中性点不接地系统设备投资节省、运行方便等优点，特别适合以架空线路为主的电容电流较小，结构简单的辐射型中压配电网。但该型系统最大的弱点在于其中性点是绝缘的，电网对地电容中储存的能量没有释放通道。当电压等级较高、线路较长时，接地电流较大，易产生稳定电弧或间歇性电弧，电弧反复熄灭与重燃将使系统的电容电压逐步升高，这种弧光接地过电压可达很高的倍数，对系统绝缘危害很大。

根据上述情况，我国中性点不接地系统的适用范围如下：

（1）电压在 500V 以下的三相三线制系统（380/220V 的照明装置除外）。

（2）3～10kV 系统当单相接地电流小于等于 30A 时。

（3）20～63kV 系统当单相接地电流小于等于 10A 时。

（4）与发电机有直接电气联系的 3～10kV 系统，如要求发电机可带内部单相接地故障运行，当单相接地电流小于 5A 时。

当不满足以上条件时，通常采用中性点经消弧线圈接地的方式，以消除或降低弧光间歇接地过电压。这是由于消弧线圈呈电感性，在接地故障时，可使接地处流过一个与接地电容电流大小相近、方向相反的电感电流，相互抵消。当两电流的量值小于发生电弧的最小电流时，电弧就不会发生，也不会出现谐振过电压现象。

消弧线圈装在发电机或变压器的中性点与大地之间，其工作原理如图 4-6 所示。

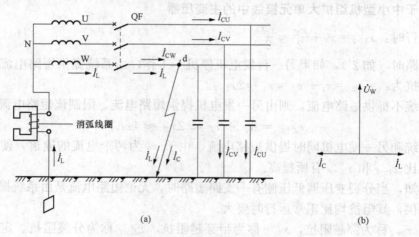

图 4-6 消弧线圈工作原理
(a) 电路图；(b) 相量图

二、消弧线圈的类型及结构

1. 消弧线圈分类

（1）按照负载方式，消弧线圈可分为无载调整消弧线圈和有载调整消弧线圈。

（2）按照运行方式，消弧线圈可分为预调式消弧线圈和随调式消弧线圈。

（3）按照调整方式，消弧线圈可分为有级调整消弧线圈和无级调整消弧线圈。

2. 消弧线圈结构

消弧线圈是一种铁芯电抗器。铁芯采用口字形,为提高电抗的线性度,铁芯柱中间设置有气隙。主线圈分为两部分,分别绕制在口字形铁芯两边柱上,上下铁轭主要是紧压固定铁芯和线圈,油浸式消弧线圈内部构造如图4-7所示。

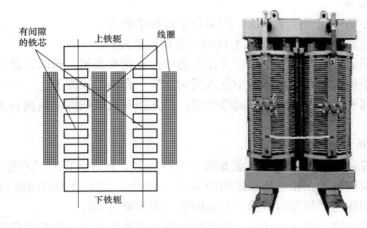

图4-7 油浸式消弧线圈内部构造

除了油浸式消弧线圈,还有用环氧树脂浇注的干式结构的消弧线圈,主要用于6～10kV系统户内安装使用。

三、消弧线圈容量选择

消弧线圈的额定容量按式(4-4)计算确定

$$S = 1.35 I_C \frac{U_N}{\sqrt{3}} \tag{4-4}$$

式中:I_C 为系统接地电容电流,A;U_N 为系统标称线电压,kV;S 为消弧线圈额定容量,kVA。

四、消弧线圈补偿方式

为了表明单相接地故障时消弧线圈的电感电流 I_L 对系统接地电容电流 I_C 的补偿情况,取 $k = \frac{I_L}{I_C}$,k 称为补偿度,也称为调谐度;取 $\alpha = 1 - k = \frac{I_C - I_L}{I_C}$,$\alpha$ 称为脱谐度。根据电感电流对接地电容电流的补偿程度,消弧线圈的有全补偿、欠补偿和过补偿三种补偿方式。

(1) 全补偿($I_L = I_C$),指运行中消弧线圈电流 I_L 等于系统对地电容电流 I_C,电流补偿最佳,但在某些条件下,如线路三相对地电容不完全相等或断路器接通时三相触头未能同时闭合,中性点与地之间会出现一定的电压。此电压作用在消弧线圈,通过大地与三相对地电容构成的串联回路,由于全补偿,使得回路感抗与容抗相等,满足串联谐振条件,形成串联谐振,在串联电路中产生很大电流,使消弧线圈有很大压降。结果,中性点对地电位大大抬高,可能使设备绝缘损坏。因此,电力系统严禁采取全补偿方式。

(2) 欠补偿($I_L < I_C$),指运行中消弧线圈电流 I_L 小于系统对地电容电流 I_C,接地残留电流呈容性。有线路跳闸后,I_C 减小,可能就会出现 $I_L = I_C$ 的情况,从而进入谐振状态。因此,装在电网中变压器中性点的消弧线圈,一般不采用欠补偿方式。

（3）过补偿（$I_L > I_C$），指设定消弧线圈电流 I_L 大于系统对地电容电流 I_C，接地残留电流呈感性。有线路跳闸后，I_C 减小，I_L 与 I_C 的差值就会越大，脱谐度增大或叫补偿度减小，不会进入谐振状态。因此，一般系统中，消弧线圈均应采用过补偿方式。

五、消弧线圈的运行与维护

1. 运行基本要求

（1）中性点经消弧线圈接地系统，应运行于过补偿状态。

（2）中性点位移电压小于 15％ 相电压时，允许长期运行。

（3）消弧线圈装置运行中，从一台变压器的中性点切换到另一台时，必须先将消弧线圈断开后再切换。不得将两台变压器的中性点同时接到一台消弧线圈上。

（4）主变压器和消弧线圈装置一起停电时，应先拉开消弧线圈的隔离开关，再停主变压器，送电时相反。

2. 消弧线圈异常处理

（1）中性点位移电压在相电压额定值的 15％～30％，允许运行时间不超过 1h。

（2）中性点位移电压在相电压额定值的 30％～100％，允许在事故时限内运行。

（3）发生单相接地必须及时排除，接地时限一般不超过 2h。

（4）发现消弧线圈、接地变压器、阻尼电阻发生下列情况之一时应立即停运：

1）正常运行情况下，声响明显增大，内部有爆裂声。

2）严重漏油或喷油，使油面下降到低于油位计的指示限度。

3）套管有严重的破损和放电现象。

4）冒烟着火。

5）附近的设备着火、爆炸或发生其他情况，对成套装置构成严重威胁。

6）当发生危及成套装置安全的故障，而有关的保护装置拒动。

（5）有下列情况之一时，禁止拉合消弧线圈与中性点之间的单相隔离开关：

1）系统有单相接地现象出现，已听到消弧线圈的嗡嗡声。

2）中性点位移电压大于 15％ 相电压。

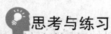 思考与练习

4-1　电力系统中，如何有效限制短路电流？

4-2　简述限流电抗器的基本结构和布置方式。

4-3　简述分裂电抗器和分裂变压器的工作原理。

4-4　简述消弧线圈的工作原理。

4-5　某工厂拟建一座 110kV 终端变电站，电压等级 110/10kV，由两路独立的 110kV 电源供电。10kV 侧采用单母分段接线，每段母线上电缆出线 8 回，平均长度 4km。经估算，该变电站 10kV 电容电流约为 37.12A，试计算该变电站 10kV 系统中性点所接消弧线圈的额定容量。

4-6　消弧线圈工作时应选择哪种补偿方式？为什么？

项目五　无功补偿设备及运行

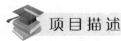

项目描述

　　学习电力电容器的分类、作用、结构及型号，并联电容器的补偿原理、补偿方式及接线形式，并联电抗器的型号、作用及结构，其他类型的无功补偿装置。

教学目标

知识目标

　　①掌握电力电容器的分类；②掌握并联电容器的结构和型号；③掌握并联电容器的补偿原理和补偿方式；④掌握并联电容器的接线方式；⑤掌握并联电抗器的作用；⑥掌握并联电抗器的结构；⑦了解并联电抗器常见异常及故障处理方法；⑧了解其他无功补偿装置的原理及作用。

技能目标

　　①能够准确辨识电力电容器、并联电抗器及其他无功补偿装置；②能够准确阐述并联电容器在电力系统运行中的补偿原理和补偿方式；③能够准确阐述并联电抗器在电力系统运行中的作用。

任 务 一　电 力 电 容 器 及 运 行

一、电力电容器的分类

电力电容器根据不同的分类标准可以分为以下几类。

（1）按其安装方式可以分为户内式和户外式电力电容器。

（2）按其相数不同可以分为单相式和三相式电力电容器。

（3）按其运行的额定电压不同可以分为低压和高压电力电容器。额定电压在 1kV 及以下的为低压电容器，额定电压在 1kV 以上的为高压电容器。

微课 19
并联电力电容器及运行

（4）按其外壳材料不同可以分为金属外壳、瓷绝缘外壳和胶木筒外壳电容器。

（5）按其用途不同可以分为：

1）串联电容器，又称纵向补偿电容器，串联于高压输电线路中，主要用来补偿线路的感抗，提高线路末端电压水平，提高系统的动态、静态稳定性，改善线路的电压质量，增长输电距离和增大电力输送能力，如图 5-1 所示。

2）并联电容器，又称移相电容器或补偿电容器，主要用来补偿电力系统感性负载的无功功率，提高系统运行功率因数、受端母线的电压水平和电能质量；减少线路上感性无功的

图 5 - 1　串联电容器组

输送，降低电压和功率损耗，提高线路的输电能力；还可以直接与异步电机的定子绕组并联，构成自激运行的异步发电装置。

常用的并联电容器按其结构不同，可分为单台铁壳式、箱式、集合式、半封闭式、干式和充气式等多类品种。

a. 单台铁壳式并联电容器。这类电容器量大面广，单台容量一般为 50、100、200、334kvar 等，现在还有更大容量（例如 500kvar 及以上容量）的产品问世，一般 100kvar 以上容量的产品带有内熔丝。这种产品一旦损坏，用户可以很快用备品自行更换，及时让装置恢复运行，因此采用此类产品时投运率高。加之可以配置外熔断器，保护相对比较完善。目前 220kV，特别是 330kV 及以上电压等级变电站大多采用单台铁壳式并联电容器。单台铁壳式并联电容器如图 5 - 2 所示。

b. 集合式并联电容器（见图 5 - 3）。集合式电容器是 20 世纪 80 年代发展起来的产品。传统的电容器由于受散热条件等因素的影响，单台容量不可能做得很大，而集合式电容器通过设置循环散热的油管，解决了散热问题，使电容器的单台容量得以大幅度提高，目前运行产品单台容量已达到 10000kvar。

图 5 - 2　铁壳式并联电容器　　　　　　图 5 - 3　集合式并联电容器

3）耦合电容器。耦合电容器是串联在高压输电线上的重要设备，它为电力线传输高频保护和载波通信的信号构成通道。耦合电容器与结合滤波器一起构成传输通道，完成载波信号通过高压输电线路向所需要方向的正常发送与接收；同时也可作为测量、控制、保护装置中的部件。

4）均压电容器，又称为断路器电容器，主要用于并联在工频交流高压断路器的断口上，用以改善电压分布，降低恢复电压上升率，起均匀电压的作用。

5）脉冲电容器主要起储能作用，用作冲击电压发生器、冲击电流发生器、断路器试验用振荡回路等基本储能元件。

6）直流滤波电容器用于高压整流滤波装置及高压直流输电中，滤除谐波，减少直流中的纹波，提高直流输电的质量。

7）交流滤波电容器与电抗器、电阻器连接在一起组成交流滤波器，接于交流电力系统中，滤除一种或多种谐波电流，降低网络谐波水平，改善系统的功率因数。

8）标准电容器用于工频高压测量介质损耗回路中，作为标准电容或用作测量高电压的电容分压装置。

9）电热电容器用于频率为 $40\sim24000\mathrm{Hz}$ 的电热设备系统中，以提高功率因数，改善回路的电压或频率等特性。

二、并联电容器的基本结构和型号

1. 基本结构

并联电容器主要由电容元件、浸渍剂、紧固件、引线、外壳和套管等部件组成。其结构如图 5-4 所示。

（1）电容元件。电容元件用一定厚度和层数的固体介质与铝箔电极卷制而成，如图 5-5所示。

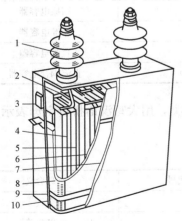

图 5-4 并联电容器的结构图

1—出线套管；2—出线连接片；3—连接片；
4—扁形元件；5—固定板；6—绝缘件；
7—包封件；8—连接夹板；9—紧箍；10—外壳

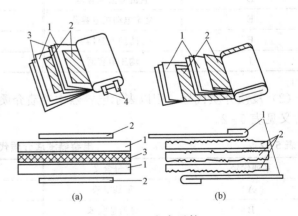

图 5-5 电容元件

（a）箔插引线片结构；（b）铝箔凸出折边结构
1—薄膜；2—铝箔；3—电容器纸；4—引线片

（2）浸渍剂。电容器的芯子一般放于浸渍剂中，以提高电容元件的介质耐压强度，改善局部放电特性和散热条件。浸渍剂一般有矿物油、氯化联苯、SF_6 气体等。

（3）外壳、套管。电容器的外壳一般采用薄钢板焊接而成，表面涂阻燃漆，壳盖上焊有出线套管，箱壁侧面焊有吊盘、接地螺栓等。大容量集合式电容器的箱盖上还装有油枕或金属膨胀器及压力释放阀，箱壁侧面装有片状散热器、压力式温控装置等。接线端子从出线瓷套管中引出。

2. 电容器型号

电容器型号由系列代号、浸渍介质代号、极间主介质代号、结构代号、第一特征代号、第二特征代号、第三特征代号和尾注号组成，其形式如下。

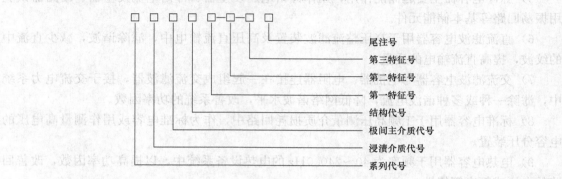

（1）系列代号：用以表示电容器所属的系列，用大写汉语拼音字母表示，字母含义见表5-1。

表5-1　　　　　　　　　　　　　　　　电容器系列代号

系列代号	字母含义	系列代号	字母含义
A	交流滤波电容器	M	脉冲电容器
B	并联电容器	O	耦合电容器
C	串联电容器	R	感应加热装置用
D	直流滤波电容器	X	谐振电容器
E	交流电动机电容器	Y	标准电容器
F	防护电容器	Z	直流电容器
J	均压电容器	ZO	直流耦合电容器

（2）浸渍介质代号：用以表示电容器中浸渍介质的种类，用大写汉语拼音字母表示，字母含义见表5-2。

表5-2　　　　　　　　　　　　　　　　电容器浸渍介质代号

系列代号	字母含义	系列代号	字母含义
A	苄基甲苯	K	空气
B	异丙基联苯	L	六氟化硫
C	蓖麻油	S	石蜡
D	氮气	W	烷基苯
F	二芳基乙烷	Z	植物油
G	硅油		

当浸渍介质为几种介质的混合物时，只表示主要浸渍介质的代号。

（3）极间主介质代号：用以表示电容器中极间主介质的形式，用大写汉语拼音字母表示，字母含义见表 5 - 3。

表 5 - 3　　　　　　　　　　　　　极 间 主 介 质 代 号

极间主介质代号	字母含义	极间主介质代号	字母含义
D	氮气	M	全聚丙烯薄膜
F	膜纸复合	MJ	全膜金属化
L	六氟化硫		

（4）结构代号：集合式电容器的结构代号为 H，充氮气的集合式电容器结构代号为 HD，充六氟化硫气体的集合式电容器结构代号为 HL。

（5）第一特征号：用以表示电容器的额定电压，单位 kV（E 系列的单位用 V）。

（6）第二特征号：用以表示电容器的额定容量或额定电容，额定容量的单位为 kvar，额定电容的单位为 mF（Y 系列的单位用 pF）。

（7）第三特征号：用以表示并联、串联、交流滤波电容器的相数或感应加热装置用电容器的额定频率。单相用"1"表示，三相用"3"表示；感应加热装置用电容器的额定频率的单位为 kHz。

（8）尾注号：用以表示电容器的主要结构和使用特征，用大写汉语拼音字母表示，其字母顺序按拼音字母顺序排列。主要使用特征表示方法见表 5 - 4。

表 5 - 4　　　　　　　　　　　　　尾 注 号 字 母

尾注号字母	字母含义	尾注号字母	字母含义
F	中性点非有效接地系统使用	S	水冷式
G	高原地区使用	TH	湿热带地区使用
H	污秽地区使用	W	户外使用（户内不表示）
K	有防爆要求地区使用	R	内有熔丝

例如：

（1）BFM12 - 200 - 1W。B 表示并联电容器，F 表示浸渍剂为二芳基乙烷，M 表示全聚丙烯薄膜介质，额定电压为 12kV，额定容量为 200kvar，相数为单相，使用场所为户外使用。

（2）BAMH11/$\sqrt{3}$ - 8000 - 3W。B 表示并联电容器，A 表示浸渍剂为苄基甲苯，M 表示全聚丙烯薄膜介质，H 表示集合式，额定电压为 11/$\sqrt{3}$kV，额定容量为 8000kvar，相数为三相，使用场所为户外使用。

三、并联电容器的无功补偿

1. 无功补偿原理

电容器的无功补偿原理如图 5 - 6 所示。在回路中并联电容器可以产生超前于电压 90°的容性电流 I_C，利用容性电流 I_C 抵消一部分相位滞后于电压的 90°感性电流 I_L，使电流 I_1 减小

到 I_2，相角 ϕ_1 减小到 ϕ_2，从而使功率因数从 $\cos\phi_1$ 提高到 $\cos\phi_2$。

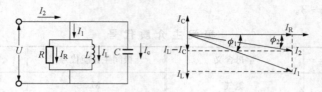

图 5-6　电容器的无功补偿原理图

2. 并联电容器的补偿方式

无功补偿装置的配置原则是"全面规划、合理布局、分级补偿、就地补偿"，所以在电力系统中，在供电负荷中心集中的地方为了稳定电压需装设大、中型电容器，在无功负荷附近装设中、小型电容器。

无功补偿方式按照安装地点不同可分为集中补偿和分散补偿（包括分组补偿和个别补偿），按照投切方式的不同可以分为固定补偿和自动补偿。

（1）集中补偿是将电容器集中安装在变电站的一次侧或二次侧母线上，如图 5-7 所示。这种补偿方式的优点是安装简单方便、运行可靠、利用率高；缺点是必须安装自动控制装置，使其能随负荷变化自动投切，否则可能会因为过补偿而破坏电压质量。电容器接在变压器一次侧时，可使线路损耗降低，一次母线电压升高，但对变压器及其二次侧没有补偿作用，且安装费用高；电容器安装在变压器二次侧时，能提高变压器输出功率，并使二次侧电压升高，补偿范围扩大，安装、运行、维护费用低。此种补偿方式应用较为普遍。

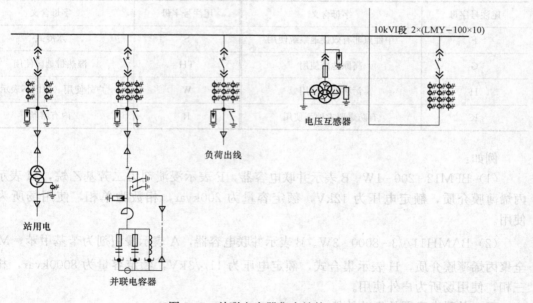

图 5-7　并联电容器集中补偿

（2）分组补偿是将电容器组分组安装在各配电室或各分路出线上，可随部分负荷的变动同时投入或切除。这种补偿方式的优点是比集中补偿方式降损节电、补偿范围更大、效果较好；缺点是设备投资较大、利用率不高。一般用于补偿容量小、用电设备多而分散和部分补偿容量相当大的场所。

（3）个别补偿是把电容器直接装设在用电设备的同一电气回路中，与用电设备同时投切，如图 5-8 所示。此种补偿方式的优点是用电设备消耗的无功功率能就地补偿、无功电流能就地平衡；缺点是电容器利用率低。一般用于容量较大的高、低压电动机等用电设备的无功补偿。

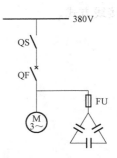

图 5-8　个别补偿接线图

3. 补偿容量的计算

电容器的补偿容量选择是根据使用目的不同来计算的，可以按照改善功率因数、提高运行电压和降低线路损耗来确定补偿容量。电力用户一般主要根据提高功率因数来确定补偿容量。

根据提高功率因数来计算电容器的补偿容量：如要将使功率因数从 $\cos\phi_1$ 提高到 $\cos\phi_2$，需要的电容电流为：$I_C = I_{L0} - I_L = I_R\ (\tan\phi_1 - \tan\phi_2)$，所需补偿的无功功率（补偿电容器容量）为：$Q = P\ (\tan\phi_1 - \tan\phi_2)$。相量图参见图 5-9。

四、并联电容器的接线方式与选用原则

1. 并联电容器组基本接线类型及特点

并联电容器组接线方式有两种：星形接线和三角形接线。电力企业变电站多采用星形接线。

（1）星形接线。高压并联电容器最常用的基本接线为星形，如图 5-10（a）所示，还有由星形派生出的双星形接线，如图 5-10（c）所示。每个星称为一个臂，两个臂电容器规格及数量应相同。星形接线时，当电容器发生全击穿短路时，故障电流受到健全相容抗的限制，来自系统的工频短路电流将大大降低，最大不超过电容器额定电流的 3 倍，并没有其他两相电容器的放电涌流，只有故障相的健全电容器放电电流。故障电流小，能量小，因而故障不容易引起电容器油箱爆裂。在电容器质量相同的情况下，星形接线的电容器组可靠性更高。

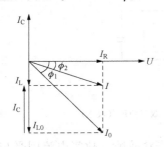

图 5-9　无功补偿相量图

I_R 为线路中流过的有功电流；

I_{L0} 为补偿前流过线路的感性电流；

I_0 为补偿前线路的总电流；

I_C 为并联电容器后，补偿的容性电流；

I_L 为补偿后线路的感性电流；

I 为补偿后线路的总电流

（2）三角形接线。其连接方式如图 5-10（b）所示。并联电容器采用三角接线时，可以滤除 3 倍次谐波电流，消除电网中 3 倍次谐波电流对电力系统的影响。但当电容器组发生全击穿短路时，故障点的电流不仅有故障相的健全电容器放电涌流，还有其他两相电容器的放电涌流和系统短路电流。故障电流的能量往往超过电容器油箱耐受爆裂能量，因而经常会造成电容器的油箱爆裂，扩大事故。

2. 并联电容器组每相内部接线方式

单台并联电容器的额定电压不能满足电网正常工作电压要求时，需由两台甚至多台电容器串联后达到电网正常工作电压的要求。为达到要求的补偿容量，又需要用若干台电容器并联才能组成并联电容器组。并联电容器组每相内部接线方式有两种：先并联后串联和先串联后并联。

（1）先并联后串联，如图 5-11 所示。当一台电容器出线击穿故障，故障电流由来自系

统的工频故障电流和健全电容器的放电电流组成。流过故障电容器的保护熔断器故障电流较大，熔断器能快速熔断，切除故障电容器，健全电容器可继续运行，所以工程中普遍采用这种接线方式。

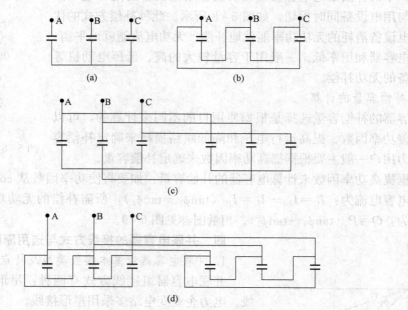

图 5-10　并联电容器组接线类型
(a) 星形（Y）；(b) 三角形（△）；(c) 双星形（双 Y）；(d) 双三角形（双△）

（2）先串联后并联，如图 5-12 所示。当一台电容器出线击穿故障，故障电流因受与故障电容器串联的健全电容器容抗限制，流过故障电容器的保护熔断器故障电流较小，熔断器不能快速熔断切除故障电容器，故障持续时间长，健全电容器可能因长时间过电压而损坏，扩大事故。

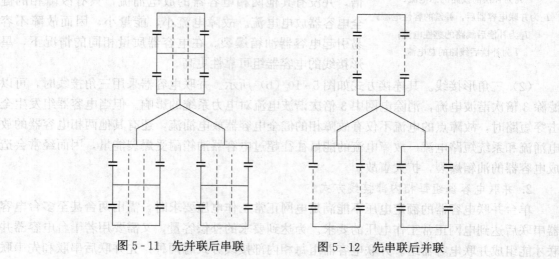

图 5-11　先并联后串联　　　　　　　　图 5-12　先串联后并联

3. 并联电容器接线方式的选用原则

并联电容器组的接线与电容器的额定电压、容量以及单台电容器的容量、所连接系统中的中性点接地方式等因素有关。并联补偿电容器装置接入电力系统的接线图如图 5‑13 所示。

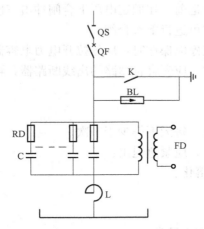

图 5‑13 并联补偿电容器装置接入电力系统接线图

图中：QS 为断路器，其作用是关、合电容器组。QF 为隔离开关，其作用是在开断电容器组后打开，以防止断路器误合造成事故。操作顺序是在断路器开断后打开，在断路器合闸前先关合。K 为接地开关，在断路器合闸前打开，在断路器开断后合上，以防止断路器误合造成人身或设备事故。BL 为避雷器，现多用金属氧化物避雷器，其作用是过电压保护（雷电过电压和操作过电压）。RD 为熔断器，其作用是切除单台故障电容器，在设备安全允许切除台数之内时，让电容器装置继续运行。FD 为放电线圈，其作用是在装置退出运行时，将电容器中残存的电荷放掉，其具体要求是在规定的时间内（标准规定，5s），电容器两端的残存电压降到规定值（标准规定，50V），以保证人员和装置在再次合闸的安全。放电线圈的二次电压提供继电保护的信号。L 为串联电抗器，其作用是抑制合闸涌流和抑制电力系统的谐波放大。当仅需抑制合闸涌流时选择电抗率为 0.1%～1% 的串联电抗器，当需抑制 5 次谐波放大时选用电抗率 4.5%～6% 的电抗器，当需抑制 3 次谐波放大时选用电抗率 12%～13% 的电抗器。

电抗率一般用 K 表示，其数值为电抗器的感抗与电容器的容抗的比值百分数表示，即 $K = X_L / X_C$，$X_L = \omega L$，$X_C = 1/\omega C$。

现在我国 10kV 及以上的电容器组一般都采用星形接线方式，而不采用三角形接线。补偿容量较小时采用单星形接线，补偿容量大时采用双星形接线。

单星形接线和双星形接线方式具有以下特点：

（1）单星形接线的接线清楚、容易布置、但总容量较小。

（2）双星形接线的整体结构比单星形稍复杂，但容量为单星形的 2 倍，且继电保护方式更多、可靠性高、动作灵敏度也高。

并联电容器通常配有内熔丝保护、外熔断器保护、不平衡电压保护、相电压差动保护、中性点不平衡电流保护、桥式差电流保护等保护。

五、电容器的运行与维护

1. 运行的基本要求

（1）电容器各相的容量应相等。

（2）允许运行电压。一般不宜超过额定电压的 1.05 倍，最高运行电压不得超过额定电压的 1.1 倍。

（3）允许运行电流。最大运行电流不得超过额定电流的 1.3 倍，三相电流差不得超过额定电流的 5%。

（4）允许运行温度。电力电容器运行室温度最高不允许超过 40℃，电容器的外壳温度不得超过 55℃。

（5）电力电容器组新装投运前，在额定电压下合闸冲击三次，每次合闸间隔时间 5min，应将电容器残留电压放完时方可进行下次合闸。

（6）全站停电及母线系统停电操作时，应先拉开电力电容器组断路器，再拉开各馈路的出线断路器。全站恢复供电时，应先合各馈路的出线断路器，再合电力电容器组断路器，禁止空母线带电容器组运行。

2. 电容器的维护

（1）应经常进行巡视检查，每天不得少于一次。

（2）发生下列故障之一时，应紧急退出：

1）连接点严重过热甚至熔化。

2）瓷套管闪络放电。

3）外壳膨胀变形。

4）电容器组或放电装置声音异常。

5）电容器冒烟、起火或爆炸。

（3）保护装置动作后，不允许强行试送，应根据保护动作情况进行分析判断，仔细检查电容器有无熔丝熔断、鼓肚、过热、爆裂或套管放电痕迹，电容器无明显故障，还应对配套设备进行检查，查明原因并排除故障后，方可再行投入，原因不明时，电容器应经试验后才能投入。

（4）处理故障时应将接地开关合上进行人工放电并将电容器端子短路接地放电后，方可接触电容器。对具有多段串联的电容器组，在人接触之前还应将串联段连接点对地短路放电。

（5）如装有外部熔断器，则对完好电容器上的熔断器也应进行定期检查、更换，以确保动作可靠。

任务二　并联电抗器及运行

一、并联电抗器

1. 并联电抗器的作用

微课 20
并联电抗器及运行

并联电抗器用来吸收电网中的容性无功，如 500kV 电网中的高压电抗器、500kV 变电站中的低压电抗器，都是用来吸收线路充电电容无功的；220、110、35、10kV 电网中的电抗器是用来吸收电缆线路的充电容性无功的，其接线图如图 5-14 所示。可以通过调整并联电抗器的数量来调整运行电压。

（1）中压并联电抗器一般并联接于大型发电厂或 110～500kV 变电站的 6～63kV 母线上，用来吸收电缆线路的充电容性无功。通过调整并联电抗器的数量，向电网提供可阶梯调节的感性无功，补偿电网剩余的容性无功，调整运行电压，保证电压稳定在允许范围内。

（2）超高压并联电抗器一般并联接于 330kV 及以上的超高压线路上，主要作用：

1）降低工频过电压。装设并联电抗器吸收线路的充电功率，防止超高压线路空载或轻负荷运行时，线路的充电功率造成线路末端电压升高。

2）降低操作过电压。装设并联电抗器可限制由于突然甩负荷或接地故障引起的过电压，避免危及系统的绝缘。

3）避免发电机带长线出现的自励磁谐振现象。

4）有利于单相自动重合闸。并联电抗器与中性点小电抗配合，有利于超高压长距离输电线路单相重合闸过程中故障相的消弧，从而提高单相重合闸的成功率。

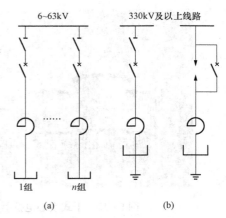

图 5-14　并联电抗器的接线图
（a）6～63kV 中压并联电抗器的接线；
（b）超高压并联电抗器的接线

2. 并联电抗器的型号

并联电抗器的型号表示和含义如下。

$$\boxed{1}\ \boxed{2}-\boxed{3}\ /\ \boxed{4}-\boxed{5}\ \boxed{6}$$

其中：1 为产品型号字母；2 为设计序号；3 为额定容量，单位为 kvar；4 为标称系统电压，单位为 kV；5 为中性点标称电压，单位为 kV；6 为特殊使用环境代号。

例如：BKDFPYT-50000/500 中，BK 表示并联电抗器；D 表示单相；F 表示风冷；P 表示强迫油循环；YT 表示交流有级可调节；额定容量表示 50000kvar；500 表示标称系统电压为 500kV 的可控并联电抗器。所以 BKDFPYT-50000/500 表示一台单相，交流有级可调节，油浸式，风冷，强迫油循环，额定容量为 50000kvar，标称系统电压为 500kV 的可控并联电抗器。

3. 并联电抗器的结构

（1）空心式电抗器。空心式电抗器没有铁芯，只有线圈，磁路为非导磁体，因而磁阻很大，电感值很小，且为常数。空心式电抗器的结构形式多种多样：用混凝土将绕好的电抗线圈浇注成一个牢固的整体的被称为水泥电抗器；用绝缘连接片和螺杆将绕好的线圈拉紧的被称为夹持式空心电抗器；将线圈用玻璃丝包绕成牢固整体的被称为绕包式空心电抗器；用环氧树脂将绕好的电抗线圈浇注成一个牢固的整体称为干式电抗器。空心式电抗器多为干式的（如图 5-15 所示），也有油浸式结构的。

（2）铁芯式电抗器。铁芯式电抗器的线圈是缠绕在一个由铁磁材料制作的铁芯上，由于铁磁材料的磁导率比空气大得多，因此，铁芯式电抗器的电感值比上述的空心式电抗器大得多。为了提高铁芯式电抗器的散热与效率，通常我们都在铁芯式电抗器的外面增加一个外壳，并注入绝缘油，形成一个类似变压器的外部形状。与相同容量的空心式电抗器相比，铁芯式电抗器通常具有更小的体积。铁芯式电抗器如图 5-16 所示。

二、并联电抗器的运行与维护

1. 并联电抗器的运行

（1）并联于母线上的电抗器投切应根据母线电压来进行确定，并按照上级调度部门下达的电压的曲线控制投切的容量。

图 5-15　干式空心电抗器

图 5-16　铁芯式电抗器

（2）投入电抗器前，应先检查电抗器在停运状态。若母线上同时并联有电容器组和电抗器组，则禁止将电容器、电抗器同时投入运行。

2. 并联电抗器的维护

（1）电抗器本体、散热器、套管等部位应每年至少清扫一次。

（2）下列情况下应对电抗器进行特殊巡视：

1）电抗器保护动作跳闸后。

2）过电压运行时，特别要注意温度和接头过热情况。

3）每次雷电、大风、冰雹、暴雨等恶劣天气之后，应特别注意各部件和引线是否正常，避雷器是否动作。

4）油浸式电抗器发出油位过高或过低信号，应立即到现场检查是否有大量漏油或喷油，并检查油位计是否到达极限，是否信号回路误发信号，如确系油位过高或过低，应立即汇报调度和有关领导要求处理。

任务三　其他无功补偿装置简介

一、无功补偿装置的发展

无功功率是在正弦电路中当平均功率为零时，在电源和储能元件之间来回交换的变动功率，无功功率并不是无用功率，而是在电能传输和转换过程中建立电磁场和提供电网稳定不可缺少的功率之一。无功功率的传输不但会产生很大的有功损耗，而且沿线路传输时在线路会产生很大的电压降落，并使电网的视在功率增大，对系统产生很多不利影响：

（1）当电网无功容量不足时，会造成负荷端供电电压低；当无功容量过剩时，会造成电网运行电压过高。

（2）会降低系统功率因数，造成大量电能损耗。当功率因数由 0.8 下降到 0.6 时，电能损耗会增加一倍。

（3）无功功率传输会导致电流增大，从而使电力系统元件容量增加，设备损耗和造价增加。

（4）对电力系统发电设备来说，无功电流的增大，对发电机转子的去磁效应增加，电压降低，如过度增加励磁电流，会使转子绕组超过允许温升。

所以对电力系统进行无功补偿的作用非常重要。电力系统无功补偿装置从最早的电容器开始，经历了电容器、同步调相机、静止无功补偿装置（SVC）到如今的大功率新型静止同步补偿器（STATCOM）几个不同的阶段，如图 5-17 所示。

二、各种无功补偿装置的优缺点

（1）无功补偿电容器的优点是原理简单，安装、运行和维护方便。缺点是只能补偿感性无功，且不能连续调节，具有负电压效应，系统有谐波时可能发生并联谐振，使谐波电流放大，甚至造成电容器的烧毁。

（2）同步调相机是传统的无功功率动态补偿装置，可以在过励磁或欠励磁的情况下，发出不同大小的容性或感性无功功率，如图 5-18 所示。缺点是噪声大、损耗大、运行维护复杂、响应速度慢，很多情况下不能适应无功功率控制要求，故在 20 世纪 70 年代后，逐渐被静止无功补偿装置（SVC）取代，很多国家已经不再使用同步调相机。

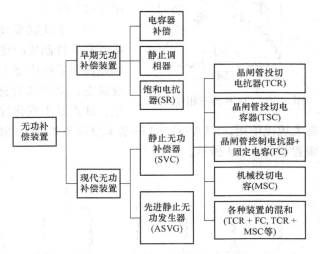

图 5-17　无功补偿装置的发展

（3）饱和电抗器（SR）是早期的静止无功补偿装置，与同步调相机相比，具有静止型、响应速度快的优点，但是因为需要磁化到饱和状态，造成损耗、噪声大，不能分相调节，所以未被广泛应用。

图 5-18　同步调相机

（4）晶闸管控制的无功补偿装置是在 SR 的基础上，使用晶闸管控制无功功率补偿。现在所提到的静止无功补偿装置往往专指晶闸管控制的静止无功补偿装置，它主要由晶闸管控制电抗器（TCR，如图 5-19 所示）、晶闸管投切电容器（TSC，如图 5-20 所示）、两者混合装置（TCR＋TSC）和晶闸管控制电抗器与固定电容器（FC）或机械投切电容器（MSC）

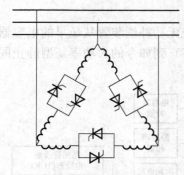

图 5 - 19　TCR 的三相接线形式

混合使用的装置，如图 5 - 21 所示。优点是响应速度快，价格适中；缺点是谐波成分大，需要大电感、大电容等元件，而且只有在感性工况下才能连续可调，目前在电力系统中被广泛推广使用。SVC 高压动态无功功率补偿装置原理图如图 5 - 22 所示。

（5）静止同步补偿器（STATCOM）是用 GTO、IGBT 等新型元件制成的更先进的静止无功补偿装置。优点在高压和超高压系统中能大幅提高有功功率输送能力，提高电力系统静态、动态和暂态稳定性，加强功率振荡阻尼，稳定电压。缺点是工程化过程中还有一些难题没有解决，目前还没有大规模使用。STATCOM 的基本原理图如图 5 - 23 所示，静止同步补偿器（STATCOM）装置如图 5 - 24 所示。

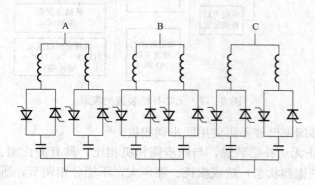

图 5 - 20　TSC 的原理图

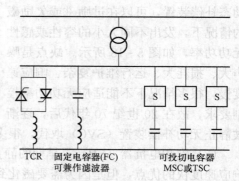

图 5 - 21　与并联电容器配合使用的 TCR

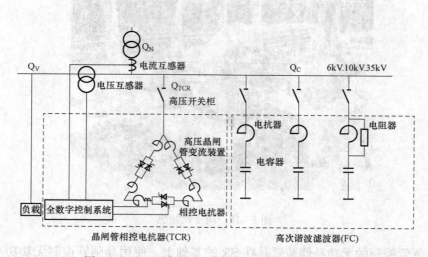

图 5 - 22　SVC 高压动态无功功率补偿装置原理图

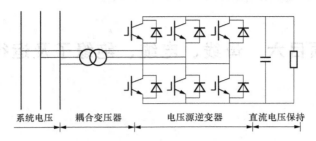

系统电压　　耦合变压器　　　电压源逆变器　　直流电压保持

图 5 - 23　STATCOM 的基本原理图

图 5 - 24　静止同步补偿器（STATCOM）装置

思考与练习

5 - 1　电力电容器的分类有哪些？各有什么作用？

5 - 2　并联电容器可以采取哪些补偿方式？

5 - 3　某石化企业的总降压变电站的有功负荷为 13480kW，无功负荷为 9788kvar，按照国家标准规定其功率因数应达到 0.9，该企业是否达标？若未达到，需要在其 10kV 母线上装设多少台容量为 30kvar 的单相并联无功补偿电容器？每相装设多少台？实际补偿的无功总容量是多少？

5 - 4　电容器组中串联的电抗器有什么作用？

5 - 5　并联电容器在哪些紧急情况下需要退出运行？

5 - 6　电抗器的种类有哪些？各有什么作用？

5 - 7　无功补偿装置有哪些？各有什么优缺点？

项目六　母线、电缆、绝缘子及运行

项目描述

学习发电厂、变电站中常用的母线、绝缘子和电力电缆的作用、种类及特点。

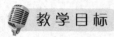

教 学 目 标

知识目标

①掌握母线的用途、种类及特点；②了解母线着色的意义和布置方式、母线的安装和维护；③了解绝缘子的作用、类型、支柱绝缘子和套管的区别及作用；④了解电缆的作用、基本结构、类型和特点。

技能目标

在现场能正确说出母线、电力电缆、绝缘子的名称、结构形式和应用情况。

任务一　母线及运行

一、母线的作用

微课21
母线及运行

在发电厂和变电站的各级电压配电装置中，将发电机、变压器与各种电器连接的导线称为母线。母线是各级电压配电装置的中间环节，它的作用是汇集、分配和传送电能。

在发电厂和变电站中，母线包括一次设备部分的主母线和设备连接线、站用电部分的交流母线、直流系统的直流母线、二次部分的小母线等。

二、母线的材料

（1）铜母线：具有电阻率低、机械强度高、抗腐蚀性强等特点，是很好的导电材料。但铜贮藏量少，在国防工业上应用很广，因此，在电力工业中应尽量以铝代铜，除技术上要求必须应用铜母线外，都应采用铝母线。

（2）铝母线：铝的电阻率稍高于铜，但贮量多，重量轻，加工方便，且价格便宜。用铝母线较铜母线经济，因此，目前我国广泛采用铝母线。

（3）钢母线：钢的电阻率比铜大七倍多，用于交流时，有很强的集肤效应。优点是机械强度高和价廉。仅适用于高压小容量电路（如电压互感器）和电流在 200A 以下的低压及直流电路中。接地装置中的接地线多数应用钢母线。

三、母线的截面形状

1. 矩形截面

一般应用于 35kV 及以下的户内外配电装置中（如图 6-1、图 6-2 所示）。矩形截面母线的优点（与相同截面积的圆形母线比较）是散热条件较好，集肤效应较小，在容许发热温度下通过的允许工作电流大。

图 6-1　户外矩形母线

图 6-2　户内矩形母线

为增强散热条件和减小集肤效应的影响，宜采用厚度较小的矩形母线。但考虑到母线的机械强度，通常铜和铝的矩形截面母线的边长之比为 $1:5 \sim 1:12$，铜导体最大的截面积为 $10 \times 120 = 1200$（mm^2）。

但是，矩形母线的截面积增加时，散热面积并不是成比例地增加，所以，允许工作电流也不能成比例增加。因此，矩形母线的最大截面积受到限制。当工作电流很大，最大截面的矩形母线也不能满足要求时，可采用多条矩形母线并联使用，并间隔一定距离（一条母线的厚度）。矩形母线用在电压为 35kV 以上的场合会出现电晕现象，所以在 35kV 以上电压等级，一般不选矩形母线。

2. 槽形截面

当每相三条以上的矩形母线不能满足要求时，一般采用由槽形截面母线组成近似正方形的空心母线结构，如图 6-3 所示。这种结构的优点是邻近效应较小，冷却条件好，金属材料利用率较高。另外，为了加大槽形母线的截面系数，可将两条槽形母线每相隔一定距离，用连接片焊住，构成一个整体。槽形母线的工作电流可达 10～12kA。

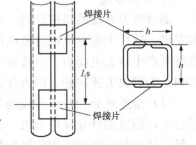

图 6-3　槽形母线及其焊接片

3. 圆形软母线

在 35kV 以上的户外配电装置中，为了防止产生电晕，一般采用圆形截面母线。钢芯铝绞线（如图 6-4 所示）由多股铝线绕单股或多股钢线的外层构成，一般用于 35kV 及以上屋外配电装置中。组合导线由多根铝绞线固定在套环上组合而成，用于发电机与屋内配电装置或屋外主变压器之间的连接。

4. 管形截面

管形截面母线（如图 6-4 所示）常用在 110kV 及以上，持续工作电流在 8000A 以上的配电装置中。优点是集肤效应小，电晕放电电压高，机械强度高，散热条件好。

图 6-4　绞线圆形软母线和管形截面母线

四、大电流母线

对于大容量发电机，除采用多条矩形母线并联或槽形母线外，目前，国内已采用如下几种形式的母线。

1. 水内冷母线

水内冷母线是在导电母线内部进行通水冷却的母线。水热传导能力强，使母线温升大大降低，以提高载流能力，减少金属消耗量。其载流量可比同截面普通母线提高数倍。水内冷母线可用铜或铝做成的圆管形母线。由于铝母线容易腐蚀，因此一般采用铜材。图 6-5 所示为水内冷母线的一般布置和水冷系统简图。水内冷母线的水冷系统与水内冷发电机共用。

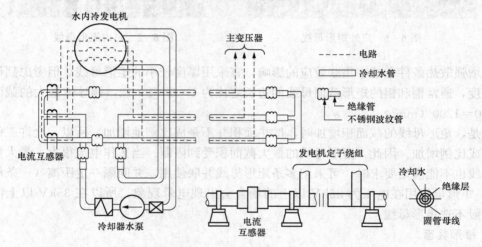

图 6-5　水内冷母线的一般布置和水内冷系统简图

2. 封闭母线

随着电力系统的迅速发展，单机容量不断增大，300MW 发电机的额定电流已达 11000 多安培，这样大的电流通过发电机与变压器之间的连接母线时，将引起一系列问题：如母线短路时产生巨大电动力，母线本身发热及母线对附近钢构件的感应发热，母线故障对系统的影响。为解决上述问题，国内外已普遍采用封闭母线（见图 6-6）的办法。

（1）全连式分相封闭母线的工作原理。封闭母线是指将母线用非磁性金属材料（一般用铝合金）制成的外壳保护起来。图 6-7 所示的全连式分相封闭母线是将每相每段外壳焊在一起，且三相外壳两端用短路板连接并接地，它允许母线外壳中流过轴向环流。它不仅密封性好，而且由于在三相外壳间存在环流，可对母线磁场进一步加以屏蔽，因而可使短路电流在母线导体上产生的电动力降低到裸母线时的 1/4 左右，附近钢构件的感应发热损耗也减少到微不足道的程度。由于外壳上的轴向电流与母线电流的大小几乎相等，方向相反（近于180°），故外壳内的损失较大。

图 6-6 发电机出口分相封闭母线

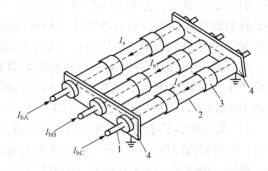

图 6-7 全连式分相封闭母线
1—母线；2—封闭外壳；3—连接外壳；4—短路板

全连式分相封闭母线的屏蔽原理是由于同相外壳各段已焊成一体，且三相外壳间又用金属板短接，这好似 1:1 的电流互感器二次线圈被短路一样：主母线的电流所产生的交变磁通作用于外壳，在外壳上产生感应电势，此电势在外壳的闭合回路中产生三相环流，由于外壳是采用低值电阻的铝合金制成，所以外壳上的三相环流与母线电流基本上是方向相反，数值相等，这就使主母线在外壳外面所产生的磁通被抵消，这就是屏蔽作用。

（2）全连式分相封闭母线的基本结构。全连式分相封闭式母线主要由载流导体、支持绝缘子、保护外壳、金具、密封隔断装置、伸缩补偿装置、短路板、外壳支持件等构成，如图 6-8 所示。

1）载流导体。一般用铝制成，采用空心结构以减小集肤效应。当电流很大时，还可采用水内冷圆管母线。

2）保护外壳。由 5～8mm 的铝板制成圆管形，在外壳上设置检修与观察孔。

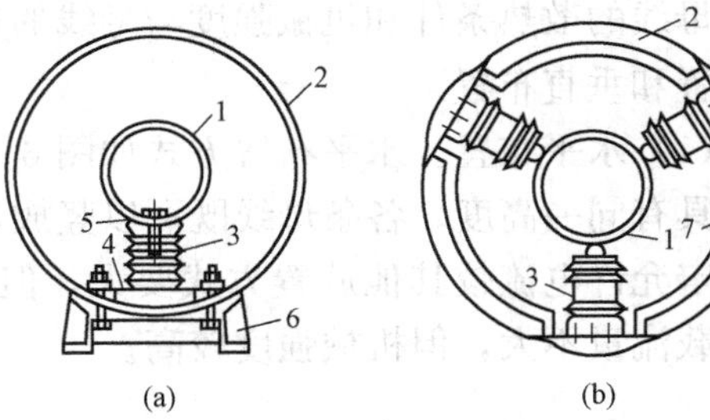

3）支柱绝缘子。采用多棱边式结构以加长

图 6-8 封闭母线断面图
1—载流导体；2—保护外壳；3—支柱绝缘子；
4—弹性板；5—垫圈；6—底座；7—加强圈

漏电距离，每个支持点可采用 1～4 个绝缘子支持。一般分相封闭母线都采用 3 个绝缘子支持的结构。3 个绝缘子支持的结构具有受力好、安装检修方便、可采用轻型绝缘子等优点。

封闭母线在一定长度范围内，设置有焊接的伸缩补偿装置，母线导体采用多层薄铝片做成的收缩节与两端母线搭焊连接，外壳采用多层铝制波纹管与两端外壳搭焊连接。

封闭母线与设备连接处适当部位设置螺接伸缩补偿装置，母线导体与设备端子导电接触面皆采用真空离子镀银，其间用带接头的编织线铜辫作为伸缩节，外壳用橡胶伸缩套连接，同时起到密封的作用。

封闭母线靠近发电机端及主变压器接线端和厂用高压变压器接线端，采用大口径绝缘板作为密封隔断装置，并用橡胶圈密封，以保证区内的密封维持微正压运行的需要。

封闭母线与发电机、主变压器、厂用变压器、电压互感器柜等连接外，设外壳短路板，并装设可靠的接地装置。

（3）全连式分相封闭母线的优缺点。

1）提高了供电的可靠性。运行经验证明，裸母线常因外物接触带电导体而发生相间短路，引起重大事故。分相封闭母线不仅杜绝了由于外物接触不同相带电导体而引起的相间短路事故的发生，而且也有效地防止了相对地短路时引起的相间短路故障；同时，由于封闭母线绝缘子不受灰尘和潮气的影响，接地故障的机会也大大减少。

2）母线附近钢构件中的损耗和发热显著减小。三相外壳短接，铝壳电阻很小，外壳上感应产生与母线电流大小相近而方向相反的环流，环流的屏蔽作用使壳外磁场减小到敞露母线的10％以下，壳外钢构发热可忽略不计。

3）大大减小了母线间的电动力，并改善了其他电气设备的工作条件。由于外壳的电屏蔽作用，在短路故障时，母线所受的电动力大为减小，大约只有裸母线的20％～30％。改善了设备（导体、绝缘子、电流互感器、隔离开关等）的工作条件，使其容量满足动稳定的要求。

4）运行安全、维护方便。整套母线的外壳基本上是等电位的，外壳装设了接地点，因而运行人员在与外壳接近时不会受到高电压的危害，日常维修的工作量也较少。

5）现场安装工作量小。封闭母线是在制造厂成套制好的，运到现场只需将各段成套预制母线，连接组装起来即可，因而加快了施工进度。

6）有色金属消耗约增加一倍。外壳产生损耗，母线功率损耗约增加一倍。

五、母线的安装和维护

1. 母线的布置

母线的散热条件和机械强度与母线的布置方式有关。最为常见的布置方式有两种，即水平布置和垂直布置。

（1）水平布置。水平布置方式如图6-9（a）、（b）所示。三相母线固定在支持绝缘子上，具有同一高度。各条母线既可以竖放，又可以平放。竖放式水平布置散热条件好，母线的额定允许电流较其他放置方式要大，但机械强度不是很好。平放式水平布置散热条件较差，载流量不大，但机械强度较高。

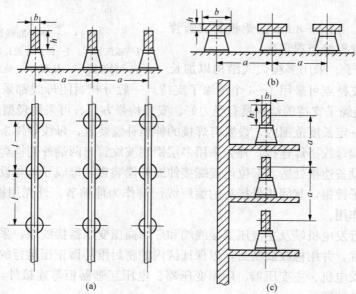

图6-9　母线的布置方式
(a)、(b) 水平布置方式；(c) 垂直布置

（2）垂直布置。垂直布置方式如图 6-9（c）所示。三相母线分层安装，采用竖放式垂直布置，散热性强，机械强度和绝缘能力较强。但垂直布置增加了配电装置的高度，需要更大的投资。

（3）槽形母线布置。槽形母线布置方式与矩形母线类似，槽形母线的每相均由两条组成一个整体，构成所谓的"双槽式"，如图 6-3 所示，整个断面接近正方形。槽形母线均采用竖放式，两条相同母线之间每隔一段距离，用焊接片进行连接，构成一个整体。这种结构形式的母线其机械性能相当强，而且节约金属材料。

（4）软母线的布置。软母线一般为三相水平布置，用绝缘子悬挂。

2. 母线的相序排列要求

各回路的相序排列应一致，要特别注意多段母线的连接、母线与变压器的连接相序应正确。当设计无规定时应符合下列规定：

（1）上、下布置的交流母线，由上到下排列为 A、B、C 相；直流母线正极在上，负极在下。

（2）水平布置的交流母线，由盘后向盘面排列 A、B、C 相；直流母线正极在后，负极在前。

（3）引下线的交流母线，由左到右排列为 A、B、C 相；直流母线正极在左，负极在右。

3. 母线的固定

母线固定在支持绝缘子的端帽或设备接线端子上的方法主要有三种：直接用螺栓固定、用螺栓和盖板固定、用母线固定金具固定。单片母线多采用前两种方法，多片母线应采用后一种方法。

矩形母线和槽形母线都是通过衬垫安置在支持绝缘子上，并利用金具进行固结，如图 6-10 所示。为减小由于铁耗引起的发热，在 1000A 以上的装置中，通常母线金具上边的夹板用非磁性材料铝制成，而其他零件采用镀锌铁。

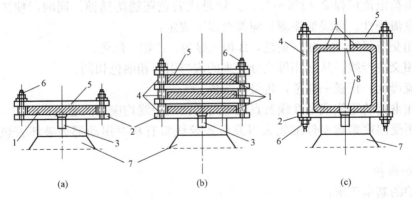

图 6-10　铝母线在支柱绝缘子上的固定
（a）单条矩形母线；（b）三条矩形母线；（c）槽形母线
1—母线；2—铜板；3—螺钉；4—间隔钢管；5—铁板；6—拧入钢板的螺栓；7—绝缘子；8—撑杆

4. 母线的连接

（1）硬母线的连接。当矩形铝母线长度大于 20m、铜母线或钢母线长度大于 30m 时，母线间应加装伸缩补偿器，如图 6-11 所示。在伸缩补偿器间的母线端开有长圆孔，供温度变化时自由伸缩，螺栓 8 并不拧紧。

补偿器由厚度 0.2～0.5mm 的薄片叠成，其数量应与母线的截面相适应，材料与母线相同。当母线厚度小于 8mm，可直接利用母线本身弯曲的办法来解决，如图 6-12 所示。

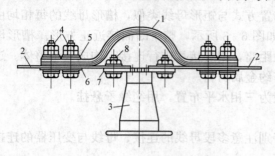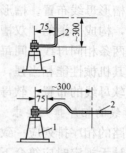

图 6-11　母线伸缩补偿器　　　　　　　图 6-12　母线硬性连接

1—补偿器；2—母线；3—支柱绝缘子；4、8—螺栓；　　　1—支柱绝缘子；2—母线

5—垫圈；6—衬垫；7—盖板

（2）软母线的连接。软母线采用的连接方式有液压压接、螺栓连接、爆破压接等。软母线在连接时，要使用各种金具，常用金具的作用如下：

1）设备线夹：用于母线或引下线与电气设备的接线端子连接。

2）耐张线夹：用于高空主母线的挂设。

3）T 型线夹：用于主母线引至电气设备的引下线的连接。

4）母线连接用金具：包括压接管、并沟线夹。

5）间隔棒：用于双线的连接和平整。

5. 母线的着色

硬母线安装后，应进行油漆着色。母线着色可以增加辐射能力，有利散热，因此母线着色后，允许负荷电流可提高 12%～15%。钢母线着色还能防锈蚀。同时，使工作人员便于识别相序或直流极性。母线油漆颜色应符合以下规定：

（1）三相交流母线：A 相—黄色，B 相—绿色，C 相—红色。

（2）单相交流母线：从三相母线分支来的应与引出相颜色相同。

（3）直流母线：正极—棕色，负极—蓝色。

（4）三相电路的零线或中性线及直流电路的接地中线均应为淡蓝色。

软母线因受温度影响而伸缩较大以及各股绞线常有相对扭动都会破坏着色层，故不需着色。

6. 母线的维护

母线维护的基本要求：

（1）母线安装完毕后，应把现场清理干净，特别是开关柜主母线内部等隐蔽的地方。支持绝缘子擦拭干净，再检测绝缘电阻和进行耐压试验。

（2）母线在正常运行时，支持绝缘子和悬式绝缘子应完好无损，无放电现象。软母线弧垂应符合要求，相间距离应符合规程规定，无断股、散股现象。硬母线应平直，不应弯曲，各种电气距离应满足规程要求，母排上的示温蜡片应无融化；连接处应无发热，伸缩应正常。

（3）母线的检修工作内容包括清扫母线，检查接头伸缩节及固定情况；检查、清扫绝缘子，测量悬式绝缘子串的零值绝缘子；检查软母线弧垂及电气距离；绝缘子交流耐压试验等。

（4）软母线损伤的原因。本身质量因素、长期通过负荷电流造成发热、气候条件的影响以及其他外部情况影响。导线损伤有下列情况之一者，必须锯断重接：

1）钢芯铝线的钢芯断股。

2）钢芯铝线在同一处损伤面积超过铝股总面积的 25%，单金属线在同一处损伤面积超过总面积的 17%。

3）钢芯铝线断股已形成无法修复的永久变形。

4）连续损伤面积在允许范围内，但其损伤长度已超出一个补修管所能补修的长度。

导线损伤修补方法为补修管压接法、缠绕法、加分流线法、铜绞线绑接法、铜绞线叉接法以及液压法。

任务二　电缆及运行

一、概述

电力电缆同架空线路一样，也是输送和分配电能的。在城镇居民密集的地方，在高层建筑内及工厂厂区内部，或在其他一些特殊场所，考虑到安全方面和市容美观方面的问题以及受地面位置的限制，不宜架设甚至有些场所规定不准架设架空线路时，就需要使用电力电缆。

微课 22
电缆及运行

电力电缆与架空线路相比有许多优点：

（1）供电可靠。不受外界的影响，不会像架空线那样，因雷击、风害、挂冰、风筝和鸟害等造成断线、短路与接地等故障。机械碰撞的机会也较少。

（2）不占地面和空间。一般的电力电缆都敷设地下，不受路面建筑物的影响，适合城市与工厂使用。

（3）地下敷设，有利人身安全。

（4）不使用电杆，节约木材、钢材、水泥。同时使市容整齐美观，交通方便。

（5）运行维护简单，节省线路维护费用。

由于电力电缆有以上优点，所以得到越来越多的地方使用。不过电力电缆的价格贵，线路分支难，故障点较难发现，不便及时处理事故，电缆接头工艺较复杂。

二、电力电缆的基本结构

电缆的基本结构由线芯、绝缘层和保护层三部分组成，图 6-13 为单芯交联聚乙烯电缆结构示意图。

1. 电缆线芯

电缆的线芯是用来传导电流的，线芯导体要有好的导电性，以减少输电时线路上能量的损失。线芯通常由多股铜绞线或铝绞线制

导体
导体屏蔽
绝缘
绝缘屏蔽
阻水带
皱纹铝套　铜丝屏蔽
阻水带
沥青　铝塑带
护套

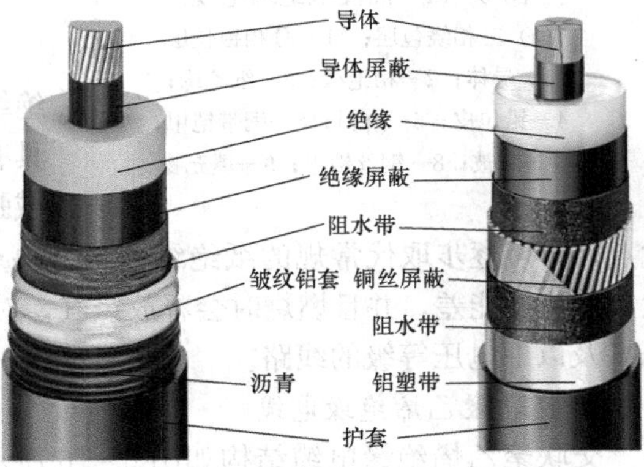

图 6-13　单芯交联聚乙烯电缆结构示意图

成。根据导体的芯数，可分为单芯、双芯、三芯和四芯电缆。

2. 绝缘层

绝缘层的作用是将线芯导体间及保护层相隔离，因此必须绝缘性能、耐热性能良好。绝缘层使用的材料有橡胶、聚乙烯、聚氯乙烯、交联聚乙烯、聚丁烯、棉、麻、丝、绸、纸、矿物油、植物油、气体等。

3. 保护层

保护层用来保护绝缘层，使电缆在运输、贮存、敷设和运行中，绝缘层不受外力的损伤和防止水分的浸入，故应有一定的机械强度。在油浸纸绝缘电缆中，保护层还具有防止绝缘油外流的作用。保护层分内保护层和外保护层。内保护层是由铝、铅或塑料制成的包皮，外保护层由内衬层（浸过沥青的麻布、麻绳）、铠装层（钢带、钢丝铠甲）和外被层（浸过沥青的麻布）组成。

三、电力电缆的种类及特点

按电缆绝缘材料和结构分，有油浸纸绝缘电缆、聚氯乙烯绝缘电缆（简称塑力电缆）、交联聚乙烯绝缘电缆（简称交联电缆）、橡皮绝缘电缆、高压充油电缆、SF_6 气体绝缘电缆。

1. 油浸纸绝缘电缆

油浸纸绝缘电缆结构如图 6-14 所示，其主绝缘是用经过处理的纸浸透电缆油制成，具有绝缘性能好、耐热能力强、承受电压高、使用寿命长等优点，适用于 35kV 及以下的输配电线路。

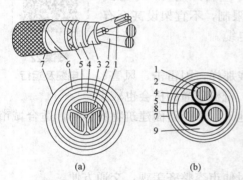

图 6-14　油浸纸绝缘电缆

（a）三相绕包层；（b）分相铅包层
1—导体；2—相绝缘；3—纸绝缘；
4—铅包皮；5—麻衬；6—钢带铠甲；
7—麻被；8—钢丝铠甲；9—填充物

按绝缘纸浸渍剂的浸渍情况，油浸纸绝缘电缆又分黏性浸渍电缆和不滴流电缆。黏性浸渍电缆是将电缆以松香和矿物油组成的黏性浸渍剂充分浸渍，即普通油浸纸绝缘电缆，其额定电压为 1～35kV；不滴流电缆采用与黏性浸渍电缆完全相同的结构尺寸，但是以不滴流浸渍剂的方法制造，敷设时不受高差限制。油浸纸绝缘铝套电缆将逐步取代铅套电缆，这不仅能节约大量的铅，而且能使电缆的质量减轻。

2. 聚氯乙烯绝缘电缆

聚氯乙烯绝缘电缆结构如图 6-15 所示，其主绝缘采用聚氯乙烯，内护套大多也采用聚氯乙烯，具有电气性能好、耐水、耐酸碱盐、防腐蚀、机械强度较好、敷设不受高差限制，可垂直敷设等

优点，并可逐步取代常规的纸绝缘电缆；缺点主要是塑料易老化，绝缘强度低，介质损耗大，耐热性能差，并且燃烧时会释放氯气，对人体有害，对设备有严重腐蚀作用。主要用于 6kV 及以下电压等级的线路。

3. 交联聚乙烯绝缘电缆

交联聚乙烯绝缘电缆结构如图 6-16 所示，电缆的主要绝缘材料为交联聚乙烯，交联聚乙烯是利用化学或物理方法，使聚乙烯分子由直链状线型分子结构变为三度空间网状结构。

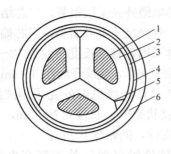

图 6-15　聚氯乙烯绝缘电缆

1—线芯；2—聚氯乙烯绝缘；3—聚氯乙烯内护套；
4—铠装层；5—填料；6—聚氯乙烯外护套

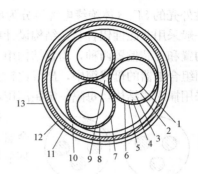

图 6-16　交联聚乙烯绝缘电缆

1—线芯；2—线芯屏蔽；3—交联聚乙烯绝缘；
4—绝缘屏蔽；5—保护带；6—铜丝屏蔽；7—螺旋铜带；
8—塑料带；9—中心填芯；10—填料；11—内护套；
12—铠装层；13—外护层

该型电缆具有结构简单、外径小、质量小、耐热性能好、线芯允许工作温度高（长期 90℃，短路时 250℃）、比相同截面的油浸纸绝缘电缆允许载流量大、可制成较高电压级、机械性能好、敷设不受高差限制、安装工艺较为简便等优点，因此广泛用于 1～110kV 线路。其缺点是抗电晕和游离放电性能差。在 35kV 及以下电压等级，交联聚乙烯绝缘电缆已逐步取代了油浸绝缘电缆。

4. 橡胶绝缘电缆

橡胶绝缘电缆结构如图 6-17 所示，这种电缆以橡皮为绝缘材料，其柔软性好、弯曲方便、防水及防潮性能好，具有较好的耐寒性能、电气性能、机械性能、化学稳定性，但耐压强度不高，耐热、耐油性能差且绝缘易老化，易受机械损伤。主要用于 35kV 及以下电力线路。

5. 高压充油电缆

高压充油电缆在结构上的主要特点是铅套内部有油道。油道由缆芯导线或扁铜线绕制成的螺旋管构成。在单芯电缆中，油道就直接放在线芯的中央；在三芯电缆中，油道则放在芯与芯之间的填充物处。

最具有代表性的是额定电压等级为 110～330kV 的单芯充油电缆。高压充油电缆的纸绝缘是用黏度很低的变压器油浸渍的，电缆的铅包内部有油道，里面也充满黏度很低的变压器油。在连接盒和终端盒处装有压力油箱，补偿电缆中油体积因温度变化而引起的变动，以保证油道始终充满油，并保持恒定的油压。当电缆温度下降，油的体积收缩时，油道中的油不足

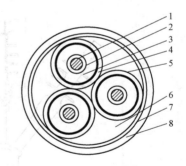

图 6-17　橡胶绝缘电缆

1—线芯；2—线芯屏蔽层；3—橡皮绝缘层；
4—半导电屏蔽层；5—铜带屏蔽层；6—填料；
7—橡皮布带；8—聚氯乙烯外护套

时，由油箱补充；反之，当电缆温度上升，油的体积膨胀时，油道中多余的油流回油箱内。

6. SF_6 气体绝缘电缆

SF_6 气体绝缘电缆是以 SF_6 气体为绝缘的新型电缆，即将单相或三相导体封在充有 SF_6 气体的金属圆筒中，带电部分与接地的金属圆筒间的绝缘由 SF_6 气体来承担。

SF_6 气体绝缘电缆按外壳结构可分为刚性外壳和挠性外壳。

刚性外壳的 SF_6 气体绝缘电缆可分为单芯和三芯两种结构，如图 6-18 所示。单芯电缆外壳材料一般采用非磁性铝合金，结构设计成同轴型。三芯电缆外壳采用钢管，三芯结构又可分为三芯均置和三芯偏置两种，均置结构用于输电管路中，外壳尺寸可以缩小；三芯偏置结构用于全封闭组合电器的母线筒中，出线比较方便。电缆导体采用铝管，长度一般为 12～18m，相互连接采用插入式结构，每隔一定距离用环氧树脂浇绝缘子支撑，绝缘子间距 3～6m。

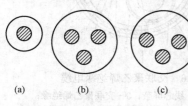

图 6-18　SF_6 气体绝缘电缆结构
(a) 单芯；(b) 三芯均置；(c) 三芯偏置

挠性外壳的 SF_6 气体绝缘电缆外壳采用波纹状铝合金管，导体采用波纹状铝管，长度可达 80m，采用盘形环氧树脂浇绝缘子支撑，间距仅 0.6m。

所有的 SF_6 气体绝缘电缆的外壳都在电缆的两端（有可能还应在中间部分）使之接地。对于单芯结构的电缆，每隔一定长度还应把三相的三个外壳连接在一起。

四、电力电缆的连接附件

电缆连接附件主要有户内或户外电缆终端头和中间接头，统称电缆接头。它们是电缆线路中必不可少的组成部分。

1. 电缆终端

电缆终端头（如图 6-19 所示）是安装在电缆线路末端，具有一定绝缘和密封性能，用以将电缆与其他电气设备相连接的电缆附件。终端头起绝缘电缆终端、连接导体、密封和保护的作用。

按使用场所不同，电缆终端可分为户内终端、户外终端、设备终端、GIS 终端几种类型；电缆终端按所用材料不同，可分为热缩型、冷缩型、橡胶预制型、绕包型、瓷套型、浇注（树脂）型等品种。按外形结构不同，电缆终端可分为鼎足式、扇形、倒挂式等。

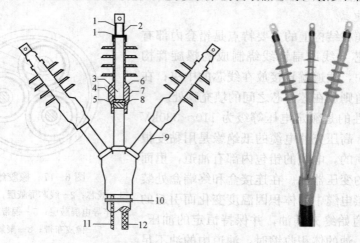

图 6-19　电缆终端头
1—绝缘胶带；2—密封绝缘管；3—主绝缘层；4—半导电层；5—铜屏蔽层；6—冷缩终端；
7—应力锥；8—半导电胶；9—冷缩绝缘管；10—PVC胶带；11—小接地编织线；12—大接地编织线

2. 电缆中间接头

电缆中间接头（如图 6-20 所示）是安装在电缆与电缆之间，用于将一段电缆与另一段电缆连接起来的部件，简称对接头或对接，它起连接导体、绝缘和密封保护的作用。

电缆接头除连通导体外，还具有其他功能。按其功能不同，电缆接头可分为普通接头（直线接头）、绝缘接头、塞止接头、分支接头、过渡接头、转换接头、软接头等几种类型；按所用材料不同，电缆接头有热缩型、冷缩型、绕包型（带材绕包与成型纸卷绕包两种）、模塑型、预制件装配型、浇注（树脂）型、注塑型等几种类型。

图 6-20 冷缩式橡塑绝缘电缆中间接头

3. 电缆接头的材料类型

橡塑绝缘电缆常用的终端头和接头类型有：

（1）绕包型是用自粘性橡胶带绕包制作的电缆终端头和接头。

（2）热缩型是由热收缩管件，如各种热收缩管材料、热收缩分支套、雨裙等和配套用胶在现场加热收缩组合成的电缆终端头和接头。

（3）预制型是由橡胶模制的一些部件，如应力锥、套管、雨罩等，现场套装在电缆末端构成电缆终端头和接头。

（4）模塑型是用辐照交联热缩膜绕包后用模具加热使其熔融成整体作为加强绝缘而构成的电缆终端头和接头。

（5）弹性树脂浇注型是用热塑性弹性体树脂现场成型的电缆终端头和接头。

五、电力电缆的安装和维护

1. 电力电缆的敷设

（1）电力电缆（简称电缆）敷设方法。常见的电缆敷设方法有直埋、排管、沟道、隧道、桥架敷设等几种。

图 6-21 电缆直埋敷设

1）直埋敷设（如图 6-21 所示）。直埋敷设是直接将电缆埋入地下，采用泥土覆盖的敷设方式。直埋敷设最大的优点就是造价低廉，但最大的劣势为电缆缺乏有效的保护，很容易遭受外力的破坏与影响。因此，对重要的电缆线路，基本不采用直埋的方式进行敷设。电缆直埋敷设一般适用于汽机厂房、输煤栈桥、锅炉厂房的运转层等地方。

2）排管敷设（如图 6-22 所示）。将具备一定机械强度的管材，例如：钢铁管（单相电缆不允许敷设在其中）、强化 PVC 管、玻璃纤维管、水泥管等预先埋入地下，每根管道平滑相连，就在地下构成了一条电缆的通道，将电缆穿入其中即可。电缆排管敷设一般适用于在与其他建筑物、铁路或公路互相交叉的地带。

3）沟道敷设（如图 6-23 所示）。这种敷设方式是修建一条电缆沟，沟道顶部配以可以活动的盖板，沟内装设电缆支架，再将电缆敷设在支架上。电缆沟道敷设适用于电缆较少，而不经常交换的地区、辅助车间及架空出线的配电装置。

图 6-22 电缆排管敷设

图 6-23 电缆沟道敷设

4）隧道敷设（如图 6-24 所示）。这种方式是在较深的地下开挖一条大型的隧道，隧道两壁固定电缆支架，电缆敷设于支架上。电缆隧道敷设适用于大城市，及敷有大量电缆的诸如汽机厂房、锅炉厂房、主控制楼到主厂房、开关室及馈线电缆数量较多的配电装置等地区。

5）桥架敷设（如图 6-25 所示）。桥架敷设是在基础上固定一排长长的桥形支架，电缆放置在这些桥架上。这种方式的应用面比较窄，通常在电缆过大桥或在建筑物内部敷设时才采用。

图 6-24 电缆隧道敷设

图 6-25 电缆桥架敷设

实际使用时，可以根据需要和条件，一条电缆线路往往需要采用几种敷设方式。

（2）电缆的敷设要求。一般应先敷设电力电缆，再敷设控制电缆，先敷设集中的电缆，再敷设较分散的电缆，先敷设较长一些的电缆，再敷设较短的电缆。对于电力电缆和控制电缆的排列布局，也要特别注意。一般来说，电力电缆和控制电缆应分开排列。同一侧的支架上应尽量将控制电缆放在电力电缆的下面。对于高压充油电缆不宜放置过高。电缆敷设的一般工艺要求应做到横看成线、纵看成片，引出方向、弯度、余度相互间距、挂牌位置都一致，并避免交叉压叠，达到整齐美观。

2. 电力电缆的运行维护

（1）巡视周期要求。

1）运行中 110kV 及以上电力电缆，以及运行地位十分重要的 10kV 电力电缆线路每三个月至少巡视一次，雷雨、暴雨天气后应立即对沟道情况较差的电力电缆线路进行巡视。

2）对隧道敷设的电缆，应至少每月进行一次巡视；对沟道敷设的电缆，应至少每6个月抽点揭沟巡视一次（抽点位置应着重于接头位置、重污秽地区，如菜市等地段），巡视该段电缆状态，并对沟道进行清淤；对于排管敷设的电缆，应至少每年进行一次巡检。

3）对外部施工频繁地段的电缆，按情况酌情加强巡视。

（2）日常巡查的主要内容。

1）巡查的主要内容包括红外线温度检测，地面部分设施状态检查，护管或隔墙状态检查，编号、印字、吊牌检查。电缆接地箱应检查有无损坏、进水。

2）应每月用温度探测设备寻检一次110kV及以上或重要10kV电力电缆的运行温度，将所测得的温度与当时的负载电流详细记录，作为对该电缆评估的基础资料。

3）电缆线路走廊上不应堆置瓦砾、矿渣、建筑材料、笨重物件、酸碱性排泄物或砌堆石灰坑等。

4）对于备用排管应检查其是否有堵塞、断裂和被占用现象。

5）对敷设在地下的每一电缆线路，应查看路面是否正常，有无挖掘痕迹及路线标桩是否完整无缺等。

6）安装有保护器的单相电缆，在通过短路电流后，或每年至少检查一次阀片或球间隙有无击穿或烧熔现象。

7）对与架空线连接的电缆和终端头应检查终端头是否完整，引出线的接点有无发热现象，靠近地面一段电缆是否被外力损坏等。

8）多根并列电缆要检查电流分配和电缆外皮的温度情况。防止因分接点不良而引起电缆过负荷或烧坏接点。

3. 电力电缆的常见故障与异常查找

电力电缆的故障一般是指电缆本体、附件在运行或预防性试验中发生电击穿等损坏情况。最常见的有：

（1）外护套绝缘降低或外护套破损。电缆护套出现破损或绝缘降低，将使电缆失去最基本的保护，并有可能造成较大的环流，使电能损耗增加，且会降低电缆的载流量与电气性能（主要针对单芯电缆）。

对于外护套的检测，通常采用绝缘电阻表及直流耐压进行。即使用5000V绝缘电阻表对外护套进行绝缘检测，其值应大于0.5MΩ/km；对外护套施加10kV直流，1min不发生击穿。

（2）电缆终端或中间接头出现电气损坏。电缆终端或中间接头（以下统称电缆头）的主要作用是恢复电缆端部的电气绝缘、改善电场分布，以及密封。电缆头在运行中出现的电气损坏通常都是比较严重的事故，例如燃烧、爆炸等情况。不仅会使该段电缆退出运行，而且很可能波及周边的电气设备。

电缆头若在运行中出现故障，通常会发生较剧烈的燃烧或爆炸等状况，故障位置与情况可以比较清晰地判明，重新更换制作电缆头即可。若在预试耐压中发生击穿，则不一定能够很轻易地发现故障位置，此时需要使用故障定位仪进行故障定位后再进行处理。

（3）电缆本体出现主绝缘击穿。交联聚乙烯绝缘电缆具有良好的电气性能，较少出现主绝缘击穿的现象。主绝缘击穿的检测与查找手段与上述的电缆头故障查找手段相同。

（4）其他附件故障或异常。通常发生在单芯电缆线路的交叉互联、护层绝缘保护器等附件中，常见的问题有护层接地线电流过大、金属护层的感应电压超过标准、护层绝缘保护器预试不合格等。

六、电力电缆的发展趋势

近年来，随着都市化建设及城网改造的快速推进、电力系统的发展和科学技术的进步，电力电缆的应用正迅速展开，电压等级的提高、运行可靠性的增强，使它在电力系统中的地位也越来越不可替代。目前，电力电缆正向大截面、高电压等级及超长度快速发展。采用新技术的电力电缆有超导电缆、带测温光纤电缆等。

任务三　绝缘子及运行

一、绝缘子的作用和分类

微课 23
绝缘子及运行

绝缘子（如图 6-26 所示）广泛应用在发电厂和变电站的配电装置、变压器、开关电器及输电线路上，用来支持和固定裸载流导体，并使裸载流导体与地绝缘，或使装置中处于不同电位的载流导体之间绝缘。因此，要求绝缘子具有足够的机械强度和绝缘性能，并能在恶劣环境（高温、潮湿、多尘埃、污垢等）下安全运行。

1. 按额定电压分类

绝缘子按其额定电压可分为高压绝缘子（用于 1000V 以上的装置中）和低压绝缘子（用于 1000V 及以下的装置中）两种。

图 6-26　变电站绝缘子示意图

2. 按安装地点分类

（1）户内式绝缘子（如图 6-27 所示）。绝缘子安装在户内，绝缘子表面无伞裙。

（2）户外式绝缘子（如图 6-28 所示）。绝缘子安装在户外，绝缘子表面有较多和较大的伞裙，以增长沿面放电距离，并能在雨天阻断水流，使其能在恶劣的气候环境中可靠工作。

3. 按结构形式分类

按结构形式可分为支柱、套管及盘形悬式绝缘子三种（如图 6-26 所示）。

图 6-27　户内式支柱绝缘子　　　图 6-28　户外式支柱绝缘子

4. 按用途分类

（1）电站绝缘子（如图 6-29 所示），主要用来支持和固定发电厂及变电站屋内外配电装置的硬母线，并使母线与大地绝缘。按作用不同分为支柱绝缘子和套管绝缘子。

（2）电器绝缘子（如图6-30所示），主要用来固定电器的载流部分，也分为支柱绝缘子和套管绝缘子。支柱绝缘子用于固定没有封闭外壳的电器的载流部分；套管绝缘子用来使有封闭外壳的电器（如断路器、变压器等）的载流部分引出外壳。

（3）线路绝缘子（如图6-31所示），主要用来固结架空输电、配电导线和屋外配电装置的软母线，并使它们与接地部分绝缘。线路绝缘子有针式、悬式、蝴蝶式和瓷横担四种。

图6-29　电站绝缘子

图6-30　电器绝缘子

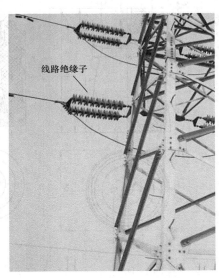

图6-31　线路绝缘子

本节主要介绍电站绝缘子。

二、绝缘子的基本结构

绝缘子应具有足够的绝缘强度、机械强度、耐热性和防潮性。高压绝缘子主要由绝缘件和金属附件两部分组成（如图6-32所示）。

（1）绝缘件。材料通常为电工瓷，也可采用钢化玻璃，以及新型的有机复合绝缘物。绝缘瓷件的外表面涂有一层棕色或白色的硬质瓷釉，以提高其绝缘、机械和防水性能。电工瓷具有结构紧密均匀、绝缘性能稳定、机械强度高和不吸

图6-32　绝缘子结构

水等优点。盘形悬式绝缘子的绝缘件也有用钢化玻璃制成的，具有绝缘和机械强度高、尺寸小、质量轻、制造工艺简单及价格低廉等优点。有机复合合成绝缘子是由有机聚合绝缘物为

主要绝缘材料制造的新型线路绝缘子，由于具有优良的防污与机电性能，较好地克服瓷绝缘的不足之处。

（2）金属附件。其作用是将绝缘子固定在支架上和将载流导体固定在绝缘子上。金属附件装在绝缘件的两端，两者通常用水泥胶合剂胶合在一起。金属附件皆作镀锌处理，以防其锈蚀；胶合剂的外露表面涂有防潮剂，以防止水分侵入。

三、电站绝缘子的类型和特点

1. 支柱绝缘子

支柱绝缘子适用于发电厂、变电站配电装置及电器设备中，作导电部分的绝缘和支持用。高压支柱绝缘子可分为户内和户外式。户内式支柱绝缘子分内胶装、外胶装、联合胶装三个系列；户外式支柱绝缘子分针式和棒式两种。

（1）户内式支柱绝缘子结构如图 6-33 所示。

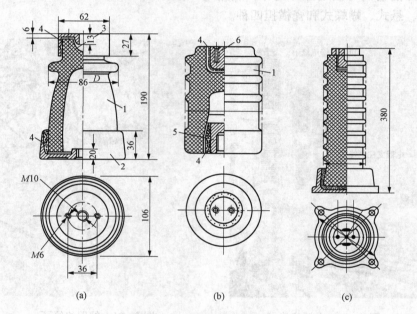

图 6-33　户内式支柱绝缘子结构

（a）外胶装式；（b）内胶装式；（c）联合胶装式

1—绝缘瓷件；2—铸铁底座；3—铸铁帽；4—水泥胶合剂；5—铸铁配件；6—铸铁配件螺孔

1）外胶装式支柱绝缘子：将铸铁底座和圆形铸铁帽均用水泥胶合剂胶装在瓷件的外表面，铸铁帽上有螺孔，用来固定母线金具，圆形底座的螺孔用来将绝缘子固定在构架或墙壁上。金属附件胶装在瓷件的外表面，使绝缘子的有效高度减少，电气性能降低，或在一定的有效高度下使绝缘子的总高度增加，尺寸、质量增大，但机械强度较高。这类产品已逐步被淘汰。

2）内胶装式支柱绝缘子：金属附件胶装在瓷件的孔内，相应地增加了绝缘距离，提高了电气性能，在有效高度相同的情况下，其总高度约比外胶装式绝缘子低 40%；同时，由于所用的金属配件和胶合剂的质量减少，其总质量约比外胶装式绝缘子减少 50%。内胶装式支柱绝缘子具有体积小、质量轻、电气性能好等优点，但机械强度较低。

3）联合胶装式支柱绝缘子：上金属附件采用内胶装，下金属附件采用外胶装，而且一般属实心不可击穿结构，为多棱形。尺寸小、泄漏距离大、电气性能好、机械强度高，适用于潮湿和湿热带地区。

（2）户外式支柱绝缘子。户外式支柱绝缘子主要应用在 6kV 及以上屋外配电装置。由于工作环境条件的要求，户外式支柱绝缘子有较大的伞裙，用以增大沿面放电距离，并能阻断水流，保证绝缘子在恶劣的雨、雾天气下可靠工作。结构如图 6-34 所示。

1）针式支柱绝缘子，属空心可击穿结构，较笨重，易老化。

2）棒式绝缘子为实心不可击穿结构，一般不会沿瓷件内部放电，运行中不必担心瓷体被击穿，与同级电压的针式绝缘子相比，具有尺寸小、质量轻、便于制造和维护等优点，逐步取代针式绝缘子。

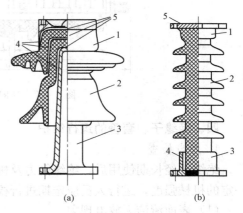

图 6-34　户外式支柱绝缘子结构
（a）针式支柱绝缘子；（b）棒式支柱绝缘子
1—上附件；2—瓷件；3—下附件；
4—胶合剂；5—纸垫

2. 套管绝缘子

套管绝缘子根据结构形式可分为带导体型和母线型两种。带导体型套管，其载流导体与绝缘部分制成一个整体，导体材料有铜和铝，导体截面有矩形和圆形；母线型套管本身不带载流导体，安装使用时，将载流母线装于套管的窗口内。按安装地点可分为户内式和户外式两种。

（1）户内式。户内式套管的额定电压为 6～35kV，采用纯瓷结构。套管一般由瓷套、接地法兰及载流导体三部分组成。

根据载流导体的特征可分为三种形式：采用矩形截面的载流导体、采用圆形截面的载流导体、母线型。前两种套管载流导体与绝缘部分制作成一个整体，使用时由载流导体两端与母线直接相连。绝缘子的结构如图 6-35 所示。

母线型套管本身不带载流导体，安装使用时，将原载流母线装于该套管的矩形窗口内，结构如图 6-36 所示。

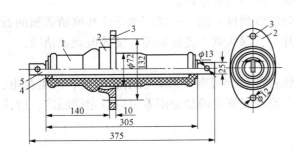

图 6-35　6kV 户内穿墙套管绝缘子结构
1—空心瓷体；2—椭圆法兰；3—螺孔；
4—矩形孔金属圈；5—矩形截面导体

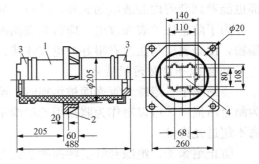

图 6-36　户内母线式穿墙套管结构
1—瓷体；2—法兰盘；3—金属帽；4—矩形窗口

（2）户外式。主要用于户内配电装置的载流导体与户外的载流导体进行连接，以及户外电器的载流导体由壳内向壳外引出。因此，户外式套管两端的绝缘分别按户内外两种要求设计，一端为户内式套管安装在户内，另一端为有较多伞裙的户外式套管。户外式套管的额定电压为 6～500kV。结构如图 6-37 所示。

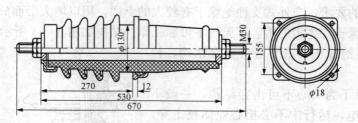

图 6-37　10kV 户外穿墙套管结构示意图

四、绝缘子、套管的运行维护

1. 外表检查

绝缘子经长期使用后，绝缘能力及机械强度将降低，为保证绝缘子有良好的绝缘性能和一定的机械强度，运行人员应定期进行检查维护。

（1）表面清洁无放电现象。

（2）瓷质部分应无裂纹和破损现象。

（3）瓷质部位是否有放电痕迹及其他异常现象。

（4）金具是否有生锈、损坏、缺少开口销和弹簧销的情况。

（5）测量绝缘子的绝缘电阻应满足要求。

（6）检查支持绝缘子铁脚螺丝。

2. 支持绝缘子的沿面放电的检查

运行人员在检查支持绝缘子沿面放电时，应注意观察支持绝缘子铁帽下沿处、上下两瓷件接合处、下瓷件与针脚之间等易放电部位。

3. 瓷套管的检查

瓷套管若发生表面放电，在夜间检查时，会发现外部法兰的放电现象，有时通过套管端部也能看到套管内腔放电的光亮，并有"唰唰"的均匀放电声。

为了防止法兰表面放电，应将它表面的防腐漆刮掉，涂上一层用速干漆和酒精调和的石墨粉，使金属层与法兰有很好的电气连接，并一直深入到大瓷裙表面，使放电现象消除。

4. 绝缘子的防污损措施

当绝缘子、绝缘套管表面被污损时，绝缘性能就会显著下降，会引起闪络、产生爬电。为测定污损度，可以对作为监视用的绝缘子、绝缘套管上的盐分附着量进行定期测定。应注意不超过允许量。

防止绝缘子、绝缘套管受污损的措施有：

（1）清洗绝缘子、绝缘套管，可以采用增强绝缘和隐蔽化等方法。同时带电状态下清洗绝缘子的方法也是广泛采用的一种措施，所用的带电清洗装置有固定喷雾式、水幕式、喷气式等几种，在带电清洗过程中必须到污损监督所规定清洗的限度，因此经常掌握绝缘子、绝缘套管的污损情况是必要的。

（2）涂敷硅脂。定期将硅脂涂敷在绝缘子和绝缘套管上也是一种防止污损的措施。

思考与练习

6-1　母线的作用是什么？

6-2　常见母线的截面形状有哪些，各有什么特点？

6-3　用多条矩形母线时，为何每相最好不超过三条？

6-4　简述分相封闭母线的主要结构与屏蔽原理，其主要优点是什么，适用哪些场所。

6-5　母线为什么要涂漆？

6-6　简述电力电缆的作用和优点。

6-7　请描述电力电缆的基本结构，每一部分的作用及性能要求。

6-8　电缆按绝缘材料分为哪几种？

6-9　电力电缆敷设方式有哪些？

6-10　电力电缆日常巡查的主要内容有哪些？

6-11　绝缘子的作用是什么？对绝缘子的性能有什么要求？

6-12　绝缘子的裙边起什么作用？

6-13　绝缘子的外表检查项目有哪些？

6-14　防止绝缘子、绝缘套管受污损的措施有哪些？

项目七　电气一次系统基本操作

项目描述

学习电气主接线的类型、倒闸操作原则、特点及应用；分析发电厂变电站的电气主接线原则以及典型电气主接线；学习厂（站）用电的基本计算，厂用负荷的类别以及发电厂变电站各种电源的引接方式；分析厂（站）用电系统的运行；认知厂用电电压等级、厂用电源类型及供电方式；分析厂用电接线原则及典型厂用电接线；分析站用电接线及供电方式。

教学目标

知识目标

①掌握电气一次系统的特点和基本操作方式；②掌握厂用电及厂用电率的概念；③掌握厂用负荷分类及供电要求；④掌握厂用电接线中工作电源、备用电源、启动电源、事故保安电源的引接方式。

技能目标

①能识别电气主接线和厂用电接线；②会分析电气主接线的运行方式；③能进行电气一次系统的基本操作。

任务一　电气主系统运行

现代电力系统是一个巨大而严密的整体，各类发电厂和变电站分工完成整个电力系统的发电、变电和配电任务。而发电机、变压器、线路、断路器和隔离开关等独立设备都会在发电厂、变电站的内部按照其功能要求连接起来，形成电能的流通电路，这个完整的电路就是电气主接线。在发电厂中，电气主接线汇集多台发电机的电能，经升压后多路分配给不同的电网用户；在变电站中，电气主接线汇集多个电源的电能，经变压后多路分配给不同的负荷。

电气主接线是发电厂和变电站强电流、高电压的电气部分的主体结构，是构成电力系统的主要环节，也是发电厂、变电站电气运行和设计的首要内容。

一、电气主接线概述

微课 24
电气主接线概述

电气主接线又称为电气主系统或电气一次接线。电气主接线的主要设备及其连接情况用电气主接线图表示。电气主接线图是采用国家规定的电力设备图形与文字符号，按电能生产、传输和分配顺序排列，详细表示电力设备和成套装置的全部基本组成和连接关系的接线图。它不仅表示出各种电气设备的规格、数量、连接方式和作用，而且反映了各电力回路的相互关系和运行条件，构成了发电厂或变电站电气部分的主体。为了读图的清晰和方便，电气主接线图一般用单线图表示（即用单相接线表示三相系统），但对于三相接线不完全相同的局部图面（如各相中电流互感器的配置），则应画成三线图。电气主接线图反映了电力设备的种类和数量，也反映了回路中各设备间的连接关系。电气主接线形式对电气设备选择、配电装置布置、继电保护与自动装置配置起着决定性作用。

表 7 - 1　　　　　　　　　　　**常用电气一次设备的图形和文字符号**

序号	设备名称	图形符号	文字符号	序号	设备名称	图形符号	文字符号
1	交流发电机	Ⓖ	G 或 GS	15	三绕组电压互感器		TV
2	直流发电机	Ⓖ	G 或 GD	16	输电线路		L 或 WL
3	交流电动机	Ⓜ	M 或 MS	17	母线		W 或 WB
4	直流电动机	Ⓜ	M 或 MD	18	电缆终端头		WC
5	双绕组变压器		T 或 TM	19	隔离开关		QS
6	三绕组变压器		T 或 TM	20	隔离插头和插座		X
7	自耦变压器		T 或 TM	21	断路器		QF
8	电抗器		L	22	负荷开关		QL
9	避雷器		FU	23	具有自动释放的负荷开关		QL
10	火花间隙		F	24	接触器		KM
11	电力电容器		C	25	具有自动释放的接触器		KMA
12	整流器		U	26	熔断器		FU
13	电流互感器		TA	27	跌落式熔断器		FU
14	双绕组电压互感器		TV	28	接地		

1. 对电气主接线的基本要求

电气主接线设计应满足可靠性、灵活性和经济性等三项基本要求。

(1) 可靠性。电气主接线的可靠性是指在一定时间内、一定条件下无故障地执行连续供电的能力或可能性。安全可靠是电力生产的首要任务，保证供电可靠和电能质量是对主接线最基本的要求。由于电能不能大量储存，发电、输电、配电、用电必须在同一时刻完成，任何一个环节出现故障都会影响到整体。故障停电不仅使电力部门造成损失，而且也给国民经济带来严重损失。电气主接线形式直接影响主接线的可靠性，其接线形式必须保证供电可靠。事故被迫中断供电的机会越少、影响范围越小和停电时间越短，主接线的可靠性就越高。

电气主接线的可靠性并不是绝对的。同样形式的接线对某些发电厂和变电站来说是可靠的，但对另一些发电厂和变电站就不一定满足可靠性的要求。所以电气主接线的可靠性应与电力系统的要求、发电厂和变电站在电力系统中的地位和作用相适应，在分析电气主接线的可靠性时不能脱离发电厂、变电站在电力系统中的地位、作用及用户的负荷性质等。大型发电厂和变电站，在电力系统中的地位非常重要，其电气主接线应具有高可靠性；对于不重要的用户，太高的可靠性将造成浪费。

同时电气主接线的可靠性在很大程度上取决于设备的可靠程度，采用可靠性高的设备可简化接线。在衡量电气主接线可靠性时主要分析以下几个方面：

1) 断路器检修时是否影响供电。

2) 在设备或线路故障检修时，尽量减少停运的回路数和停运时间，能否保证对Ⅰ类负荷及全部或大部分Ⅱ类负荷的供电。

3) 有无全厂（站）停运的可能性。

在可靠性分析时，应考虑瞬时故障、永久故障及检修停电的影响。目前，对电气主接线可靠性的衡量不仅可以定性分析，而且可以进行定量的可靠性计算。同时，电气主接线可靠性还与运行管理水平和运行值班人员的素质有密切关系。

随着电力工业的不断发展，高质量电气设备不仅可减少事故率，提高可靠性，还可以简化接线。过去认为须带旁路的接线，因 SF_6 断路器的使用，可以去掉旁路；过去认为不够可靠的单母分段，目前广泛采用在发电厂的厂用电接线中。大容量机组及新型设备的投运、自动装置和先进技术的使用，都有利于可靠性的提高，但不等于设备及其自动化元件使用得越多、越新、接线越复杂就越可靠。相反，不必要地多用设备，使接线复杂、运行不便，将会导致电气主接线可靠性降低。

(2) 灵活性。电气主接线的灵活性主要体现在正常运行或故障情况下能迅速改变接线方式，能适应各种运行状态，并能灵活地进行各种运行方式的转换。

1) 调度灵活。能根据电气系统运行的要求，灵活地改变运行方式（投切机组、变压器和线路，调配电源和负荷），以满足在正常、事故、检修以及特殊运行方式下的切换操作要求。

2) 检修灵活。在满足可靠性的前提下，可以方便地停运断路器、母线及其二次设备进行检修，而不影响电网的运行和对其他用户的供电。但接线应力求简单，复杂的接线不仅不便于操作，往往还会造成运行人员误操作而发生事故。

3) 扩建灵活。一般发电厂和变电站都是分期建设的，从初期建设到最终接线的形成，期间要经过多次扩建。能根据扩建的要求，方便地从初期接线过渡到最终接线，在不影响连续供电或停电时间最短的情况下，投入新机组、变压器或线路，且不互相干扰，对一次设备和二次设备的改造为最少，设备的搬迁最少或不进行设备搬迁。

（3）经济性。电气主接线应在满足可靠性和灵活性的前提下，从以下几个方面做到经济性：

1）投资少。电气主接线应力求简单清晰，节省断路器、隔离开关、互感器等一次设备；相应地控制和保护简单，节省二次设备与控制电缆；能限制短路电流，以便于选择价格合理的电气设备或轻型电器等，使发电厂或变电站尽快发挥经济效益。

2）占地面积小。在选择接线方式时，要考虑设备布置的占地面积大小，力求减少占地，节省配电装置征地的费用。对大容量发电厂或变电站，在允许的情况下，应采取一次设计，分期投建。

3）年运行费用小。年运行费用包括电能损耗费、折旧费、大修费、小修费及维护费等。合理地选择设备形式和额定参数，结合工程情况恰到好处，避免以大代小、以高代低。

发电厂、变电站电气主接线的可靠性、灵活性和经济性是一个综合概念，不能单独强调其中的某一特性，也不能忽略其中的某一种特性。但根据变电站在电力系统中的地位和作用的不同，对变电站电气主接线的性能要求也有不同的侧重。例如，电力系统中的超高压、大容量发电厂和枢纽变电站因停电会对电力系统和用户造成重大损失，故对其可靠性要求就特别高；电力系统中的中小容量发电厂和中间变电站或终端变电站因停电对电力系统和用户造成的损失较小，这类变电站的数量特别多，故对其电气主接线的经济性就要特别重视。

2. 电气主接线的基本形式

电气主接线的基本组成是电气设备，基本环节是电源（发电机或变压器）、母线和出线（馈线）。当电源数和出线数不相等时，为了便于电能的汇集和分配，采用母线作为中间环节，可使接线简单清晰，运行方便，有利于扩建。母线也称汇流母线，起汇集、分配、传输电能的作用，是电气主接线和配电装置的重要环节。它把每一引出线和每一电源横向连接起来，使每一引出线都能从每一电源得到电能。当同一电压等级配电装置中的进出线数目较多时，常需设置母线。对于进出线数目少、不再扩建和发展的电气主接线，不设置母线而采用简化的中间环节。因此根据是否有母线，电气主接线的基本形式可以分为有母线和无母线两大类。有母线的接线形式又分为单母线接线、双母线接线、一台半断路器接线等不同形式。在有母线类接线中，为了减少母线中功率及电压的损耗，应合理地布置出线和电源的位置，减少功率在母线上的传输。无母线的接线形式分为桥形接线、角形接线和单元接线等不同形式。

二、单母线类接线

单母线类接线是有母线接线中最简单的接线形式，根据可靠性的不同，单母线类接线有不同的接线形式。

（一）单母线接线

1. 接线特点

当进线和出线回路数不止一回时，为适应负荷变化和设备检修的需要，使每一回路引出线均能从任一电源取得电能，或任一电源被切除时，仍能保证供电，在引出回路和电源回路之间，用母线连接。单母线接线如图 7-1 所示。断路器 QF 用以正常工作时接通与断开该回路，故障时切断故障电流；断路器两侧装有隔离开关 QS，用以将电源与停运设备可靠隔离，并在断开电路后建立明显可见的断开点，以保证检修的人身安全。在单母线接

微课 25
单母线接线

线中，各回路都装有 1 台断路器，断路器的两侧各装有 1 台隔离开关，出线 L2 通过断路器 2QF 和隔离开关 2QS₁、2QS₂连接到母线 W 上。与母线相连接的隔离开关 2QS₁ 称为母线隔离开关，与线路相连接的隔离开关 2QS₂ 称作线路隔离开关。

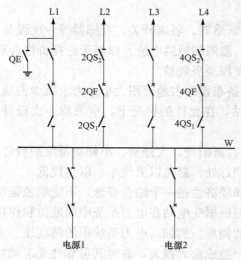

图 7 - 1　单母线接线

QF 为断路器；QS 为隔离开关；W 为母线；
L 为线路；QE 为接地开关

接地开关 QE 在检修时闭合，用以保证检修安全。当电压等级在 110kV 及以上时，线路隔离开关或断路器两侧的隔离开关（布置较高时）都应配置接地开关，35kV 及以上母线应配置 1～2 组接地开关或接地器，以代替人工挂接地线，保证出线、断路器和母线检修时，检修人员的安全。

在电源回路中，若断路器断开之后，电源不可能向外送电能时，断路器与电源之间可以不装隔离开关，如发电机出口。若线路对侧没有其他电源时，则线路侧也可不装设隔离开关。单母线接线的接线特点是只有一组母线，所有电源及出线，均通过断路器和隔离开关连接在该母线上。各出线回路输送功率不一定相等，应尽可能使负荷均衡地分配于母线上，以减少功率在母线上的传输。

2. 倒闸操作

根据断路器和隔离开关的特性，送电时先推上隔离开关后合线路断路器，而停电时先断开线路断路器后拉开隔离开关。这是因为断路器有灭弧能力，而隔离开关没有灭弧能力，必须用断路器来切断负荷电流，若直接用隔离开关来切断电路，则会产生电弧造成短路等事故。

以图 7 - 1 线路 L2 为例，电路的操作顺序如下。

（1）线路 L2 送电顺序：①合母线隔离开关 2QS₁；②合线路隔离开关 2QS₂；③合断路器 2QF。

（2）线路 L2 停电顺序：①断开断路器 2QF；②断开线路隔离开关 2QS₂；③断开母线隔离开关 2QS₁。

上述断路器与隔离开关的操作顺序必须严格遵守，绝不允许带负荷拉合隔离开关等误操作事故发生。为了防止误操作，在断路器与隔离开关之间应加装闭锁装置。

在停送电的操作过程中，隔离开关的操作也有先后顺序。主要为避免断路器的实际开合状态与指示状态不一致时，误操作发生在母线隔离开关上，产生的电弧会引起母线短路，使事故扩大。例如停电操作时，隔离开关的操作顺序是先拉开负荷侧隔离开关 2QS₂，后拉开母线侧隔离开关 2QS₁，这是因为如果在断路器未断开的情况下，发生线路带负荷拉隔离开关，将发生电弧短路，故障点在线路侧，继电保护装置将跳开断路器 2QF，切除故障，这样只影响到本线路，对其他回路设备（特别是母线）运行影响甚小。若先拉开母线侧隔离开关 2QS₁，后拉开负荷侧隔离开关 2QS₂，若故障点在母线侧，继电保护装置将跳开与母线相连接的所有电源侧断路器，导致全部停电，扩大事故影响范围。送电操作时，应先合母线侧隔离开关 2QS₁，再合负荷侧隔离开关 2QS₂，原因与停电操作时相似，读者可自行分析。

若母线停用时，先将线路 L1～L4 停电，然后将电源 1 和电源 2 停电即可。但母线侧隔离开关如 2QS₁ 检修时，由于其静触头连接在母线上，所以，必须将母线停电，即整个配电装置都停电。

3. 优缺点

单母线接线的优点是接线简单清晰、设备少、操作方便、造价便宜、可扩性好。

单母线接线的缺点是：①可靠性、灵活性差。母线故障、母线和母线侧隔离开关检修时，需全部停运母线上所有回路，造成全厂或全站长期停电。②当任一断路器检修时，其所在回路也将停运。

4. 适用范围

单母线接线一般只适用于不重要负荷和中、小容量的水电站和变电站中，主要用于变电站安装一台变压器的情况，并与不同电压等级的出线回路数有关。具体适用范围如下：

（1）6～10kV 配电装置，出线回路数不超过 5 回。

（2）35～66kV 配电装置，出线回路数不超过 3 回。

（3）110～220kV 配电装置，出线回路数不超过 2 回。

由于厂用电系统中的母线等设备全部封闭在高低压开关柜中，这些开关柜具有五防功能，发生母线短路的可能性极小。因此，单母线接线广泛应用于中小型发电厂的厂用电系统中。

（二）单母线分段接线

1. 接线特点

当进出线回路数较多时，采用单母线接线已无法满足供电可靠性的要求，为了提高供电可靠性，把故障和检修造成的影响局限在一定的范围内，可采用隔离开关或断路器将单母线分段。如图 7-2 所示，设置分段断路器 QF_d 将母线分成两段，各段母线为单母线结构，以提高可靠性和灵活性。当可靠性要求不高时，也可利用分段隔离开关进行分段。正常运行时，单母线分段接线有两种运行方式。

微课 26
单母线分段以及
带旁路母线接线

（1）分段断路器闭合运行（并列运行）。正常运行时分段断路器 QF_d 闭合，两个电源分别接在两段母线上。在运行中，当任一段母线发生故障时，继电保护装置动作跳开分段断路器和接至该母线段上的电线源断路器，从而保证另一段非故障母线不间断供电。有一个电源故障时，仍可以使两段母线都工作，可靠性比较好，但是线路故障时短路电流较大。

（2）分段断路器断开运行（分列运行）。正常运行时分段断路器 QF_d 断开，每个电源只向接至本段母线上的引出线供电。当任一电源出现故障，接该电源的母线停电，导致部分用户停电，为了解决这个问题，可以在分段断路器 QF_d 上加装备用电源自动投入装置，或者重要用户可以从两段母线引接采用双回路供电。分段断路器断开运行还可以起到限制短路电流的作用。

在正常情况下检修母线时，可通过分段断路器 QF_d 将待检修母线段与另一段母线断开，而不中断另一段母线的运行。因此，采用断路器分段的单母线接线比不分段的单母线接线和采用隔离开关分段的单母线接线具有更高的可靠性。

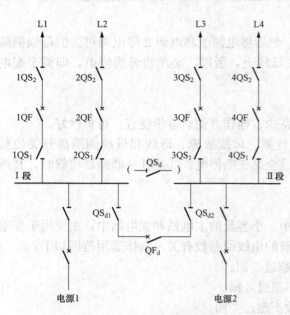

图 7-2 单母线分段接线

QF$_d$为分段断路器；QS$_d$为分段隔离开关

2. 单母线分段接线的优缺点

单母线分段接线简单清晰，经济性好，有一定灵活性，可靠性比单母线接线有了较大提高，任一段母线故障时，继电保护装置可使分段断路器跳闸，保证非故障母线段继续运行，减小了母线故障的影响范围。

单母线分段接线的优点是：

（1）当母线发生故障时，仅故障母线段停止工作，非故障段母线可继续工作，与单母线接线相比缩小了母线故障的影响范围。

（2）两段母线可看成是两个独立的电源，对于双回路供电的重要用户，可将双回路接在不同分段上，保证对重要用户的供电。

单母线分段接线的缺点是：

（1）当一段母线故障或检修时，该段母线上的所有支路必须断开，停电范围较大。

（2）任一出线断路器检修时，该回路必须停电。

（3）当出线为双回路时，常使架空线出现交叉跨越。

（4）扩建时需向两个方向均衡扩建。

3. 适用范围

单母线分段接线的分段的数目取决于电源的数量和容量、电网的接线及主接线的运行方式，通常以 2～3 段为宜，其连接的回路数一般比不分段的单母线接线增加一倍，但仍不宜过多。

（1）6～10kV 配电装置的出线回路数为 6 回及以上，每段所接容量不宜超过 25MW 时。

（2）35～66kV 配电装置，出线回路数为 4～8 回时。

（3）110～220kV 配电装置，出线回路数为 3～4 回时。

（三）单母线分段带旁路母线接线

由于单母线接线在检修进出线断路器时会造成相应回路供电中断。而一些重要用户，要求不停电检修断路器。为解决这个问题，进一步提高供电可靠性，实现回路的不停电检修（检修出线断路器，该出线不停电），可以增设旁路母线。

1. 接线特点

正常时旁路母线不带电，旁路母线接线有三种形式：

（1）设专用旁路断路器。如图 7-3 所示，在单母线分段的基础上增加了旁路母线（Ⅲ母线）、专用旁路断路器 QF$_p$ 及旁路隔离开关 1QS$_p$ 和 2QS$_p$，Ⅰ、Ⅱ母线可以分别通过旁路隔离开关及旁路断路器接到旁路母线上。各出线回路除通过断路器与汇流母线连接外，还通过旁路隔离开关与旁路母线相连接。进出线断路器检修时，可由专用旁路断路器代替，通过旁路母线供电，对单母线分段的运行没有影响。

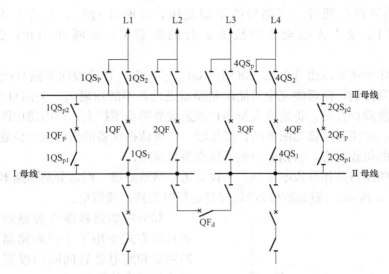

图 7-3　单母线分段带旁路母线接线（专用旁路断路器）

典型操作：当需要检修出线 L1 回路的断路器 1QF 时，使该出线不停电的操作顺序为：①合上隔离开关 $1QS_{p1}$。②合上隔离开关 $1QS_{p2}$。③合上 $1QF_p$，其目的在于给旁路母线（Ⅲ母线）充电，检查旁路母线是否完好，如果旁路母线有故障，$1QF_p$ 在继电保护控制下自动断开，旁路母线不能使用；如果旁路母线完好，则 $1QF_p$ 不会跳闸，旁路母线带电。④断开 $1QF_p$。⑤合上 $1QS_p$。⑥再合上 $1QF_p$，此时出线 L1 已经可以由旁路断路器 $1QF_p$ 代替 1QF 供电。⑦接着断开出线 L1 的断路器 1QF。⑧断开 $1QS_2$。⑨断开 $1QS_1$。

最后在断路器 1QF 两侧布置安全措施后就能实现1QF进行检修，而出线L1不中断供电。

（2）分段断路器兼作旁路断路器。为了减少断路器的数量，节省投资，可以不设专用旁路断路器，而以分段断路器兼作旁路断路器用，如图 7-4 所示。QF_{dp} 为分段断路兼作旁路断路器，并设有分段隔离开关 QS_d。旁路母线平时不带电，按单母线分段并列方式运行（即 QF_{dp}、$0QS_1$、$0QS_2$ 均闭合运行），正常运行时，旁路母线不带电。

典型操作：以如图 7-4 所示的单母分段带旁路母线接线为例，检修 L1 的断路器 1QF 而继续保持对出线 L1 继续供电的操作顺序为：①合上 QS_d，保持电源的并列运行；②断开 QF_{dp}；③拉开 $0QS_2$；

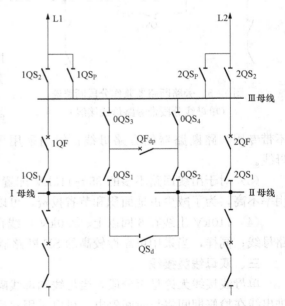

图 7-4　分段断路器兼作旁路断路器
（单母线分段带旁路母线接线）

④合上 $0QS_4$；⑤再合上 QF_{dp}，检查旁路母线是否完好，如果旁路母线有故障，QF_{dp} 在

继电保护控制下自动断开，旁路母线不能使用；⑥断开 QF_{dp}；⑦合上 $1QS_p$；⑧合上 QF_{dp}，为线路 L1 建立连接至 Ⅰ 母线上运行的新通道。⑨断开 $1QF$；⑩拉开 $1QS_2$；⑪拉开 $1QS_1$。

在本例操作中还可以由 Ⅱ 母线—$0QS_2$—QF_{dp}—$0QS_3$—Ⅲ 母线向旁路母线充电；在没有检查母线是否完好前，向母线充电只能用断路器进行，不能用隔离开关向母线充电，否则，一旦母线上有故障存在时，将造成人身伤亡或造成故障范围扩大；当电路中既有断路器，又有隔离开关时，应用断路器切断电路；操作时一定要依据设备的实际运行位置进行，不能假设断路器所处的位置状态，否则会引起误操作事故发生。

（3）旁路断路器兼作分段断路器。不设专用旁路断路器，而以旁路断路器兼作分段断路器用。如图 7-5 所示，该接线两段母线并列运行时旁路母线带电。

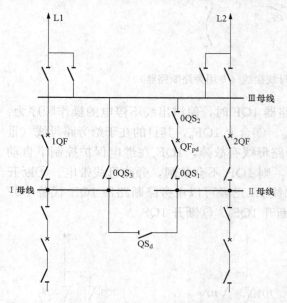

图 7-5 旁路断路器兼作分段断路器
（单母线分段带旁路母线接线）

和分段断路器兼作旁路断路器相比，这种接线方式少用了 1 台断路器，节约了旁路断路器和配电装置间隔的投资，适用于出线回路数不多的情况。

2. 单母分段带旁路母线接线的优缺点

单母线分段接线增设旁路母线后，可以使单母线分段接线在检修任一出线断路器时不中断对该回路的供电。但配电装置占地面积增大，增加了断路器和隔离开关数量，接线复杂，投资增大。

3. 适用范围

单母线分段带旁路母线接线的适用范围为：

（1）6～10kV 出线较多，而且不允许停电检修断路器的重要负荷供电的装置中才设置旁路母线。

（2）35～60kV 配电装置中采用单母线分段接线且断路器无条件停电检修时，可设置不带专用旁路断路器的旁路母线；但当采用可靠性较高的 SF_6 断路器时，可不设置旁路母线。

（3）对于出线回路不多的 35～110kV 配置装置，当出线回路数不多时，旁路断路器利用率不高，为了减少占地面积和节省投资，可以和分段断路器合用。

（4）110kV 出线在 6 回以上、220kV 出线在 4 回以上时，宜采用带专用旁路断路器的旁路母线；同样，当采用可靠性较高的 SF_6 断路器时可不设置旁路母线。

三、双母线类接线

单母线接线无论是否分段，当母线和母线隔离开关故障或检修时，连接在该段母线上的进出线在检修期间将长时间停电，可以采用双母线的接线形式避免这一问题。

（一）双母线接线

1. 接线特点

如图 7-6 所示，双母线接线设有两组 Ⅰ 母线和 Ⅱ 母线，两组母线之间通过母线联络断路器（简称母联断路器）QF_C 连接，每一电源和每一出线回路都经 1 台断路器和 2 台母线隔离开关分别与两组母线连接，这是与单母线接线的根本区别。

2. 运行方式

双母线接线的运行方式有三种：①母联断路器合闸，两组母线并列运行，电源和负荷平均分配在两组母线上，这是双母线常采用的运行方式。当一组母线故障时，在继电保护作用下，母联断路器断开，仅停运故障母线。②母联断路器断开，两组母线分列运行，常用于电力系统最大运行方式下以限制短路电流。③母联断路器断开，电源和负荷都接在工作母线上一组母线工作，而另一组母线备用。这种运行方式下可以根据电力系统需要完成一些特殊的功能。例如：需要单独进行试验（如发电机或线路检修后需要试验）的回路可单独接到备用母线上运行；当采用短路方式进行融冰时，可用 1 组备用母线作为融冰母线而不影响其他回路的工作；利用母联断路器与电力系统进行同期或解列操作等。

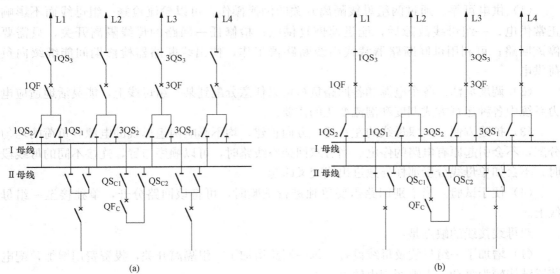

图 7-6　双母线接线

(a) 双母线接线示意图；(b) 双母线特殊运行方式接线示意图

3. 典型操作

任一电源或出线回路由工作母线切换到备用母线或各种运行方式之间转换的基本操作是倒母线，通过倒母线操作，任一回路将不会停电。双母线的倒母线操作的基本原则是：①母联断路器一定要合上，并取下母联断路器的操作保险，使其成为一个"死开关"，以保证操作中两条母线始终并列为等电位，以实现隔离开关的等电位切换。②必须先依次合上所有回路与备用母线相连的隔离开关，再依次断开与工作母线相连的隔离开关。这里隔离开关的"先合后断"也是为了保证隔离开关在等电位下进行操作，而不会产生电弧。

例如在图 7-6 (b) 中，若正常运行时，Ⅰ母线工作，Ⅱ母线备用，检修Ⅰ母线时的倒闸操作步骤为：①依次合母联隔离开关 QS_{C1}、QS_{C2}。②合母联断路器 QF_C，向Ⅱ母线充电，检查Ⅱ母线是否完好。若母线完好，则 QF_C 不会因继电保护动作而跳闸，便可继续倒闸操作。③然后取下母联断路器 QF_C 的操作保险，防止在后续的倒闸操作过程中发生误动作。④为保证不中断供电，按"先通后断"原则进行操作，即先接通备用Ⅱ母线上的隔离开关，再断开工作Ⅰ母线上的隔离开关，以实现回路由Ⅰ母线换接至Ⅱ母线。合上 1QS_2。⑤断开 1QS_1。⑥电源 1、电源 2 以及线路 L2～L4 倒母线操作如上④、⑤顺序。⑦送上母联断路器 QF_C 的操作保险。⑧断开母联断路器 QF_C。⑨最后依次断开母联隔离开关 QS_{C1}、QS_{C2}。

此时Ⅰ母线不带电，Ⅱ母线变为工作母线。

当工作母线或工作母线侧隔离开关故障时，母联断路器及该母线上的断路器在继电保护的作用下，将全部跳开。这时，只要断开故障母线上各出线断路器和各回路母线侧隔离开关，拉开母联断路器两侧的隔离开关，接通各回路的备用母线侧的隔离开关，再接通各电源和出线的断路器，这样故障母线上各回路便迅速在备用母线上恢复运行。

4. 双母线接线优缺点

双母线接线的优点是：

（1）供电可靠。通过两组母线隔离开关的倒换操作，可以轮流检修一组母线而不影响正常供电；一组母线故障后，能迅速恢复供电；检修任一回路的母线隔离开关，只需要停该回路；可利用母联断路器替代出线断路器工作，使出线断路器检修期间能继续向负荷供电。

（2）调度灵活。各个电源和各回路负荷可以任意分配到某一组母线上，能灵活地适应电力系统中各种运行方式调度和潮流变化的需要。

（3）扩建方便。向双母线的左右任一方向扩建，均不影响两组母线的电源和负荷的均匀分配，不会引起原有电路的停电。当有双回架空线路时，可以顺序布置，连接不同的母线段时，不会如单母线分段那样导致进出线交叉跨越。

（4）便于试验。当个别回路需要单独进行试验时，可将该回路分开，单独接至一组母线上。

双母线接线的缺点是：

（1）增加了一组母线及母线设备，每一回路增加了一组隔离开关，投资费用增加，配电装置结构较为复杂，占地面积也较大。

（2）当母线故障或检修变更运行方式时，要用各回路母线侧的隔离开关进行倒闸操作，操作步骤较为复杂，容易误操作。

（3）检修出线断路器时该回路仍然需要停电。

5. 适用范围

由于双母线接线具有较高的可靠性和灵活性，其广泛应用于对可靠性要求较高、出线回路数较多的配电装置中。

（1）6～10kV 配电装置，当短路电流较大、出线需带电抗器时。

（2）35～63kV 配电装置，当出线回路数超过 8 回或连接的电源较多、负荷较大时。

（3）110～220kV 配电装置，出线回路数为 5 回及以上或该配电装置在电力系统中居重要地位、出线回路数为 4 回及以上。

（二）双母线分段接线

不分段的双母线接线在母联断路器故障或一组母线检修，而另一组运行母线故障时，可能造成严重的或全厂（站）停电事故。对于大型发电厂和变电站，双母线接线难以满足其对主接线可靠性的要求。为了减少母线故障的停电范围，可将双母线接线中的一组母线或两组母线用断路器分段，成为双母线三分段接线或双母线四分段接线。双母线分段接线使用的电气设备更多，配电装置也更为复杂。

1. 双母线三分段接线

双母线三分段接线如图 7-7 所示，原双母线接线中的一组母线被分段断路器 QF_3 分为两段（Ⅰ母线和Ⅱ母线），分段Ⅰ母线和Ⅱ母线与另一组母线（Ⅲ母线）之间均采用母联断路器 QF_1、QF_2 连接。

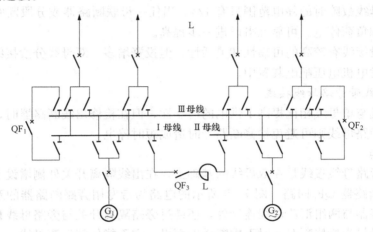

图 7-7　双母线三分段接线

QF_1、QF_2 为母联断路器；QF_3 为母线分段断路器

（1）运行方式。双母线三分段接线有两种运行方式。

1）Ⅰ母线和Ⅱ母线作为工作母线，Ⅲ母线作为备用母线。全部进出线均分在Ⅰ母线和Ⅱ母线两个分段上运行。运行时，电源、线路分别接于Ⅰ母线和Ⅱ母线两个分段上，分段断路器 QF_3 合上，两台母联断路器均断开，相当于分段单母线运行。该接线方式兼有单母线分段接线和双母线接线的特点，有更高的可靠性，运行方式更为灵活。例如，当工作母线的任一段检修或故障时，可以把该段全部倒换到备用母线上，仍可通过母联断路器维持两部分并列运行，这时，如果再发生母线故障也只影响一半左右的电源和负荷。用于发电机电压配电装置时，分段断路器两侧一般还各增加一组母线隔离开关接到备用母线上，当机组数较多时，工作母线的分段数可能超过两段。

2）Ⅰ母线、Ⅱ母线和Ⅲ母线均作为工作母线，电源和负荷均分在三个分段上运行，母联断路器和分段断路器均合上，三段母线并列运行。这种方式降低了全厂（站）停电事故的可能性，可以减小母线故障的停电范围，在一段母线故障时，停电范围约为 1/3。此时没有停电部分还可以按双母线或单母线分段运行。这种接线的断路器及配电装置投资较大，用于进出线回路数较多的配电装置。

（2）适用范围。

1）当 220kV 进出线回路数为 10～14 回时，一般采用双母线三分段接线。

2）大型电厂和变电站的 220kV 主接线，330～500kV 出线为 6 回及以上的大容量配电装置可采用双母线分段接线。

3）在 6～10kV 进出线回路数较多或母线上电源较多，输送的功率较大时，为了限制短路电流或系统解列运行的要求，选择轻型设备，提高接线的可靠性，也常采用双母线分段接线，并在分段处装设母线电抗器，图 7-7 即为带母线电抗器的双母三分段接线。

2. 双母线四分段接线

双母线三分段接线在一组母线检修合并母联断路器故障时，会发生全厂（站）停电事故。为进一步提高大型电厂和变电站主接线可靠性，可将两组母线均用分段断路器分为两段，就构成了双母线四分段接线。当 220kV 进出线回路数为 15 回及以上时可采用此种接线方式。该接线母线故障时的停电范围只有 1/4，当任一母联断路器或分段断路器故障时，只有 1/2 的电源和负荷停电。可靠性得以进一步提高。

双母线分段接线有较高的可靠性和灵活性，但投资增多。双母线分段接线广泛应用于大中型发电厂的发电机电压配电装置中。

（三）双母线带旁路母线接线

双母线接线与单母线相比提高了供电的可靠性，但在检修出线断路器时，该出线仍将会停电，若加装旁路母线则可避免检修断路器时造成短时停电。

1. 接线特点

双母线带旁路母线接线是在双母线的基础上，在出线隔离开关外侧增设了一组旁路母线Ⅲ及专用旁路断路器 QF_p 回路。图 7-8 所示的电路为带专用旁路断路器的双母线接线。各回路除通过断路器与两组汇流母线连接外，还通过旁路隔离开关与旁路母线相连接。应该注意的是旁路母线只为检修断路器时不中断供电而设，它不能代替汇流母线。

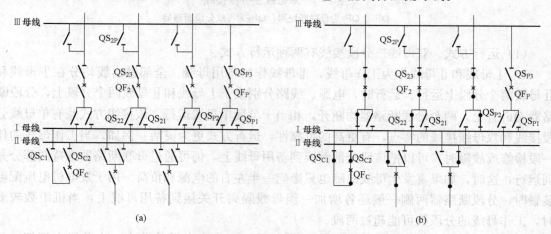

图 7-8　具有专用旁路断路器的旁路母线接线
（a）双母线带旁路母线接线示意图；（b）正常运行方式下双母线带旁路母线接线示意图

除了一般双母线带旁路母线的接线形式外，双母线三分段或双母线四分段均有带旁路母线的接线方式。图 7-9 为双母线四分段带旁路母线接线。

带有专用旁路断路器的接线，多装的断路器增加了投资。当供电有特殊要求或出线数目过多时，整个出线断路器的检修时间较长时可以采用。一般来说，当出线数目不多，安装专用的旁路断路器利用率不高时，为了节省投资，常采用图 7-10 所示的用母联断路器兼作旁路断路器的接线方式。

　　对于母联兼旁路断路器接线的形式要注意的是：正常运行时 QF 起母联断路器作用，当检修断路器时，将所有回路都切换到一组母线上，然后通过旁路隔离开关将旁路母线投入，以母联断路器代替旁路断路器工作。

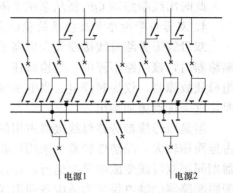

图 7-9　双母线四分段带旁路母线接线

　　2. 运行方式

　　双母线带旁路母线接线在正常运行时，多采用两组母线固定连接方式，即双母线同时运行的方式，此时母联断路器处于合闸状态，并要求部分出线和电源固定连接于 Ⅰ 母线上，另一部分出线和电源连接到 Ⅱ 母线上。两组母线固定连接回路的方式既要考虑供电可靠性，又要考虑负荷的平衡，尽量使母联断路器通过的电流最小。

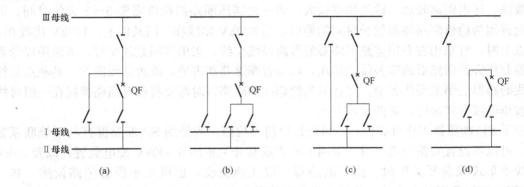

图 7-10　母联兼旁路断路器接线形式
(a) 一组母线能带旁路；(b) 两组母线均带旁路；(c)、(d) 设有旁路跨条，采用母联兼旁路断路器

　　采用两组母线固定连接方式运行时，通常应设置有专用的母线差动保护装置。若一组母线在运行时发生短路故障，与该母线连接的出线、电源和母联断路器将被母线保护装置跳开，以维持非故障母线的正常运行。然后按操作规程将与故障母线连接的出线和电源回路切换到非故障母线上，恢复送电。

　　3. 典型操作

　　带旁路母线的接线是为了提高供电可靠性，在检修断路器时不中断供电而设。例如在图 7-8 (b) 中，若正常运行时，Ⅰ 母线和 Ⅱ 母线为并列运行，互为备用。若出线断路器 QF_2 接头发热需要停电检修处理，此时可通过旁路断路器 QF_P 代替 QF_2 运行，保证线路不停电运行，倒闸操作步骤为：①合上 QS_{P2}。②合上 QS_{P3}。③合旁路联络断路器 QF_P，向旁路母线（Ⅲ 母线）充电，检查 Ⅲ 母线是否完好。若母线完好，则 QF_P 不会因继电保护动作而跳闸，便可继续倒闸操作。④断开 QF_P。虽然隔离开关可以等电位分合电路，但是为了防止在分合的过程中 QF_2 发生故障误跳闸，从而导致带负荷合隔离开关而产生事故，因此正常情况下尽量使用断路器分合电路。⑤合上 QS_{2P}。⑥合上 QF_P。⑦拉开 QF_2。⑧拉开 QS_{23}。⑨拉开 QS_{22}。

此时出线断路器 QF_2 便从系统中隔离开来。

4. 双母线带旁路母线接线的优缺点

双母线带旁路母线接线大大提高了主接线系统的工作可靠性和灵活性。当检修任一回路断路器时，该回路不停电；当检修任一回路母线隔离开关时，只中断该回路的供电；当任一组母线故障时，仅短时停电。当电压等级较高，线路较多，一年中断路器累计检修时间较长时，这一优点更加突出。

但是双母线带旁路母线接线占用的电气设备数量较多，操作、接线及配电装置较复杂，占地面积较大，经济性较差。采用母联兼旁路断路器接线虽然节省了断路器，但在检修断路器期间把双母线变成单母线运行，并且增加了隔离开关的倒闸操作，可靠性有所降低。同时旁路断路器的继电保护为适应各回出线的要求，其整定较为复杂。

5. 适用范围

一般断路器开断的短路故障次数达到需要检修的次数后（或长期运行后），就需要检修，当系统条件不允许停电检修，就需要设置旁路设施。110kV 及以上的高压配电装置中，电压等级高，送电距离较远，输送功率较大，而一台高压断路器检修需要 5～7 天的时间，因此不允许因为检修断路器而较长时间的停电。当 220kV 出线在 4 回及以上、110kV 出线在 6 回及以上时，宜采用有专用旁路断路器的旁路母线接线。当出线回数较少时，可采用以母联断路器兼作旁路断路器的简易接线形式，以节省断路器和占地，改善其经济性。其缺点是检修出线断路器的倒闸操作繁杂，并且每当检修线路断路器时都要将所有回路换接在一组母线上，按单母线方式运行，降低了可靠性。

由于 SF_6 断路器工作可靠性高，可以长时间不检修。当使用 SF_6 断路器且与系统联系紧密时，可不设置旁路设施。对于采用手车式成套开关柜的 6～10kV 配电装置，以及 35kV 单母线手车式成套开关柜时，由于断路器可以快速更换，也可以不设置旁路设施。35～60kV 配电装置采用单母线分段接线且出线断路器无条件检修时，可设置不带专用旁路断路器的旁路母线。当采用双母线接线时，不宜设置旁路母线，条件允许时，可设置旁路隔离开关。

随着 SF_6 断路器的广泛采用和国产断路器质量的提高，系统备用容量的增加，电网结构趋于合理，保护双重化的完善以及设备检修逐步由计划检修向状态检修过渡，为简化接线，总的趋势将逐步取消旁路设施。

（四）一台半断路器接线

微课 28
二分之三接线

一台半断路器接线又称为 3/2 接线，是国内外大机组、超高压电气主接线中广泛采用的一种典型的接线方式。由双母线接线方式从双断路器双母线接线改进而来，不仅减少了断路器的数量，而且兼有环形接线和双母线接线的优点，克服了一般双母线和环形接线的缺点，是一种布置清晰、可靠性高、运行灵活性好的接线。

1. 接线特点

一台半断路器接线形式如图 7-11 所示。这种接线方式由许多"串"并联在两组母线上形成，每两个回路经 3 台断路器接在两组母线之间，构成一串。由多个串构成多环形。在每串中，2 个回路占用 3 台断路器，相当于各占一台半断路器，一台半断路器的名称由此而来。两个回路中间的断路器称为联络断路器，如图 7-11（b）中的

2QF、5QF 和 8QF，靠近母线侧的断路器称为母线断路器，如图中的 1QF、3QF、4QF、6QF 等。

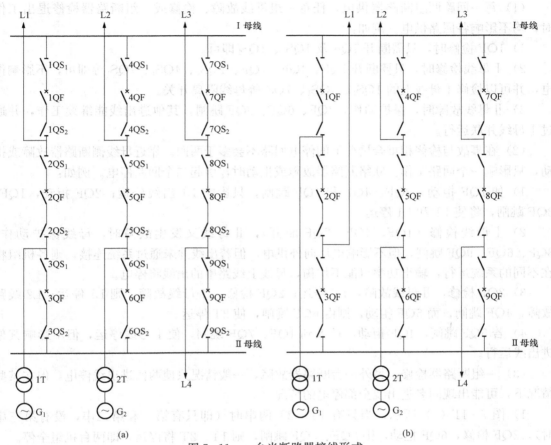

图 7-11　一台半断路器接线形式

(a) 一台半断路器接线示意图；(b) 采用交叉布置的一台半断路器接线示意图

运行中两组母线和同一个串的 3 台断路器都投入运行，称为完整串运行。每一串中任何一台断路器退出运行或检修时，称为不完整串运行。

2. 一台半断路器接线的优点

一台半断路器接线的优点在于：

(1) 可靠性高。每一回路由两组断路器供电，任意一组母线故障、检修或一组断路器检修退出工作时，均不影响各回路供电；在事故与检修相重合情况下的停电回路不会多于两回；靠近母线侧断路器故障或拒动，只影响一个回路工作。

(2) 运行调度灵活。正常时两组母线和全部断路器都投入运行，形成环形供电，运行调度灵活。

(3) 操作检修方便。隔离开关仅作检修时隔离电源用，避免用隔离开关进行倒闸操作；检修断路器时，不需要带旁路的倒闸操作；检修母线时，回路不需要切换。

(4) 一台半断路器接线与双母线带旁路母线比较，隔离开关少，配电装置结构简单，占地面积小，土建投资少，隔离开关不作为操作电器使用，不易因误操作造成事故。

（5）扩建方便。

一台半断路器的可靠性分析示例。

（1）每一回路两组断路器供电，任意一组母线故障、检修或一组断路器检修退出工作时，均不影响各回路供电。例如：

1）1QF 检修时，只需断开 1QF 及 1QS₁、1QS₂ 即可。

2）Ⅰ母线检修时，只要断开 1QF、4QF、7QF、1QS₁、4QS₁、7QS₁ 等即可，不影响供电，并可以检修Ⅰ母线上的 1QS₁、4QS₁、7QS₁ 等母线隔离开关。

3）Ⅱ母线故障时，保护动作，3QF、6QF、9QF 跳闸，其他进出线能继续工作，并通过Ⅰ母线并联运行。

（2）在事故与检修相重合情况下的停电回路不会多于两回。靠近母线侧断路器故障或拒动，只影响一个回路工作。联络断路器故障或拒动时，引起二个回路停电。例如：

1）如 1QF 拒动，2QF、4QF 和 7QF 跳闸，只影响 L1 出线停运；2QF 拒动，1QF、3QF 跳闸，将使 1T 和 L1 停运。

2）Ⅰ母线检修（1QF、4QF、7QF 断开），Ⅱ母线又发生故障时，母线保护动作，3QF、6QF、9QF 跳闸，但不影响电厂向外供电，但若出线并未通过系统连接，则各机组将在不同的系统运行，输出功率可能不均衡，母线上线路串的出线将停电。

3）2QF 检修，Ⅱ母线故障，1T 停运；2QF 检修，Ⅰ母线故障，则 L1 停运；L2 线路故障，4QF 跳闸，而 5QF 拒动，则由 6QF 跳闸，使 2T 停运。

4）若 5QF 跳闸，4QF 拒动，扩大到 1QF、7QF 跳闸，使Ⅰ母线停运，但不影响其他进出线运行。

（3）一组断路器检修，另外一台断路器故障，一般情况只使两回进出线停电，但在某些情况下，可能出现同名进出线全部停电的情况。

1）图 7 - 11（a）所示，当只有 1T、2T 两串时（即只有第一和第二串，没有第三串时），2QF 检修，6QF 拒动，则 3QF、5QF 跳闸，则 1T、2T 将停运，即两台机组全停。

2）L1、L2 是同名双回线，当 2QF 检修，又发生 4QF 拒动，则 1QF、5QF 和 7QF 跳闸，L1 和 L2 同时停运。

（4）为了防止同名回路同时停电，可按图 7 - 11（b）来布置同名回路，即将同名回路交叉布置在不同串中的不同母线侧，采用这种方式来提高系统的可靠性。采用这种布置方式时，当 2QF 检修，6QF 拒动，3QF、5QF、9QF 跳闸，2T 和 L1 停运，但 1T 和 L2 仍继续运行，不会发生同名回路全部停运现象。但交叉布置将增加配电装置间隔、架构和引线的复杂性。

3. 一台半断路器接线的缺点

一台半断路器接线方式的主要缺点是站用断路器、电流互感器等设备多、投资较大。由于每一回路有两个断路器，进出线故障将引起两台断路器跳闸，增加了断路器的维护工作量，另外继电保护和二次线的设置比较复杂。

4. 进一步提高供电可靠性的措施

为了避免两个电源回路或同一系统的两回线路同时停电，进一步提高供电可靠性，同名回路（两个电源回路或两回线路）的配置原则为：

（1）同名回路应布置在不同串中，即同一个串中配置一条电源回路和一条出线回路，以避免联络断路器故障时或一串中母线侧断路器检修，同一串中另一侧回路故障时，使该串中的两个同名回路同时断开。

（2）如一串配两条线路时，应将电源线路和负荷线路配成一串。

（3）只有两串时属于单环形，与角形接线类似，对于特别重要的同名回路，应分别接入不同的母线，称为交叉接线，并且为避免线路检修时需将两台断路器断开，而造成系统解环，进出线应装设隔离开关。当接线的串数多于两串时，也可不采用交叉接线，进出线也可不装设隔离开关。

（4）为使一台半断路器接线优点更突出，接线至少应有三个串（每串为三台断路器）才能形成多环接线，可靠性更高。

5. 适用范围

一台半断路器接线，目前在国内、外已较广泛应用于大型发电厂和变电站的中。在 330～500kV，进线为 6 回及以上的配电装置中，以及在系统中地位重要的配电装置中宜采用一台半断路器接线。

（五）双断路器的双母线接线

双断路器双母线接线如图 7-12 所示。在接线中，每一回路经两台断路器分别接在两条母线上。每一回路可以方便、灵活地接在任一母线上。断路器检修和母线故障时，回路不需要停电。它具有一台半断路器接线的一些优点。当元件较多时母线可以分段。

双母线双断路器接线的主要特点如下：

（1）具有较高的可靠性。断路器检修、母线检修、母线隔离开关检修、母线故障时，回路均可不停电。在断路器故障时仅一回路停电。

（2）运行方式灵活。每一元件经两台断路器分别接在两条母线上，可以方便地分成两个相互独立的部分，各回路可以任意分配在任一组母线。可根据调整系统潮流、限制短路电流、限制故障范围的需要灵活地改变接线。母线故障时，与故障母线相连的所有断路器跳开，不影响任何回路工作。

隔离开关不作为操作电器，只作检修时隔离电源用，不用于倒闸操作，减少了误操作的可能性。处理事故、变换运行方式均用断路器，操作灵活快速、安全可靠。特别是对于超高压系统中的枢纽变电站，这种灵活性有利于快速处理系统故障，增加系统的安全性。

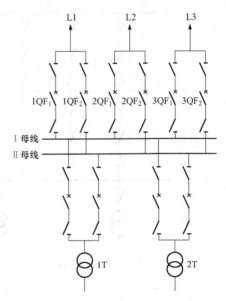

图 7-12　双断路器双母线接线

（3）分期扩建方便。

（4）利于运行维护。与一台半断路器接线相比，二次回路接线较简单，单元性强，有利于运行维护。继电保护容易实现。

（5）设备投资高。在相同回路数情况下，使用断路器数量比一台半断路器接线及双母线接线都多，采用常规设备户外布置时，配电装置造价高，限制了它的使用范围。若采用组合电器，减少设备占地，在地价高的地区配电装置综合造价可能降低。

（六）变压器—母线接线

在超高压配电装置中，为了保证超高压和长距离输电线路的输电可靠性，考虑到变压器是静止的设备，其运行可靠性较高，故障率低，切换操作的次数少的特点，在采用双断路器接线或一台半断路器接线时，为节省投资，变压器不接在串内，而经隔离开关接到母线上形成变压器—母线接线。若变压器台数较多的超高压变电站（如有 4 台变压器），可将两台变压器接在母线上，而另两台变压器接在串内。这种接线不仅可靠性、灵活性均较高，而且也方便布置。

变压器—母线接线的优缺点：

（1）可靠性较高。当任意一台断路器故障或拒动时，仅影响一组变压器和一回线路的供电；母线故障时只影响一组变压器供电；变压器故障时，与该变压器相连母线上的断路器全部跳开，但是这并不影响其他回路的供电。当变压器用隔离开关断开后，母线即可恢复供电。

（2）变压器—母线接线调度灵活，电源和负荷可自由调配，并且有利于扩建。出线采用双断路器，以保证高度可靠性。当线路较多时，出线也可采用一台半断路器接线，如图 7 - 13 所示。

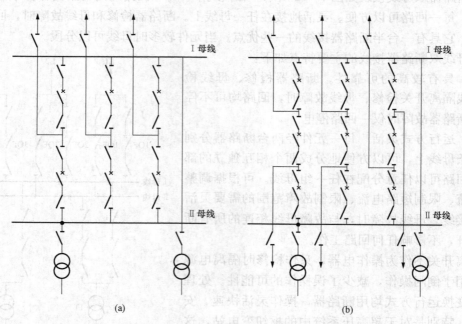

图 7 - 13　变压器—母线接线
（a）变压器—母线接线；（b）一台半断路器变压器—母线接线

（3）变压器故障时，连接于母线上的断路器跳闸，但不影响其他回路工作。再用隔离开关把故障变压器退出后，即可进行倒闸操作使该母线恢复运行。

（4）经济性好。选用质量可靠的主变压器，直接将主变压器经隔离开关接到母线上，对母线运行不产生明显的影响，从而使站用断路器的总数减少，节省了总投资。

这种接线适用于：①发电机台数大于线路数的大型水电厂；②长距离大容量输电线路、系统稳定性问题较突出、要求线路有较高可靠性时；③主变压器的质量可靠、故障率很低时。

四、无母线接线

（一）单元接线

单元接线是把发电机与变压器或线路直接串联连接，除厂用分支外，不设母线之类的横向连线。单元接线是无母线的电气主接线中最简单的一种，也是所有主接线基本形式中最简单的接线形式。按照串联元件不同，单元接线有发电机—变压器单元接线、扩大单元接线和发电机—变压器—线路单元接线三种形式。

微课 29
单元接线

1．发电机—变压器单元接线

（1）接线特点。发电机—变压器单元接线如图 7-14 所示。将发电机和变压器直接连成一个单元组，再经断路器接至高压母线。变压器的容量与发电机的容量相匹配。在发电机和变压器之间接有厂用分支线。发电机—变压器单元接线具有接线简单清晰、设备投资少等优点。

图 7-14（a）为发电机—双绕组变压器单元接线（简称发变组单元接线），发电机和变压器容量相同。由于发电机和变压器不可能单独运行，故发电机出口和厂用分支高压回路不设断路器，只在主变压器高压侧装设断路器作为整个单元的控制和保护，当发电机和主变压器故障时，通过断开主变压器高压侧断路器和发电机的励磁回路来切除故障电流。对于 200MW 及以上机组，发电机引出线采用封闭母线，可不装隔离开关，但为了发电机调试方便应装有可拆的连接点。

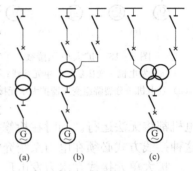

图 7-14　发电机—变压器单元接线
(a) 发电机—双绕组变压器单元接线；
(b) 发电机—自耦变压器单元接线；
(c) 发电机—三绕组变压器单元接线

当高压侧需要连接两个电压等级时，主变压器采用三绕组变压器或自耦变压器，图 7-14（b）、（c）分别为发电机—自耦变压器单元接线和发电机—三绕组变压器单元接线。为了在发电机或厂用分支停运时，不影响高压、中压侧电网间的功率交换，在发电机出口应装设断路器及隔离开关，当高压侧和中压侧对侧无电源时，发电机出口可不设断路器。为保证在断路器检修时不停电，高中压侧断路器两侧均应装隔离开关。

（2）发电机—变压器单元接线的优缺点。发电机—变压器单元接线简单清晰，电气设备少，配电装置简单，投资少，占地面积小；不设发电机电压母线，发电机或变压器低压侧短路时，短路电流小；操作简便，降低故障的可能性，提高了工作的可靠性，继电保护简化。但是任一元件故障或检修全部停止运行，检修时灵活性差。

发电机—变压器单元接线适用于机组台数不多的大、中型不带近区负荷的区域发电厂以及分期投产或装机容量不等的无机端负荷的中、小型水电站。

在发电机—变压器单元接线中，大容量发电机装设出口断路器具有明显的优越性。主变压器或厂用变压器故障时，迅速断开变压器高压侧断路器和发电机出口断路器，有利于发电机和变压器的安全。发电机故障只需断开发电机出口断路器，不需断开变压器高压侧断路器，不会造成高压系统正常运行方式下的接线改变。发电机组正常启、停或事故停机时，只需操作发电机出口断路器，厂用电可由主变压器从系统倒送，不需切换厂用电的操作，大大提高了厂用电的可靠性。由于主变压器可兼作厂用的启动与备用电源，容量大、可靠性高，减少了厂用变压器的台数和容量，简化了厂用电系统接线，具有明显经济效益。

2. 扩大单元接线

（1）接线特点。当发电机容量不大时，可由两台发电机与一台变压器组成单元的接线，称为扩大单元接线，如图 7-15 所示。图 7-15（a）所示是发电机—变压器扩大单元接线。图 7-15（b）所示是发电机—分裂绕组变压器扩大单元接线。

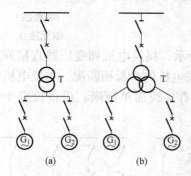

图 7-15　扩大单元接线
(a) 发电机—变压器扩大单元接线；
(b) 发电机—分裂绕组变压器扩大单元接线

在这种接线中，为了使两台发电机可以分别投入运行或当任一台发电机需要停止运行或发生故障时，可以操作该断路器，而不影响另一台发电机与变压器的正常运行，扩大单元接线的每一台发电机回路都装设断路器，并在每台发电机与变压器之间装设隔离开关，以保证停机检修的安全。

（2）扩大单元接线优缺点。扩大单元接线减小了主变压器和主变高压侧断路器的数量，减少了高压侧接线的回路数，从而简化了高压侧接线，相应地减少了配电装置间隔，节省了投资和场地。任一台机组停机都不影响厂用电的供给。

但是当变压器发生故障或检修时，该单元的所有发电机都将无法运行。同时在检修一台发电机时，则会出现变压器严重欠载的运行方式。因此这种接线方式必须在电力系统允许和技术经济合理时才能采用。

扩大单元接线在水力发电厂和火力发电厂中均有应用。在系统有备用容量的大中型发电厂也可采用。

3. 发电机—变压器—线路单元接线

（1）接线特点。发电机—变压器—线路单元接线如图 7-16 所示。它是将发电机、变压器和线路直接串联，这种接线方式实际上是发电机—变压器单元和变压器—线路单元的组合。变压器高压侧靠电厂端是否装断路器，取决于线路长短距离以及线路保护的复杂性和可靠性。目前我国电厂中多数装设有断路器。

（2）发电机—变压器—线路单元接线的优缺点。采用发电机—变压器—线路单元接线不需要在发电厂中设置高压配电装置，电能通过线路直接输送到附近的枢纽变电站和开关站，使电厂结构更为紧凑，节省占地面积，有利于发电厂的布置和运行管理。

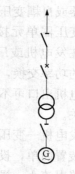

图 7-16　发电机—变压器—
线路单元接线

发电机—变压器—线路单元接线的缺点是当线路或变压器任一环节故障时，都将使发电机发出的电能无法送出。

这种接线方式适用于远离负荷中心、地理位置狭窄的大型发电厂。对于不带近区负荷的梯级开发的发电厂，也可采用该接线方式把电能输送到梯级开发的联合开关站。

（二）桥形接线

当发电厂或变电站中只有两台变压器和两回线路时，可采用桥形接线。桥形接线有内桥和外桥两种接线方式。如图 7-17 所示，桥形接线仅用三台断路器，中间的断路器 QF_3 称为连接桥断路器，连同两侧的隔离开关称为连接桥。连接桥靠近变压器为内桥接线，如图 7-17（a）所示。连接桥靠近线路为外桥接线，如图 7-17（b）所示。桥形接线正常运行时，三台断路器均闭合工作。

微课 30
桥形接线

1. 内桥接线

在内桥接线中，由于另外两台断路器 QF_1、QF_2 接在线路上，这样线路操作比较方便。当线路发生故障时，仅跳开与故障线路相连的断路器，不影响其他回路运行。

当主变压器需要切除和投入时，需要动作两台断路器，会造成其中一回线路暂时停运。例如，变压器 T_1 要停电检修，操作步骤为：①断开 QF_1；②断开 QF_3；③断开变压器 T_1 的低压侧断路器，变压器 T_1 停电；④断开隔离开关 QS_1；⑤合上断路器 QF_3；⑥合上断路器 QF_1，恢复线路 L1 供电。

主变压器送电的操作步骤与停电操作步骤相反。可见，在主变压器 T_1 的投入与切除的过程中，无故障线路 L1 将暂时停运。

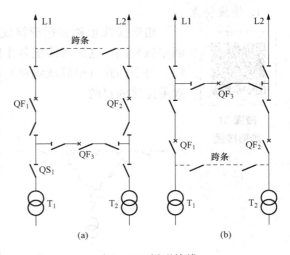

图 7-17　桥形接线
（a）内桥接线；（b）外桥接线

若桥回路故障或检修时，两个单元之间将失去联系；同时，出线断路器故障或检修时，造成该回路停电。为此，在实际接线中可采用设外跨条来提高运行灵活性，如图 7-17（a）虚线部分所示。

内桥接线适用于较长输电线路，故障可能性较大、而变压器不需要经常切换运行方式的发电厂和变电站中，以及电力系统穿越功率较少的场合。

2. 外桥接线

在外桥接线中，连接桥断路器 QF_3 设在靠近线路的一侧，另外两台断路器 QF_1、QF_2 接在主变压器回路中，这样变压器的正常投入和切除非常方便，不会影响其他三个回路的继续运行。当线路发生故障或进行切除和投入时，需要动作与之相连的两台断路器，造成其中一台变压器暂时停运。

桥回路故障或检修时两个单元之间失去联系，出线侧断路器故障或检修时，造成该侧变压器停电，在实际接线中可采用设内跨条来解决这个问题，如图 7-17（b）中虚线部分。加跨条可使连接桥断路器 QF_3 检修时，穿越功率可从跨条中通过，减少了系统的开环机会。

外桥接线适用于两回进线两回出线且线路较短、故障可能性小和变压器需要经常切换，以及电力系统有较大穿越功率通过桥回路的发电厂和变电站中。

3. 桥形接线的优缺点

桥形接线具有接线简单、清晰，设备少，在所有主接线中占用断路器数量最少，经济性好；造价低，易于发展成为单母线分段或双母线接线的特点。为节省投资，在发电厂或变电站建设初期，可先采用桥形接线，并预留位置，随着发展逐步建成单母线分段或双母线接线。桥形接线的缺点是可靠性和灵活性不够高。

桥形接线一般可用于 2 台主变压器配 2 条线路的小容量发电厂或变电站的 35～220kV 配电装置中，或作为最终接线为单母线分段或双母线接线的工程初期接线方式。桥形接线也可用于大型发电机组的启动/备用变压器的高压侧接线方式。

（三）角形接线

1. 接线特点

微课 31
角形接线

角形接线也称多边形接线，如图 7 - 18 所示。角形接线的断路器数与回路数相同。这种接线把各个断路器互相连接起来，形成闭合的单环形接线。每个回路（电源或线路）都经过两台断路器接入电路中，从而达到了双重连接的目的。

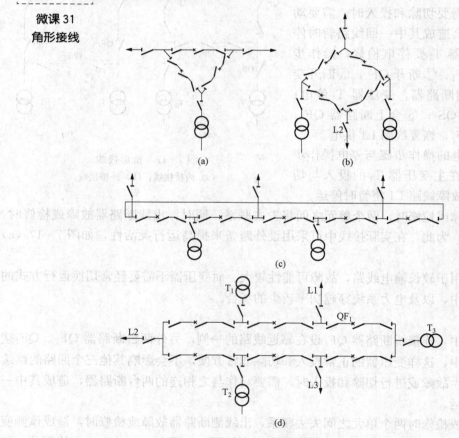

图 7 - 18　角形接线
（a）三角形接线；（b）四角形接线；（c）五角形接线；（d）六角形接线

2. 角形接线的优缺点

角形接线具有如下优点：

（1）闭环运行时具有较高的可靠性。每个回路连接两台断路器，具有双断路器接线的优点，检修任一断路器都不中断供电，也不需要旁路设施。由于不存在汇流母线，在闭环接线中任一段上发生故障，只跳开该段连线两边的断路器，切除一个回路。

（2）平均每一回路装设一台断路器，断路器配置合理，节省投资，经济性很高。

（3）所有隔离开关只作为隔离电器，减少了因隔离开关误操作造成的停电事故，并且容易实现自动化和遥控。

（4）没有母线，占地面积较小，比较适合于地形狭窄地区和洞内的布置。

角形接线缺点有：

（1）当检修任一断路器时，角形接线将变成开环运行，可靠性显著降低。若中间部分的任一回路再发生故障，可能造成两个及以上回路停电，使故障范围扩大，角形接线将被分割成两个互相独立的部分，功率平衡遭到严重破坏，并且随着角数的增加更为突出，所以这种接线最多不超过六角。

（2）由于每一进出线都连接两台断路器，同时每一台断路器又连接两个回路，所以在闭环和开环两种情况下，流过各开关电器的工作电流差别较大，不仅给选择电器带来困难，而且使继电保护的整定和控制回路复杂化。

角形接线除了多边形的"边数"不能太多，即进出线的回路数要受到限制之外，其优点只有在闭环运行和"边数"较少时才能有所发挥，为减少因断路器检修而开环运行的时间和减少开环运行的形式，保证多边形运行的可靠性。设计时应将电源回路与出线回路按对角对称原则配置，以减少设备（如断路器）故障时或开环运行合并一个回路故障时的影响范围。

采用角形接线时，配电装置不易扩建，这种接线方式适用于不需扩建，并且最终进出线为 3～5 回的 110kV 及以上配电装置。

五、发电厂变电站的电气主接线举例

前面介绍的主接线基本形式，从原则上讲它们分别适用于各种发电厂和变电站。但是由于发电厂的类型、容量、地理位置以及在电力系统中的地位、作用、馈线数目、输电距离的远近以及自动化程度等因素，不同发电厂或变电站对运行可靠性、灵活性的要求各不相同，所采用的主接线形式也就各异。例如，大容量的区域性发电厂是电力系统中的主力电厂，其电气主接线就应具有很高的可靠性。担任负荷峰谷变化的燃气发电机组和水轮发电机组的运行方式经常改变、启停频繁，就要求其电气主接线应具有较好的灵活性。

（一）火力发电厂的电气主接线

火力发电厂主要以煤炭作为燃料，所生产的电能除厂用电和直接供地方负荷使用外，都以升高电压送往电力系统。因此，厂址的选定应从以下两方面考虑：一是为了减少燃料的运输，发电厂要建在动力资源较丰富的地方，如煤矿附近的矿口电厂，这种矿口电厂通常装机容量大、设备年利用小时数高，主要用于发电，多为凝汽式火电厂，在电力系统中地位和作用都较为重要，其电能主要是升高电压送往电力系统；二是为了减少电能输送损耗，发电厂建设在城市附近或工业负荷中心，电能大部分都用发电机电压直接送至地方用户，只将剩余的电能升高电压送往电力系统，这种靠近城市和工业中心的发电厂多为热电厂，它不仅生产电能还兼供热能。由于受供热距离的限制，一般热电厂的单机容量多为中、小型机组。无论是凝汽式火电厂或热电厂，它们的电气主接线应包括发电机电压接线形式及 1～2 级升高电压等级接线形式的完整接线，且与电力系统相连接。

当发电机机端负荷比重较大、出线回路数又多时，发电机电压接线一般采用有母线的接线形式。对 100MW 及以上的发电机组，多采用单元接线或扩大单元接线直接升高电压。这样，不仅可以节省设备、简化接线、便于运行，而且能减小短路电流。特别是当发电机容量较大，又采用双绕组变压器构成单元接线时，还可省去发电机出口断路器。

发电厂升高电压等级的接线形式应根据输送容量大小、电压等级、出线回路数多少以及重要性等予以具体分析、区别对待，可以采用双母线、单母线分段等接线，当出线回路数较多时，还应增设旁路母线；当出线数不多，最终接线方案已明确者，也可采用桥形接线、角形接线，对电压等级较高、传递容量较大、地位重要者也可选用一台半断路器接线形式。

为了使发电厂升高电压等级的配电装置布置简单、运行检修方便，一般升高电压等级不宜过多，通常以两级电压为宜，最多不应超过三级。

火力发电厂可分为区域性火电厂和地方性火电厂两大类。

1. 大型区域发电厂的电气主接线

大型区域发电厂一般是指单机容量为 200MW 及以上的大型机组、总装机容量为 1000MW 及以上的发电厂，其中包括大容量凝汽式电厂、大容量水电厂和核电厂等。

大型发电厂在电力系统中占有重要地位，担负着电力系统的基本负荷，设备利用小时数高，其工作情况对电力系统影响较大，所以，要求电气主接线要有较高的可靠性。对于电厂附近没有负荷，则不设置发电机端电压母线，发电机与变压器间采用简单可靠的单元接线直接接入高压或超高压输电系统。

图 7-19 为某大型区域性火电厂主接线简图。发电机和变压器采用最简单、最可靠的单

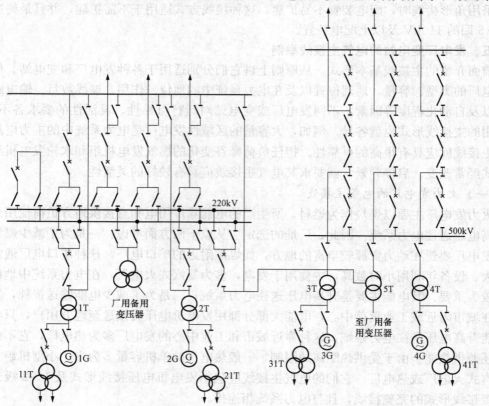

图 7-19 某大型区域性火电厂主接线简图

元接线，直接接入高压配电装置。其中两台 300MW 机组单元接入带专用旁路断路器的 220kV 双母线带旁路母线接线，同时变压器进线回路也接入旁路母线。两台 600MW 机组单元接入 500kV 的一台半断路器接线。220kV 母线接有厂用备用变压器。

2. 中小型地区性电厂的电气主接线

中小型地区性电厂建设在工业企业或靠近城市的负荷中心，通常还兼供部分热能，所以它需要设置发电机电压母线，使部分电能通过 6～10kV 的发电机电压向附近用户供电。机组多为中、小型机组，总装机容量也较小。图 7-20 为某中型热电厂的电气主接线简图。发电机电压采用双母线分段接线，主要供电给地区负荷。为了限制短路电流，在电缆馈线回路中，装有出线电抗器，用来限制在电抗器以外短路时的短路电流；在母线分段处装设有母线电抗器，主要用来限制发电厂内部的短路电流，正常工作时，10kV 母线各段之间，通过分段断路器相联系，分段断路器合上运行，分段上的负荷应分配均衡；各母线之间，通过母联断路器相互联系，以提高供电的可靠性和灵活性。在满足 10kV 地区负荷供电的前提下，将发电机 G_1、G_2 剩余功率通过变压器 T_1、T_2 升高电压后，送往电网。

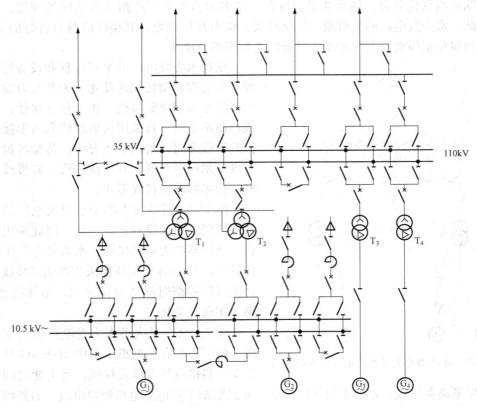

图 7-20　某中型热电厂主接线简图

升高电压有 35kV 和 110kV 两种电压等级。变压器 T_1 和 T_2 采用三绕组变压器，将 10kV 母线上剩余电能按负荷分配送往两级电压系统。由于采用三绕组变压器，当任一侧故障或检修时，其余两级电压之间仍可维持联系，保证可靠供电。35kV 侧仅有两回出线，故采用内桥接线形式；110kV 电压等级由于较为重要，出线较多，采用双母线带旁路母线的接线，并设有专用旁路断路器，其旁路母线只与各出线相连，以便不停电检修断路器。而进线断路器一般故障率较低，未接入旁路。正常运行时，110kV 接线大多采用双母线按固定连接方式并联运行。

（二）水力发电厂的电气主接线

水力发电厂以水能为资源，多建在水能资源丰富的山区峡谷地区，地形比较复杂。为了缩小占地面积，减少土石方的开挖量和回填量，应尽量简化接线，减少变压器和断路器等设备的数量，使配电装置布置紧凑。由于水力发电厂一般距负荷中心较远，绝大多数电能都通过高压输电线送入电力系统。同时水力发电厂的装机台数和容量是根据水能利用条件一次确定的，一般不考虑发展和扩建。但可能因设备供应或负荷增长情况以及由于水工建设工期较长，为尽早发挥设备效益而常常分期施工。

在机组运行特性方面，水轮发电机启动迅速、灵活方便。正常情况下，从启动到带满负荷只需 4～5min；事故情况下耗时更短。火力发电厂则因机、炉特性限制，一般需 6～8h。因此，水力发电厂常被用作系统事故备用和检修备用。对具有水库调节的水力发电厂，通常在洪水期承担系统基荷，枯水期承担峰荷。很多水力发电厂还担负着系统的调频、调相任务。因此，水力发电厂的负荷曲线变化较大、机组开停频繁，其接线应具有较好的灵活性，尽可能地避免把隔离开关作为操作电器以及烦琐倒换操作。

根据水力发电厂的生产过程和设备特点，比较容易实现自动化和远动化。因此水力发电厂的主接线常采用单元接线、扩大单元接线；当进出线回路不多时，宜采用桥形接线和角形接线；当回路数较多时，根据电压等级、传输容量、重要程度可采用单母线、双母线分段，双母线带旁路和一台半断路器接线形式。

图 7-21 所示为中小型水力发电厂的电气主接线简图。由于没有地方负荷，因此采用了发电机—变压器扩大单元接线。水力发电厂扩建可能性较小，其 110kV 高压侧采用四角形接线，隔离开关仅作检修时隔离电压之用，不作操作电器，易于实现自动化。

图 7-22 为某大型水力发电厂电气主接线简图。该厂有 6 台发电机，其中 1G～4G 与分裂绕组变压器接成扩大单元接线，将电能送到 500kV

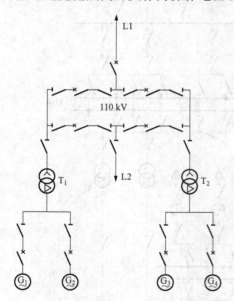

图 7-21　中小型水力发电厂电气主接线简图

的一台半断路器接线，这样不仅简化接线，而且限制了发电机电压短路电流。另外两台大容量机组与变压器组成单元接线，将电能送到 220kV 的带旁路母线的双母线接线。500kV 与 220kV 之间有 1 台自耦联络变压器 5T，自耦变压器的低压侧作为厂用备用电源。

（三）变电站电气主接线

变电站电气主接线的设计也应该按照其在电力系统中的地位、作用、负荷性质、电压等级、出线回路数等特点，选择合理的主接线形式，并满足供电可靠、运行灵活、操作方便、节约投资和便于扩建等要求。

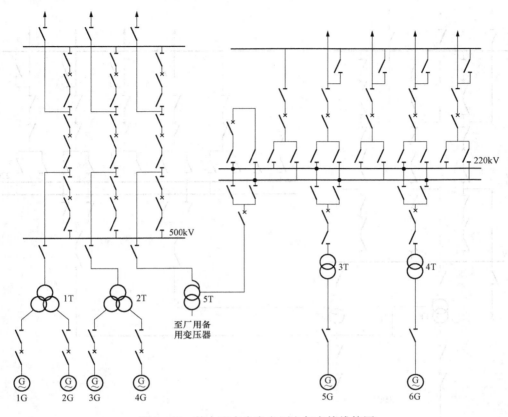

图 7-22　某大型水力发电厂电气主接线简图

　　根据变电站的类别和要求，可分别采用相应的接线方式。通常主接线的高压侧应尽可能采用断路器数目较少的接线，以节省投资，减少占地面积。根据出线数的不同，采取不同的接线形式。变电站的低压侧常采用单母线分段或双母线接线，以便于扩建。6～10kV 馈线应选轻型断路器，若不能满足开断电流及动稳定和热稳定要求时，应采用限流措施。在变电站中，最简单的限制短路电流方法是使变压器低压侧分列运行，一般尽可能不装母线电抗器，原因在于其体积大、价格高且限流效果较小。若分列运行仍不能满足要求，则可装设分裂电抗器或出线电抗器。

　　1. 枢纽变电站的电气主接线

　　枢纽变电站汇集着多个大电源和大功率联络线，在电力系统中具有非常重要的地位。其具有电压等级高、变压器容量大、线路回路数多等特点，对主接线的可靠性要求很高。枢纽变电站的电压等级不宜多于三级，最好不要出现两个中压等级，以免接线过分复杂。

　　图 7-23 是某 500kV 枢纽变电站电气主接线图，500kV 配电装置采用一台半断路器接线形式。为方便 500kV 与 220kV 侧的功率交换，安装两台大容量自耦主变压器。主变压器的第三绕组上引接无功补偿设备以及站用变压器。220kV 侧有多回向大型工业企业及城市负荷供电的出线，供电可靠性要求高，故采用双母线带旁路母线的接线形式。两台主变压器35kV 侧都采用单母线接线，引接无功补偿设备以及站用变压器。

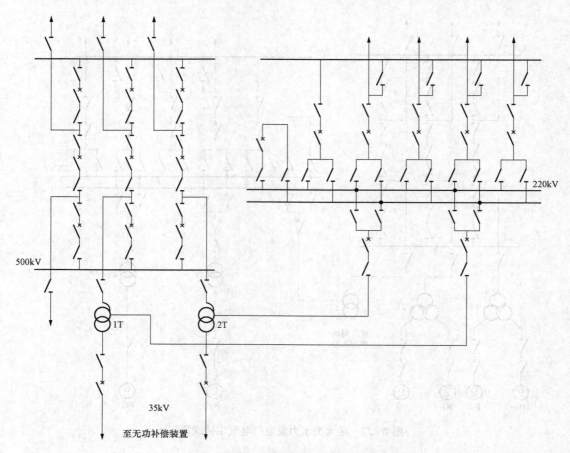

图 7-23　某 550kV 枢纽变电站电气主接线图

2. 区域变电站的电气主接线

区域变电站是向数个地区或大城市供电的变电站，通常是一个地区或城市的主要变电站。区域变电站高压侧电压等级一般为 110~220kV，低压侧为 35kV 或 10kV。中、小容量地区变电站的 6~10kV 侧接线较简单，通常不需要采用限流措施。大容量区域变电站的电气主接线一般较复杂，6~10kV 侧需要采用限制短路电流的措施。

如图 7-24 所示，该变电站有 110kV 和 10kV 两个电压等级，110kV 和 10 kV 侧，均采用单母线分段接线。为了限制短路电流，在变压器低压回路中加装分裂电抗器，在正常工作时各母线分段断路器断开。运行中要求 10kV 各段母线上的负荷分配要大致相等，否则分裂电抗器中的电能损耗增大，且使各段母线电压不等。采用这种限制短路电流的措施后，如还不能将短路电流限制到可以使用轻型断路器时，可在引出线上加装电抗器。一般在变电站中不采用母线分段电抗器，因为它限制短路电流的作用较小。

3. 终端变电站的电气主接线

终端变电站是处于电网末端（包括分支线末端）的变电站。终端变电站的地址靠近负荷点，一般只有两级电压，高压侧电压通常为 110kV 或 35kV，由 1~2 回线路供电，低压侧一般为 10kV，接线较简单。如图 7-25 所示，当变电站供电给重要用户时，装设两台变压器，高压侧有两回电源进线，采用内桥接线。低压侧为单母线分段，重要用户的馈线分别布置在两个不同的分段上，以提高供电的可靠性。

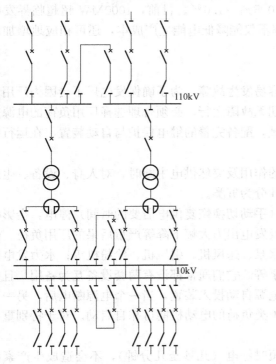
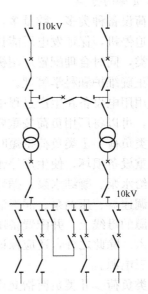

图 7 - 24　某 110kV 中型区域变电站电气主接线　　图 7 - 25　某终端变电站电气主接线简图

任务二　厂（站）用电系统运行

在发电厂和变电站在生产电能过程中，一方面向电力系统输送电能，另一方面发电厂本身也在消耗电能。发电厂中有大量的厂用负荷，用以维持发电厂的启动、运行、停运、检修等正常的生产活动。这些厂用负荷大都由发电厂本身供电，为保证发电厂生产过程自身消耗的电能被称为厂用电。本任务重点讲述厂（站）用电负荷的分类、厂用电压确定、厂用电源的取得以及各种类型发电厂和变电站的厂用电接线特点。

一、厂用电及厂用负荷

1. 厂用电率

发电厂的厂用负荷包括由电动机拖动的机械设备和全厂的运行、操作、试验、检修、照明等用电设备，用以保证主体设备（锅炉、汽轮机或水轮机、发电机等）和辅助设备（油、水、气系统）的正常运行。厂用耗电量的高低与电厂类型、机械化和自动化程度、燃料种类及其燃烧方式、蒸汽参数等因素有关。厂用电耗电量占同一时期内全厂总发电量的百分数，称为厂用电率。厂用电率（K_{cy}）计算公式为

微课 32
厂用电系统及运行

$$K_{cy} = \frac{A_{cy}}{A_G} \times 100\%$$

式中：A_{cy}为发电厂的厂用电量，kW·h；A_G为发电厂的总发电量，kW·h。

厂用电率是发电厂的主要运行经济指标之一。一般凝汽式火电厂的厂用电率为 5％～8％，热电厂为 8％～10％，水电厂为 0.5％～1.0％。目前，1000MW 超超临界发电机组的厂用电率为 4.4％左右。降低厂用电率不仅能降低电能生产成本，还可相应地增加对电力系统的供电量。

2. 厂用负荷的分类

厂用负荷设备种类多、数量多，容易发生故障。为了确保发电厂不会因为厂用负荷的局部故障而被迫停机，保证发电厂能长期无故障运行，必须合理选择厂用负荷的电源来源、接线方式和种类，同时合理配置厂用机械，配备完善的继电保护与自动装置，在运行中需对厂用机械进行正确维护和科学管理。

根据厂用用电设备在生产过程中的作用及突然供电中断时，对人身、设备、生产所造成的危害程度，可以将厂用负荷按重要性分为五类。

（1）Ⅰ类负荷。Ⅰ类负荷指短时（手动切换恢复供电需要的时间）停电，会影响人身安全，造成贵重设备损坏，使生产停顿或发电出力大幅下降等严重后果的厂用负荷。例如火力发电厂中的给水泵、凝结水泵、循环水泵、送风机、引风机、给粉机等；水力发电厂中水轮发电机组的调速器、压油泵、润滑油泵等。它们通常都设有两套设备互为备用，且分别接到两个独立电源的母线上，并配置备用电源自动投入装置，当一个电源断电后，另一个电源就立即自动投入。除此之外，还应保证Ⅰ类负荷的电动机能可靠自启动。对于特别重要的负荷还应设有第三电源。

（2）Ⅱ类负荷。Ⅱ类负荷指允许短时停电（几秒至几分钟），不会造成生产紊乱，但较长时间停电有可能损坏设备或影响机组正常运转的厂用负荷。如火力发电厂的工业水泵、疏水泵、灰浆泵、输煤设备和化学水处理设备等。水力发电厂中大部分厂用电动机都属于厂用Ⅱ类负荷。一般它们均应由两个独立电源供电，并采用手动方式切换。

（3）Ⅲ类负荷。Ⅲ类负荷指较长时间（一般是几小时）停电不会直接影响发电厂生产，仅造成生产上不方便的厂用负荷。例如修理间、试验室、油处理设备等。它们通常由一个电源供电，如果条件许可，也可以采用两个电源供电。

（4）不停电负荷（0Ⅰ类负荷）。随着发电机组容量的增大及自动化水平的不断提高，有些负荷对电源可靠性的要求越来越高，如机组的计算机控制系统就要求电源的停电时间不得超过 5ms，否则就会造成数据遗失或生产设备失控，酿成严重后果。这种机组启动、运行到停机全过程中以及停机后的一段时间内，需要进行连续供电的负荷称为"0Ⅰ"类负荷。这类负荷通过一般的电源自动切换系统已无法满足要求，所以专门采用不停电电源供电。

（5）事故保安负荷。事故保安负荷是指发生全厂停电时，需要继续供电的负荷。这些负荷一般是为了保机炉的安全停运、事故过后能很快地重新启动，或是为了防止危及人身安全等原因而设置。按事故保安负荷对供电电源的不同要求，可分为以下两类：

1）直流保安负荷（0Ⅱ类负荷）。发电厂的继电保护和自动装置、信号设备、控制设备以及汽轮机和汽动给水泵的直流润滑油泵、发电机的直流氢密封油泵、事故照明等，这些负荷均由直流系统供电，称为直流保安负荷。这类负荷要求由独立的、稳定的、可靠的蓄电池组或整流装置供电。

2）交流保安负荷（0Ⅲ类负荷）。在电厂中，要求在停机过程中及停机后的一段时间内仍必须保证供电，否则可能引起主要设备损坏、自动控制失灵或危及人身安全等严重事故的厂用负荷，称为交流保安负荷。如盘车电动机、交流润滑油泵、交流氢密封油泵、消防水泵、顶轴油泵、回转式空气预热器的电动车装置等。

为满足交流保安负荷的供电要求，对大容量机组应设置交流保安电源。平时由交流厂用电供电，一旦失去厂用工作电源和备用电源时，交流保安电源应自动投入。为保证它的供电可靠性，通常由柴油发电机组、燃气轮机组或具有可靠的外部独立电源等作为交流保安电源。

二、发电厂的厂用电接线

1. 厂用电接线的基本要求

厂用电包含大量的机械设备，这些机械设备在生产过程中的作用非常重要，一旦发生故障会对发电厂的安全生产造成严重的影响，进而影响电力系统的安全运行。因此，厂用电的可靠性对电力系统的安全运行非常重要。在现阶段，随着超临界、超超临界参数大容量机组、特大型水轮发电机组、核电厂、双水内冷发电机组、计算机实时控制系统的出现，对厂用电的可靠性提出了更高的要求。

厂用电应满足运行、检修和施工的要求，确保供电可靠，运行灵活，无论在正常、事故、检修以及机组启停情况下均能灵活地调整运行方式，可靠、不间断地实现厂用负荷的供电。

（1）各机组的厂用电系统应该相对独立，特别是 200MW 及以上机组。在任何运行方式下，一台机组故障停运或其辅机的电气故障，不应影响另一台机组的运行，并要求因厂用电故障影响而停运的机组应能在短期内恢复运行。

（2）全厂性公用负荷应分散接到不同机组的厂用母线或单独设置的公用负荷母线。在厂用电系统中，不应存在可能导致多于一个单元机组被切除的故障点，更不应存在导致全厂停电的可能性，应尽量缩小故障影响范围。

（3）充分考虑发电厂正常、事故、检修、启停等运行方式下的供电要求，除配备工作电源外，一般还应配备可靠的启动/备用电源，尽可能地使切换操作简便，启动/备用电源能在短时内投入。

（4）供电电源应尽量与电力系统保持紧密的联系。当机组无法取得正常的工作电源时，应尽量从电力系统取得备用电源，以保证其与电气主接线形成一个整体，一旦机组故障时以便从系统倒送厂用电。

（5）调度灵活可靠，检修调试安全方便，系统接线简单清晰，便于机组的启、停操作及事故处理。充分考虑电厂分期建设和连续施工过程中厂用电系统的运行方式，特别要注意对公用负荷供电的影响，要便于过渡，尽量减少改变接线和更换设置。

（6）设备选用合理、技术先进、节省投资，减少电缆用量。

2. 厂用电设计步骤

（1）确定电压等级，包括厂用高压和低压的电压等级。

（2）选择厂用电接线方式，并确定厂用电工作电源、备用电源或启动电源、事故保安电源的数目及其引接方式。

（3）统计和计算各段厂用母线的负荷。

（4）选择厂用变压器（电抗器）。

（5）进行重要电动机的自启动校验。

（6）厂用电系统短路电流计算。

（7）选择厂用电气设备。

（8）绘制厂（站）用电接线图。

3. 厂用电的电压等级

厂用电的电压等级是根据发电机的容量和额定电压、厂用负荷的额定电压和容量及厂用电供电网络等因素，经过技术经济综合比较后确定的。

由于发电厂中厂用负荷容量相差极大，例如大功率电动机可达几千千瓦以上，而小功率电动机不足 1kW，且发电机组容量越大，所需厂用电动机的功率也越大，选用单一电压等级的电动机往往不能满足要求。因此发电厂的厂用电动机一般是根据其功率大小和供电电压两个因素来确定其额定电压。电压等级过多会造成厂用电接线复杂，运行维护不方便，降低供电可靠性。故厂用电一般采用高压和低压两种电压供电。

当厂用电电压为 3kV 时，电动机额定功率为 100kW 以上选用 3kV，电动机额定功率为 100kW 以下选用 380V；在厂用电电压为 6kV 时，电动机额定功率为 200kW 以上宜选用 6kV，电动机额定功率为 200kW 以下宜选用 380V；在厂用电电压为 3kV 和 10kV 并存时，电动机额定功率为 1800kW 以上选用 10kV，电动机额定功率为 200～1800kW 选用 3kV，电动机额定功率小于 200kW 选用 380V。经技术经济比较，我国有关设计技术规定中指出发电厂可采用 3、6、10kV 等 3 个电压等级作为高压厂用电电压。在满足技术要求的前提下，优先采用较低的电压，以降低运行费用，获得较高的经济效益。

火力发电机组容量在 60MW 及以下，发电机机端电压为 10.5kV，可采用 3kV 作为高压厂用电压；机组容量在 100～300MW 时，宜选用 6kV 作为高压厂用电压；机组容量在 600MW 及以上时，经技术经济比较可采用 6kV 一种电压，也可采用 3kV 和 10kV 两种电压等级作为高压厂用电压。对于小型的水力发电厂，厂用电动机的单机容量一般不大于 100kW，可以不设置高压厂用电压，只采用 380/220V 一种电压等级。在大型水电厂中如装设有大容量的机械设备，如厂房排水、船闸和升船机、闸门启闭、防洪灌溉等水利装置等，采用 6kV 或 10kV 供电。

4. 厂用电源及其引接方式

发电厂的厂用电电源必须供电可靠，除有正常工作电源外，应设有启动/备用电源和事故保安电源，以满足厂用电系统在各种工作状态下的要求。

（1）工作电源。工作电源是保证各段厂用母线正常工作时的电源。它不但要保证供电的可靠性，而且能满足该段厂用负荷功率和电压的要求。由于发电厂都接入电力系统运行，所以厂用高压工作电源，广泛采用发电机电压回路引接的方式。这种引接方式的优点是在发电机组全部停止运行时，仍能从电力系统取得厂用电源，并且操作简单、费用较低。

厂用高压工作电源从发电机回路引接的方式，与发电厂主接线的情况有关，具体情况如下：

1）当有发电机电压母线时，高压工作电源由对应的发电机所接发电机电压母线段上引接，供给接在本段母线上的机组厂用负荷，接线如图 7 - 26（a）所示。若发电机电压与高压厂用母线电压为同一电压等级时，应由发电机电压母线经电抗器引接到高压厂用母线，见图中虚线所示。这种方式适用于中、小容量的发电厂。

2）发电机额定功率为 125MW 及以下时，高压工作电源一般由主变压器低压侧引接，供给本机组作为自用负荷，如图 7-26（b）所示。一般在厂用分支母线上装设断路器，也可采用满足动稳定要求的隔离开关或连接片的接线方式。

3）发电机额定功率为 200MW 及以上时，这时厂用电源一般从发电机出口或主变压器低压侧引接，如图 7-26（c）所示。由于发电机容量为 200MW 及以上的发电机组引出线及厂用分支采用封闭母线，封闭母线发生相间短路故障的机会很少，因此厂用分支可不装设断路器，但应有可拆连接点以便满足检修调试要求。

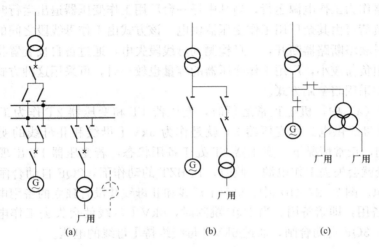

图 7-26　厂用电源引接方式

（a）由发电机电压母线段引接；（b）由主变压器低压侧引接；（c）从发电机出口或主变压器低压侧引接

低压厂用工作电源采用 380/220V 电压等级，一般由高压母线段引接到厂用低压变压器取得。小容量发电厂也可从发电机电压母线或发电机出口直接引接到厂用低压变压器取得。为了限制 380/220V 网络中的短路电流，低压厂用变压器单台容量限制在 2000kVA 范围内。若高压厂用工作电源设有 10kV 和 3kV 两个电压等级，则低压厂用工作电源一般从 10kV 厂用母线引接。

（2）启动/备用电源。厂用备用电源是指在事故情况下失去工作电源时，保证给厂用电供电的备用电源，也称事故备用电源。因此要求备用电源供电应可靠，并有足够大的容量。启动电源是指在厂用工作电源完全消失的情况下，保证使机组快速启动时向必需的辅助设备供电的电源。因此，启动电源实质上是一个备用电源，不过对供电的可靠性要求更高。一般容量在 200MW 及以上机组需设置启动电源。为充分利用启动电源，通常启动电源也兼作备用电源，故称其为启动/备用电源。容量为 125MW 及以下机组的厂用备用变压器主要作为事故备用电源，并兼作机炉检修、启动或停用时的电源。

1）当设有发电机电压母线时，可由与工作电源不同的分段上引出。

2）当无发电机电压母线时，由与电力系统连接可靠的最低一级电压母线上引出，或由联络变压器的第三（低压）绕组引出，并应保证在发电厂全停的情况下，能从外部电力系统取得足够的电源。

3）有两个及以上备用电源时，应分别由两个相对独立的电源引出。

4）在技术经济条件许可下，可由外部电网接一条专用线路供电。

备用电源有明备用和暗备用两种方式。明备用方式指设置专用的备用变压器（或线路）作为备用电源的方式。明备用在正常工况下处于备用状态（停运状态），只有当工作电源因故断开时，才通过备用电源自动投入（简称备自投，BZT）装置进行自动切换，代替工作电源给厂用负荷供电。大型火电厂厂用负荷很大，厂用工作变压器的容量也很大，通常采用明备用方式。

暗备用方式不设专用的备用变压器（或线路），将每台工作变压器容量增大，正常运行时，工作变压器作为工作电源运行，当其中任一台厂用工作变压器退出运行时，该台工作变压器所承担的负荷可由其余厂用工作变压器供电。该方式由工作母线段之间的联络断路器实现，正常运行时联络断路器断开，一旦检测到母线段失电，通过备自投装置将联络断路器自动投入。当厂用负荷较小，厂用工作变压器的容量也较小时，可采用这种方式，如水力发电厂和变电站通常采用暗备用方式。

如图 7-27（a）中，机组正常运行时，变压器 1T 和变压器 2T 作为工作电源分别向 6kV I 母线和 II 母线供电。而变压器 3T 就是作为 6kV I 母线和 II 母线的明备用电源。以 6kV I 母线为例，正常情况下，变压器 3T 处于备用状态，若变压器 1T 出现故障，5QF 跳闸，6kV I 母线就会失去工作电源。此时，在 BZT 的动作下，2QF 自动合闸。保证 6kV I 母线不失去电源。图 7-27（b）中，6kV I 母线和 II 母线并没有独立的备用电源，而是通过 3QF 实现互为备用，即暗备用。当 1QF 跳闸时，6kV I 母线就会失去工作电源。此时，在 BZT 的动作下，3QF 自动合闸，通过 6kV II 母线维持 I 母线的电压。

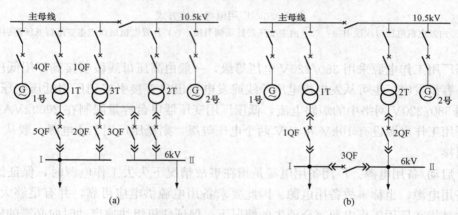

图 7-27 备用电源的两种方式
(a) 明备用；(b) 暗备用

（3）事故保安电源。对于 200MW 及以上的发电机组，当厂用工作电源和备用电源全部消失时，为确保发电机组能顺利停机，不致造成机组弯轴、烧瓦等重大事故，应设置事故保安电源，并能自动投入，保证事故保安负荷的用电。事故保安电源可分为直流和交流两种。直流事故保安电源主要向发电机组的直流润滑系统、事故照明等负荷供电。一般由蓄电池组作为直流事故保安电源。交流事故保安电源的设置有两种形式：①从外部相对独立可靠的其他电源引接；②采用快速启动的柴油发电机。交流保安电源可不再设置备用电源。

（4）交流不停电电源。0 I 类负荷在机组运行期间，以及正常或事故停机过程中，甚至在停机后的一段时间内，需要进行连续供电，如计算机控制系统（DCS）、热工保护、监控仪表、自动装置等，这类负荷对供电的连续性、可靠性和电能质量具有很高的要求，一旦供电中断，将造成计算机停运、控制系统失灵及重大设备损坏等严重后果。因此，在发电厂中还必须设置对这些负荷实现不间断供电的交流不停电电源（UPS），并设立不停电电源母线段。为保证不停电负荷供电的连续性，在正常情况下，不停电电源母线由不停电电源供电。这样，在发生全厂停电时，无须切换不停电母线便能继续供电。只有当不停电电源发生故障时，才需自动切换到本机组的交流保安电源母线段供电；要求在切换时，交流侧的断电时间应不大于 5ms。

5. 厂用电的接线方式

由于厂用电设备多、分布广、所处环境差、操作频繁等原因，厂用电事故在电厂事故中占很大的比例。因此，厂用电系统接线合理，对保证厂用负荷连续供电和发电厂安全运行至关重要。此外，还因为厂用电系统接线的过渡和设备的异常比主系统频繁，如果考虑不周，也会埋下事故隐患。经验表明，不少全厂停电事故是由于厂用电事故引起的，因此，必须把厂用电系统的安全运行提高到足够的高度。

（1）对厂用电接线的要求。

1）供电可靠、运行灵活。应根据电厂的容量和重要性，对厂用负荷连续供电给予保证，并能在日常、事故、检修等各种情况下均能满足供电要求。机组启停、事故、检修等情况下的切换操作要方便、省时，发生全厂停电时，能尽快地从系统取得启动电源。各机组厂用电系统应是独立的。厂用电接线在任何运行方式下，一台机组故障停运或其辅机的电气故障，不应影响另一台机组的运行；厂用电故障影响停运的机组应能在短期内恢复运行；全厂性公用负荷应分散接入不同机组的厂用母线或公用负荷母线。在厂用电系统接线中，不应存在可能导致发电厂切除多于一个单元机组的故障点，更不应存在导致全厂停电的可能性。

2）接线简单清晰、投资少、运行费用低。过多的备用元件会使接线复杂，运行操作烦琐，故障率反而增加，投资运行费用也会增加。

3）接线的整体性。厂用电接线应与发电厂电气主接线密切配合，体现其整体性。本机、炉的厂用电源由本机供电，这样，厂用系统发生故障时，只影响一台发电机组的运行，缩小了事故的范围，接线也简单。同时充分考虑电厂分期建设和连续施工过程中厂用电系统的运行方式，尤其对备用电源的接入和公用负荷的安排要全面规划、便于过渡，尽量减少改变接线和更换设备。

4）设置足够的交流事故保安电源和符合电能质量指标的交流不间断电源。当全厂停电时，可以快速启动和自动投入向保安负荷供电。同时保证不允许间断供电的热工负荷和计算机控制系统（DCS）用电。

（2）高压厂用电接线的基本形式。在火力发电厂中，厂用电负荷设备多、容量高、用电量大，而且分布面较广。为了提高厂用电供电可靠性和经济性，厂用电系统接线通常采用单母线接线，并按炉分段的接线原则，将厂用电母线按锅炉台数分成若干的独立段。凡属同一台锅炉的厂用负荷均接在同一段母线上，与锅炉同组的汽轮机的厂用负荷一般也接在该段母线上，并且尽可能分配均匀，该段母线的电源由其对应的发电机组提供。各独立母线段分别由工作电源和备用电源供电，并装设备用电源自动投入装置，如图 7-28 所示。

厂用母线按炉分段的优点如下：

1）同一台锅炉的厂用电动机接在同一段母线上，既便于管理，又方便检修。

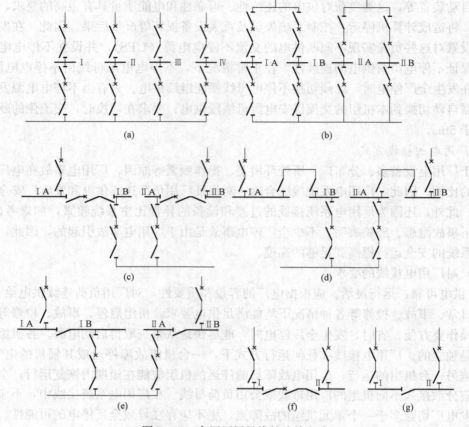

图 7 - 28 高压厂用母线的连接方式

（a）专用备用电源；（b）一炉两段，同一变压器；（c）采用断路器分段；（d）采用隔离开关分段；
（e）采用一组隔离开关分段；（f）两段母线经断路器连接；（g）两段母线经隔离开关连接

2）可使厂用母线事故影响范围局限在一机一炉，不干扰正常机组运行。

3）厂用电回路故障时，短路电流较小，可使用成套的高低压开关柜或配电箱。

当锅炉容量为 220t/h 级时，每台锅炉可由一段母线供电；当锅炉容量为 400～1000 t/h 级时，每台锅炉应由两段母线供电，并将双套附属机械的电动机分别接在两段母线上，两段母线可由一台变压器供电；当每台炉容量为 1000t/h 级以上时，每一种高压厂用电压的母线应设 2 段。

随着汽轮机组容量的不断增大，发电机辅机的容量也越来越大，加之大容量机组都实行机、炉单元集中控制，所以"按锅炉分段"的原则，实际已是"按机组分段"。一般采用可靠性高的成套配电装置。

（3）低压厂用电系统。在以往的发电厂中，由于采用的设备可靠性不高，一旦设备发生故障，将引起厂用电部分或全部消失，因此，为了获得较高的可靠性，不得不采用如低压厂用备用变压器、增加厂用母线段之间的联络线等，导致厂用电接线复杂。大机组电厂低压厂用电系统现广泛采用 PC - MCC 接线。PC 称为动力中心，MCC 称为电动机控制中心。在新建电厂中，由于设备制造水平的提高，设备本身可靠性高，因此，厂用电接线设计为简单的接线，以可靠的设备保证供电的可靠性，这有利于电厂的自动控制。在低压厂用变压器的配置上，低压厂用工作变压器、低压厂用公用变压器均成对设置，采用互为备用方式，不另设专用的备用变压器。

全厂的公用负荷，一般应根据负荷功率及可靠性的要求，分别接到各段母线。当公用负荷较大时，对于不能按炉分段的，可设公用负荷段。

低压厂用接线一般采用配电盘，这样不仅工作可靠，运行维护也比较方便。

三、厂用接线举例

（一）火力发电厂的厂用电接线

1. 热电厂的厂用电接线

图 7-29 为某中型热电厂厂用电接线简图。该电厂使用 2 台发电机组和 3 台锅炉。发电机出口母线采用双母线经电抗器分段接线。用 2 台主变压器与系统电源相联系。厂用电采用 3kV 和 380/220V 两级电压供电。每台锅炉设置一段高压母线。每段高压厂用电由 1 台高压自用变压器单独供电。高压自用变压器采用明备用方式，即用 ♯00T 作为高压备用自用变压器。

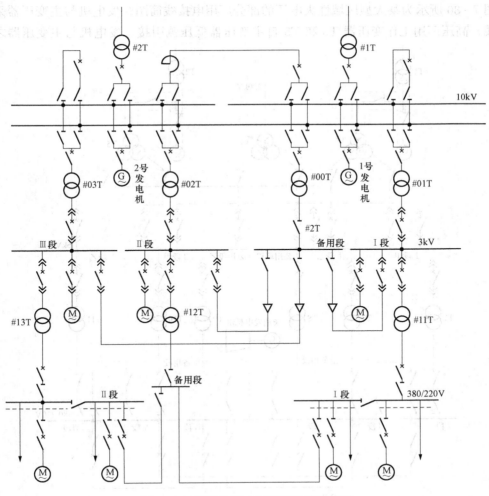

图 7-29　某中型热电厂厂用电接线简图

为提高厂用电源的可靠性，平时发电机电压母线采用双母线同时运行方式运行，高压备用变压器♯00T 和主变压器♯1T 都接于备用主母线上。母联断路器合上，将两台发电机和三台高压工作厂用变压器分别接在工作母线的两段上。这样的运行方式使高压厂用备用变压器与系统联系更紧密，而且能减少主母线故障的影响。当发电机电压母线故障时仍可保证高压备用厂用变压器有电，即提高了它的供电可靠性。正常运行时，♯01T、♯02T、♯03T 分别向 3kV 厂用电的 Ⅰ、Ⅱ、Ⅲ 段母线供电。一旦某台高压工作变压器发生故障退出运行，则备用电源自动投入装置会立即投入备用变压器，恢复该段母线供电。

由于高压厂用电采用成套配电装置，其供电可靠性较高，因此高压厂用母线为单母线接线。高压厂用电动机由高压断路器控制。

低压设有两段母线，每一段用隔离开关分为两个半段，电压采用 380/220V。实行动力照明混合供电方式。和高压段一样也采用明备用方式，设有备用段及备用电源自动投入装置。设置中央屏和车间配电盘，采用分级供电方式供电。

2. 火电厂的厂用电接线

图 7-30 所示为某大型区域性火电厂的部分厂用电接线简图。发电机与主变压器采用单元接线，高压厂用工作变压器 T3 和 T5 自主变压器低压侧引接。发电机与主变压器之间以

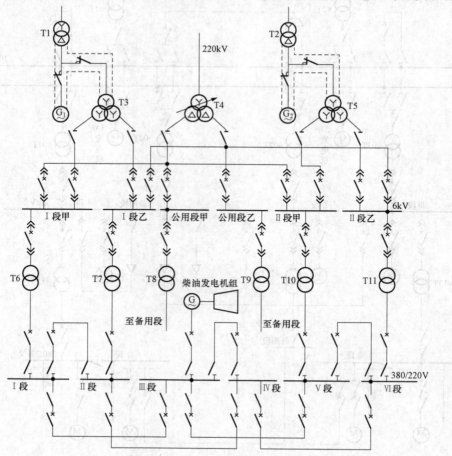

图 7-30 某大型区域性火电厂的部分厂用电接线简图

及厂用分支均采用分相封闭母线。为了限制短路电流，高压厂用工作变压器采用低压分裂绕组变压器。高压厂用启动/备用变压器 T4 为厂用启动变压器兼作备用变压器，引自 220kV 母线。因为工作时必须从系统取得电源，所以采用有载调压的低压分裂绕组变压器。在启动/备用变压器代替工作变压器工作时，为了避免厂用电停电，启动/备用变压器和工作变压器有短时间并联工作，为了补偿升高电压侧与发电机电压侧之间电压的相位差，当工作变压器为 YyY12 接线时，启动/备用变压器应为 YNdd11 接线。

6kV 厂用高压母线，每台锅炉分为两段，启动/备用变压器低压绕组分别接到备用甲、乙两段上，在这两段上还接有公用负荷，故又称作公用段。6kV 高压母线上接有 6 台厂用低压变压器。380/220V 厂用低压母线，每台机组分为两段。在Ⅲ段母线上连接交流事故保安电源快速启动的柴油发电机组，以保证在厂用电源中断时主机能安全地停下来。

（二）水力发电厂的厂用电接线

水力发电厂的厂用机械数量、容量均比同容量火电厂少得多，而且其重要程度与发电机容量有关，并受到水头、流量和水轮机形式及运行方式的影响。不同的水力发电厂，运行特点不一样，水力机械设备和辅助设备不完全相同。但是，在水力发电厂仍有重要的Ⅰ类厂用负荷，如调速系统和润滑系统的油泵、发电机的冷却系统等，因此对其供电可靠性必须要充分考虑。

对于中小型水力发电厂，一般只有 380/220V 级电压，厂用电母线采用单母线分段，且全厂只分两段，两台厂用变压器以暗备用方式供电。对于大型水电厂，380/220V 厂用电母线则按机组台数分段，每段由单独的厂用变压器自各发电机端引接供电。厂用母线按机组分段，每段均有单独，并设置明备用的厂用备用变压器。距主厂房较远的坝区及水利枢纽负荷，可设专用坝区变压器用 6kV 或 10kV 电压供电。

根据水力发电厂电能生产的特点，可以将厂用电分为两类：机组厂用电和全厂公用电。

（1）机组厂用电通常是指机组或发电机—变压器（发变单元）所需要的负荷，其中包括机组自用机械设备，如机组调速器压油装置的压力油泵、机组轴承润滑系统用的油泵、水内冷机组供水泵以及发变单元的变压器冷却系统等用电负荷。

（2）全厂公用电为全厂公共用电的厂用负荷，其中包括空气压缩机、充电机、整流装置、各种排水泵、起重机、闸门启闭设备、滤油机、厂房通风机、电梯、照明、坝区及引水建筑物等处的供电。

图 7-31 是某大型水电厂厂用电接线。该厂除了发电以外，还具有防洪、航运等任务。因此采用 6kV 和 380/220V 两种电压等级。厂内装有 4 台大容量机组，发电机与主变压器采用单元接线。由于该电厂在系统中占有相当重要的地位，要求厂用电具有很高的供电可靠性。厂内公用负荷和自用负荷分开供电。低压母线按机组分段，其电源通过低压厂用变压器引接至每台发电机出口处，因短路电流过大，低压厂用变压器高压侧不设置断路器，设置隔离开关作为断开点。

高压母线分为两段，通过高压厂用变压器分别引接至 1 号发电机和 4 号发电机；在 1 号发电机和 4 号发电机出口均设置出口断路器，确保在机组全停的情况下仍能通过系统倒送电来保证坝区的供电。

（三）核电厂的厂用电接线

核电厂由于其反应堆不论是在运行中或被停闭后，都有很强的放射性，因此不论是在正常状态下，还是事故状态下，核电厂都要尽可能降低放射性物质外逸对周围环境的影响。由

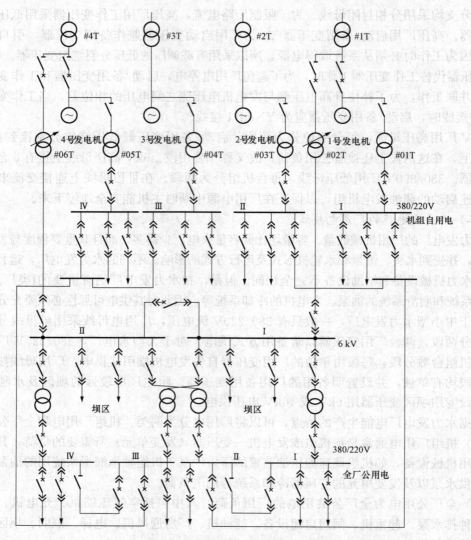

图 7 - 31　某大型水电厂厂用电接线简图

于这些工作主要由厂用电系统来保证，因此在可靠性、安全性等方面，核电厂对厂用电的要求比常规火电厂要高得多。

厂用设备功能分为三类：①核电厂运行所必需的，但在停堆后可以停电的厂用设备。这部分设备仅由工作电源供电。②核电厂运行所必需的，但在停堆后可以持续供电的厂用设备。这部分设备正常状态下由工作电源供电；一旦工作电源停电，由备用电源供电。③执行安全措施的厂用设备。这部分设备正常状态下由工作电源供电；一旦工作电源停电，由备用电源供电；工作电源和备用电源全部停电时，由柴油发电机供电。

图 7 - 32 为某核电厂厂用电系统接线简图。厂用电压等级分为 6kV 和 380/220V 两个电压等级。工作电源取自发电机机端。备用电源取自厂外输电线路，且由 2 台并联工作的备用降压变供电。事故保安电源由应急柴油发电机和直流蓄电池组构成，其中每台核电机组均设置 1 台应急柴油发电机，该发电机能在 10s 内快速启动，并能给保证安全功能的一系列设施供电。

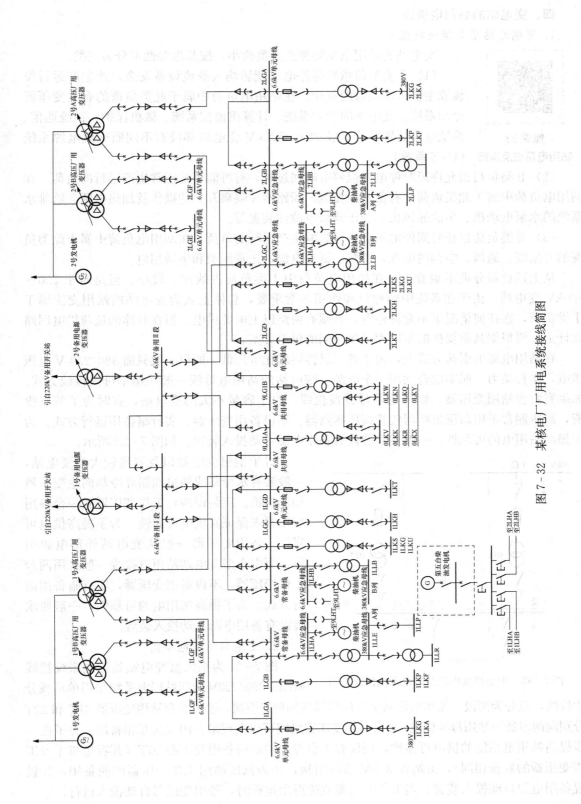

图 7-32 某核电厂厂用电系统接线简图

四、变电站的站用电接线

1. 变电站站用电接线特点

微课 33
站用电系统及运行

变电站的站用电主要特点是负荷小，按其重要性可分为三类。

（1）Ⅰ类负荷指短时停电可能影响人身或设备安全，使生产运行停顿或主变压器减载的负荷。在站用电负荷中属于此类负荷的有主变压器冷却系统、变电站的消防系统、计算机监控系统、微机保护、系统通信、系统远动装置等。一般 220～500kV 变电站都设有不间断交流电源系统（UPS 系统）。

（2）Ⅱ类负荷指允许短时停电，但停电时间过长，有可能影响正常生产运行的负荷。在站用电负荷中属于此类负荷的有蓄电池充电、断路器和隔离开关的操作及加热电源、给排水系统的水泵电动机、事故通风机、变压器带电滤油装置等。

（3）Ⅲ类负荷指长时间停电不会直接影响生产运行的负荷。在站用电负荷中属于此类负荷的有采暖、通风、空调的电源，检修、试验电源，正常照明和生活用电。

从上述负荷分类不难看出，在站用电负荷中Ⅰ类负荷占的比率较小。但是对于 220～500kV 变电站，由于在系统中的地位和作用非常重要，总体上认为变电站的站用交流属于Ⅰ类负荷，在任何情况下不允许停电，必须有两路以上电源供电。但在具体的负荷供电回路设计上，要根据其重要性的不同而采用不同的供电方案。

在站用电源的引接方式上，由于其可靠性要求比电厂低。所以一般只需 380/220 V 电压供电，实行动力、照明混合共用一个电源。变电站的站用电母线一般采用单母线接线方式。如果有两台站用变压器，则采用单母分段接线。对于容量不大的变电站，有时为了节省投资，高压侧常采用高压熔断器代替高压断路器。不设备用变压器，实行暗备用运行方式。为了提高站用电的可靠性，一般要求装设有备用电源自动投入装置。如图 7-33 所示。

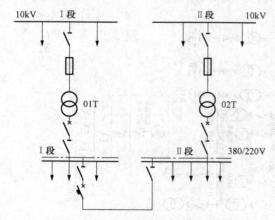

图 7-33　中小型变电站站用电系统接线简图

对于枢纽变电站以及容量较大的变电站，一般装有水冷却或强迫油循环冷却的主变压器和调相机。应装设两台工作变压器和一台备用变压器来保证其供电可靠性。为了提高供电可靠性，备用变压器一般从变电站外部电源引接。而中小型变电站站用电接线一般采用两台工作变压器，不设备用变压器，实行暗备用运行方式。为了提高站用电的可靠性，一般要求装设有备用电源自动投入装置。

2. 变电站站用电举例

图 7-34 为某大型变电站站用电系统接线简图，380/220V 低压站用电系统采用单母线分段接线，且分为两段。站用电源从主变压器低压侧母线引接，通过 2 台站用变压器 21T 和 22T 分别向两段低压站用母线供电，2 台站用变压器之间可以实现暗备用方式互相备用。为了进一步提高站用电系统的供电可靠性，还设有 1 台专用的站用备用变压器 20T（其容量与 1 台工作变压器的容量相同），由站外 35kV 系统引接，作为低压站用工作变压器的明备用，并设置备用电源自动投入装置，当工作变压器故障退出运行时，备用变压器自动投入运行。

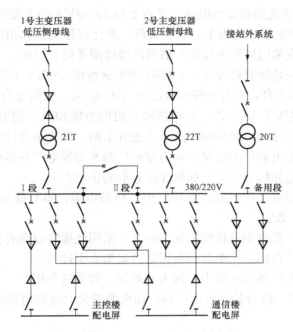

图 7-34　某大型变电站站用电系统接线简图

💡**思考与练习**

7-1　什么是电气主接线？在电气主接线设计中，要平衡考虑哪些因素？

7-2　有母线类接线和无母线类接线各包括哪些基本接线形式？

7-3　在负荷停送电操作中，断路器和隔离开关的操作顺序应如何正确配合，为什么？

7-4　试写出图 7-1 中 L4 线路的送电和停电操作步骤。

7-5　母线分段和带旁路母线各有什么作用？

7-6　图 7-3 中，若 L4 线路的 4QF 要进行检修，试写出使该出线不停电的操作步骤。

7-7　在图 7-6（a）中，若Ⅰ母线和Ⅱ母线同时带电工作，则两回电源进线和四回出线应如何接到两段母线上，才能保证较高的运行可靠性？

7-8　什么是一台半断路器接线？一台半断路器接线有何优缺点？在一台半断路器接线中，为什么要将同名回路布置在不同串的不同母线侧？

7-9　发电机—变压器单元接线，为什么在发电机和双绕组变压器之间可不装设断路器？而在发电机—三绕组变压器单元接线或发电机—自耦变压器单元接线之间，则必须装设断路器？

7-10　内桥和外桥接线各有什么特点，适用条件是什么？在图 7-17 所示内桥和外桥接线中，当线路 L1 需停电检修时，分别应如何操作？

7-11　110kV 有效接地系统中的某一变电站有两台 110/35/10kV，31.5MVA 主变压器，110kV 进线两回、35kV 出线 6 回、10kV 出线 10 回，主变压器 110、35、10kV 三侧接线组别为 Ynyn0d11。如该变电站主变压器需经常切换，110kV 线路较短，有穿越功率 20MVA，请设计并画出该变电站主接线，务求经济合理。

7-12 某 220kV 系统的重要变电站，装有 2 台 120MVA 的主变压器，220kV 侧有 4 回进线，110kV 侧有 6 回出线且均为 I、Ⅱ类负荷，不允许停电检修出线断路器，10kV 侧有 10 回出线，该变电站应采用何种主接线？请画出接线图并简要说明。

7-13 某地新建一垃圾焚烧发电厂，年处理生活垃圾 40 万 t（平均日处理 1200t）。焚烧炉为机械炉排炉，共 3 台，单台处理垃圾能力为 400t／天。安装 2 台 12MW 凝汽式汽轮发电机组，发电机额定电压为 10.5kV。发电机所发出的电能扣除厂用电外，剩余部分的电能全部经升压变压器升至 110kV 经单回线路送入地方电网。试初步设计并画出该厂主接线图。

7-14 什么是厂用电和厂用电率？火力发电厂和水力发电厂有哪些主要厂用负荷？

7-15 厂用负荷是如何分类的？如何保证它们的供电？

7-16 什么是厂用电工作电源、备用电源、启动电源、事故保安电源和交流不停电电源？它们的作用各是什么？

7-17 火力发电厂的自用电接线原则是什么？采用此接线原则有什么好处？

7-18 火力发电厂自用工作电源和备用电源是怎么引接的？

7-19 在火力发电厂备用电源中，何为明备用，何为暗备用？

7-20 试结合图 7-30 分析当发电厂内厂用电源消失时应如何处理？

项目八 配电装置及运行

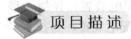

项目描述

学习发电厂、变电站中常用的配电装置的种类、适应范围、运行注意事项等。

知识目标

①掌握配电装置的分类，熟悉配电装置的图纸；②了解屋外配电装置的分类及区别；③了解屋内配电装置的分类及设备的布置；④了解开关柜的结构；⑤了解金属封闭组合电器的结构及应用。

技能目标

①在现场能正确说出配电装置的种类；②能看懂配电装置图纸；③能说出各配电装置的优缺点。

任务一 配电装置的一般知识

配电装置是按主接线要求，由开关设备、保护和测量电器、载流导体和必要的辅助设备组成，按照一定要求建造而成的用来接受和分配电能的电工建筑物。

一、配电装置的分类

配电装置的形式与电气主接线、周围环境和地形等因素有关，按其设置的场所可分为屋内配电装置和屋外配电装置。

（1）屋内配电装置。将电气设备安装在屋内称为屋内配电装置。屋内配电装置需要特殊的房屋，所以土建工程量较大、投资多。但对于电气设备运行、维护的条件较好。

（2）屋外配电装置。将电气设备安装在露天场地称为屋外配电装置。屋外配电装置不需要建筑特殊房屋，土建工程量小，投资少。但电气设备露天安装，受天气条件和周围空气污秽程度的影响较大，运行、维护的条件差，占地面积较大。

配电装置按电气设备的安装方式，可分为装配式和成套配电装置。

1）装配式配电装置。在配电装置的土建工程基本完工后，将电气设备逐件地安装在配电装置之中。装配式配电装置具有建造安装灵活、投资较少、金属消耗量少等优点。但是，其安装工作量大，施工工期较长。

2）成套配电装置。一般指在制造厂根据电气主接线的要求，由制造厂按分盘形式制造成独立的开关柜（或盘），运抵现场后只需进行开关柜（或盘）的安装固定、调整与母线的连接等项工作，便可建成配电装置。成套配电装置具有结构紧凑、可靠性高、占地面积小、建造工期短等优点。但是，它的造价较高、钢材消耗量较大。

选择配电装置的类型，应考虑它在电力系统中地位、作用、地理情况及环境条件等因素，要因地制宜、尽量节约用地，并且结合便于安装、维护、检修和操作等要求，通过技术经济比较后确定。在一般情况下：

35kV 及以下配电装置采用金属封闭高压开关设备时，应采用屋内布置。

66～220kV 配电装置宜采用敞开式中型配电装置或敞开式半高型配电装置。Ⅳ级污秽地区、大城市中心地区土石方开挖工程量大的山区，宜采用屋内敞开式配电装置；当技术经济合理时，可采用气体绝缘金属封闭开关设备配电装置。在地震基本烈度 9 度及以上地区的 110kV 配电装置宜采用 SF_6 全封闭组合电器。

330～750kV 配电装置宜采用屋外敞开式中型布置配电装置，抗震设防烈度 8 度及以上地区，不宜采用敞开支持式硬母线配电装置；在大气污秽严重、场地限制、高抗震设防烈度、高海拔环境条件下，经技术经济论证，可采用气体绝缘金属封闭组合电器。

根据我国特高压交流试验示范工程相关内容，1000kV 配电装置通常采用 SF_6 全封闭组合电器。其中部分采用 GIS（母线、断路器、隔离开关、电流互感器等全部封闭在密闭容器内），部分采用 HGIS（母线不装于气室，其他设备均装于气室）。

二、对配电装置的基本要求

配电装置的设计必须认真贯彻国家的技术经济政策，遵循有关的规程、规范和技术规定，结合电力系统的条件和自然环境特点，考虑运行、检修、施工等方面的要求，积极慎重地采用新设备、新材料、新布置、新结构，合理地选用设备，使配电装置符合技术先进、运行可靠、维护方便、经济合理的要求。

配电装置必须满足以下要求：

（1）配电装置的设计、建造和安装应认真贯彻国家的技术经济政策，遵循有关的规程、规范和技术规定。

（2）根据配电装置在电力系统中地位、作用、地理环境等条件，合理地选择配电装置的形式，确保安全可靠运行。

（3）便于安装、维护、检修和操作。

（4）在保证满足上述各项要求条件下，应尽量少占地，节约三材（钢材、木材和水泥），减少投资。

（5）根据电力系统、发电厂和变电站的需要，有扩建的可能。

三、表示配电装置的图

为了表示整个配电装置的结构，以及其中设备的布置和安装，常用到三种图，即平面图、断面图和配置图。

（1）平面图。平面图按照配电装置的比例进行绘制，并标出尺寸；图中标出房屋轮廓、配电装置间隔的位置与数量、各种通道与出口、电缆沟等。平面图只是为了确定间隔及排列，故可不标出其中所装设备。如图 8 - 1 所示为某 35kV 变电站配电室平面布置图。

（2）断面图。断面图按照配电装置的比例进行绘制，是表明配电装置所取断面间隔中各设备的相互连接及具体布置的结构图。如图 8 - 2 所示为断面示意图。

（3）配置图。配置图是分析配电装置的布置方案和统计所用主要设备的一种示意图。配置图中把进出线、断路器、互感器、避雷器等合理分配于各层间隔中，并表示出导线和电器

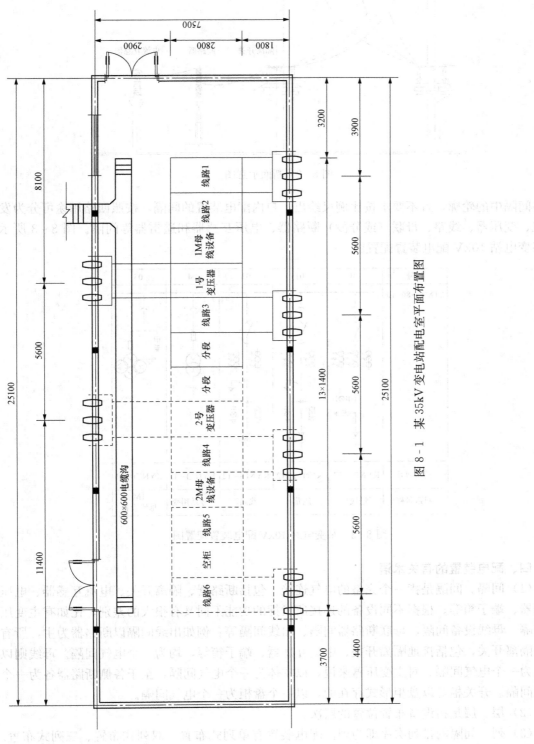

图 8-1　某 35kV 变电站配电室平面布置图

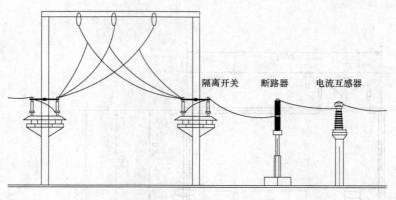

图 8-2　断面示意图

在各间隔中的轮廓，且不要求按比例尺绘出。户内配电装置的间隔，按照回路用途可分为发电机、变压器、线路、母联（或分段）断路器、电压互感器和避雷器等间隔。图 8-3 所示为某变电站 10kV 配电装置配置图。

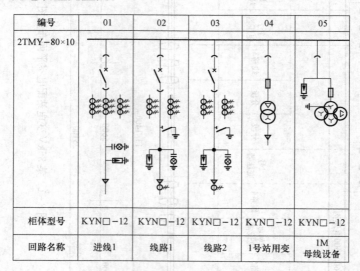

编号	01	02	03	04	05
2TMY-80×10					
柜体型号	KYN□-12	KYN□-12	KYN□-12	KYN□-12	KYN□-12
回路名称	进线1	线路1	线路2	1号站用变	1M 母线设备

图 8-3　某变电站 10kV 配电装置配置图

四、配电装置的有关术语

（1）间隔。间隔是指一个完整的电气连接，包括断路器、隔离开关、电流互感器、电压互感器、端子箱等。根据不同设备的连接所发挥的功能不同又有很大的差别，比如有主变压器间隔、母线设备间隔、母联断路器间隔、出线间隔等。例如出线间隔以断路器为主，所有相关隔离开关，包括接地隔离开关、电流互感器、端子箱等，均为一个电气间隔。母线则以母线为一个电气间隔。对主变压器来说，以本体为一个电气间隔，至于各侧断路器各为一个电气间隔。开关柜等以盘柜形式存在的，以一个盘柜为一个电气间隔。

（2）层。层是指设备布置位置的层次。

（3）列。间隔的排列次序即为列。配电装置有单列式布置、双列式布置、三列式布置。双列式布置是指该配电装置纵向布置有两组断路器及附属设备。

（4）通道。为便于设备的操作、检修和搬运。配电装置在布置时设置了维护通道、操作通道和防爆通道。凡用来维护和搬运各种电器的通道称为维护通道；如通道内设有断路器或隔离开关的操动机构、就地控制屏等，称为操作通道；仅和防爆小室相通的通道，称为防爆通道。

五、配电装置的安全净距

配电装置的整体结构尺寸和设备安装位置，是综合考虑配电装置结构、设备外形尺寸、检修维护和搬运设备、绝缘距离等多种因素而确定的。在配电装置的间隔距离中，最基本的距离是空气中的（最小）安全距离，即 GB 50060－2008《3～110kV 高压配电装置设计规范》中所规定的安全净距。安全净距表示在此距离下，配电装置处于最高工作电压或内部过电压时，其空气间隙均不会被击穿的最小距离。

屋外、屋内配电装置的安全净距见表 8-1 和表 8-2，其中各种安全净距值的检验图如图 8-4～图 8-8 所示。高压配电装置的安全距离是设计的重要依据，设计配电装置的带电部分之间、带电部分与地或通道路面之间的距离，均应不小于规范中所规定的安全净距，并留有足够的裕度，以保证安全可靠运行。

表 8-1　　　　　　　　　　　　**屋外配电装置的安全净距**　　　　　　　　　　　　　（mm）

符号	适用范围	额定电压（kV）							
		3—10	15—20	35	110J	110	220J	330J	500J
A_1	（1）带电部分至接地部分之间。 （2）网状遮拦向上延伸线距离地 2.5m 处与遮拦上方带电部分之间	200	300	400	900	1000	1800	2500	3800
A_2	（1）不同相的带电部分之间。 （2）断路器和隔离开关的断口两侧引线带电部分之间	200	300	400	1000	1100	2000	2800	4300
B_1	（1）设备运输时，其外廓至无遮拦带电部分之间。 （2）交叉的不同时停电检修的无遮拦带电部分之间。 （3）栅状遮拦至绝缘体和带电部分之间。 （4）带电作业时的带电部分至接地部分之间	950	1050	1150	1650	1750	2550	3250	4550
B_2	网状遮拦至带电部分之间	300	400	500	1000	1100	1900	2600	3900
C	（1）无遮拦裸导体带电部分至地面之间。 （2）无遮拦裸导体至建筑物、构筑物顶部之间	2700	2800	2900	3400	3500	4300	5000	7500
D	（1）平行的不同时停电检修的无遮拦带电部分之间。 （2）带电部分与建筑物、构筑物的边沿部分之间	2200	2300	2400	2900	3000	3800	4500	5800

　　注　1. 110J、220J、330J 和 500J 指中性点直接接地系统。

　　　　2. 带电作业时，不同相或交叉的不同回路带电部分之间的 B 值可取 A_2＋750mm。

　　　　3. 本表所列各值不适用于制造厂生产的成套配电装置。

表 8 - 2　　　　　　　　　　　　屋内配电装置的安全净距　　　　　　　　　　　　　（mm）

符号	适用范围	额定电压（kV）									
		3	6	10	15	20	35	60	110J	110	220J
A_1	（1）带电部分至接地部分之间。 （2）网状和板状遮拦向上延伸线距离地2.3m处。与遮拦上方带电部分之间	75	100	125	150	180	300	550	850	950	1800
A_2	（1）不同相的带电部分之间。 （2）断路器和隔离开关的断口两侧引线带电部分之间	75	100	125	150	180	300	550	900	1000	2000
B_1	（1）栅状遮拦至带电部分之间。 （2）交叉的不同时停电检修的无遮拦带电部分之间	825	850	875	900	930	1050	1300	1600	1700	2550
B_2	网状遮拦至带电部分之间	175	200	225	250	280	400	650	950	1050	1900
C	无遮拦裸导体带电部分至地（楼）面之间	2500	2500	2500	2500	2500	2600	2850	3150	3250	4100
D	平行的不同时停电检修的无遮拦带电部分之间	1875	1900	1925	1950	1980	2100	2350	2650	2750	3600
E	通向屋外的出线套管至屋外通道的路	4000	4000	4000	4000	4000	4000	4500	5000	5000	5500

注　1. 110J、220J、330J、500J 系指中性点直接接地系统。

　　2. 当遮拦为板状时，其 B_2 值可取为 $A_1 + 30$mm。

　　3. 通向屋外配电装置的出线套管外侧为屋外配电装置时，其至屋外地面的距离，不应小于表 8 - 1 所列屋外部分 C 值。

　　4. 屋内电气设备外绝缘体最低部位距地距离小于 2.3m 时，应装设固定遮拦。

　　5. 本表所列各值不适用于制造厂生产的成套配电装置。

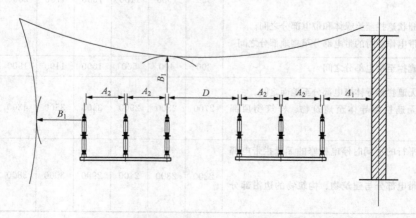

图 8 - 4　屋外配电装置 A_1、A_2、B_1、D 值校验图

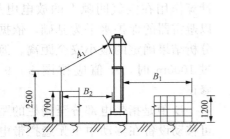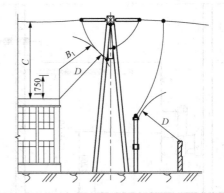

图 8-5 屋外配电装置 A_1、A_2、B_1、B_2、C、D 值校验图

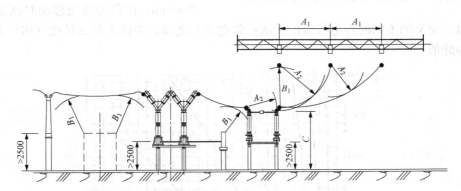

图 8-6 屋外配电装置 A_1、A_2、B_1、C 值校验图

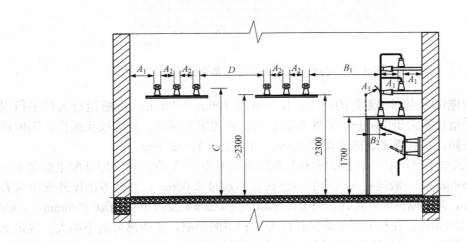

图 8-7 屋内配电装置值 A_1、A_2、B_1、B_2、C

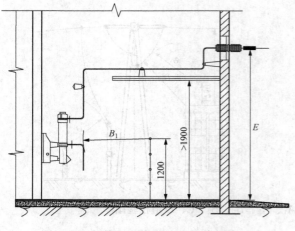

图 8-8 屋外配电装置 B_1、E 值校验图

其中，A 值为基本带电距离，主要依据 DL/T 620—2016《交流电器装置的过电压保护和绝缘配合》中的方法，计算作用在空气间隙上的放电电压值，以避雷器的保护水平为基础，依据计算分析结果确定的最小安全距离。海拔超过 1000m 时，A 值应按图 8-9 进行修正。

B_1 值是指带电部分至栅栏的距离和可移动设备在移动中至无遮拦带电部分的净距，$B_1=A_1+750mm$。一般运行人员手臂误入栅栏时手臂长不大于 750mm，设备运输或移动时摆动也不会大于此值。交叉的不同时停电检修的无遮拦带电部分之间，检修人员在导线（体）上下活动范围也为此值。

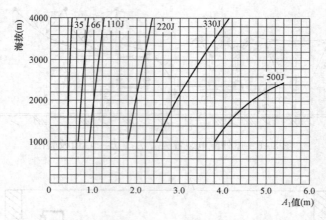

图 8-9 海拔大于 1000m 时 A 值的修正

B_2 值是指带电部分至网状遮拦的净距，$B_2=A_1+70mm+30mm$。一般运行人员手指误入网状遮拦时手指长不大于 70mm，另外考虑了 30mm 的施工误差。若为板状遮拦，则因运行人员手指无法伸入，只需考虑施工误差 30mm，则 $B_2=A_1+30mm$。

C 值是保证人举手时，手与带电裸导体之间的净距不小于 A_1 值，对于屋外配电装置 $C=A_1+2300mm+200mm$。一般运行人员举手后总高度不超过 2300mm，另外考虑屋外配电装置施工误差 200mm。对于屋内配电装置，因条件比屋外好，20kV 及以下 C 值取 2500mm，35kV 及以上 $C=A_1+2300$。在积雪严重地区还应考虑积雪的影响，该距离可适当加大。规定遮拦向上延伸距地 2500mm 处与遮拦上方带电部分的净距，不应小于 A_1 值；以及电气设备外绝缘体最低部位距地小于 2500mm 时，应装设固定遮拦，都是为了防止人举手时触电。

D 值是保证配电装置检修时，人和带电裸导体之间净距不小于 A_1 值，$D=A_1+1800mm+200mm$。一般检修人员和工具的活动范围不超过 1800mm，屋外条件较差，另增加 200mm 的裕度，屋内配电装置则无须再增加裕度，即 $D=A_1+1800mm$。规定带电部分至围墙顶部的净距和带电部分至配电装置以外的建筑物等的净距不应小于 D 值，也是考虑检修人员的安全。

E 值指由出线套管中心线至屋外通道路面的净距，考虑人站在载重汽车车厢中举手高度不大于 3500mm，因此将 E 值定位 35kV 以下时为 4000mm，66kV 为 4500mm，110kV 为 5000mm。若明确为经出线套管直接引线至屋外配电装置时，则出现套管至屋外地面的距离可不按 E 值校验，但不应低于同等电压级的屋外 C 值。

【例 8 - 1】　发电厂的 220kV 配电装置，地处海拔高度 3000m，采用户外敞开式中型布置，构架高度为 20m。请计算该 220kV 配电装置无遮拦裸导体至地面之间的距离应为多少？

解　在海拔 1000m 及以下时，220kV 无遮拦裸导体至地面之间的距离见表 8 - 1 中的 C 值，即 4300mm。而本例中的海拔高度为 3000m，故根据图 8 - 9，A_1 值修正为 2180mm，则修正后的 C 值为

$$C = A_1 + 2300 + 200 = 2180 + 2300 + 200 = 4680 \text{（mm）}$$

综上所述，该电厂 220kV 无遮拦裸导体至地面之间的距离 $L = 4680\text{mm}$。

任务二　屋内配电装置

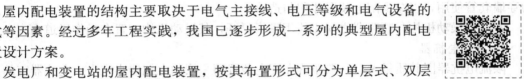

微课 34　屋内配电装置

屋内配电装置的结构主要取决于电气主接线、电压等级和电气设备的形式等因素。经过多年工程实践，我国已逐步形成一系列的典型屋内配电装置设计方案。

发电厂和变电站的屋内配电装置，按其布置形式可分为单层式、双层式和三层式等几种类型。单层式配电装置是把所有的电气设备布置在一层建筑物的房屋内，适用于单母线和双母线接线、无出线电抗器的小型发电厂或各种变电站中。单层式配电装置占地面积较大，如容量不太大，通常采用成套开关柜。双层式配电装置是把母线和母线隔离开关布置在配电装置二层，将断路器、限流电抗器、电压互感器和出线隔离开关等设备布置在配电装置一层，双层式配电装置具有占地较少、运行与检修较方便、综合造价较低等特点，适用于单母线和双母线接线、有出线电抗器的小型发电厂或各种变电站中。三层式屋内配电装置与两层式屋内配电装置相比，具有土建结构复杂、建筑、安装的施工量大、造价较高、巡视时间长、操作不方便等缺点，近年新设计的屋内配电装置很少采用三层式。

一、装配式屋内配电装置的布置要求

在进行电气设备配置时，首先应从整体布局上考虑，满足以下要求。

（1）同一回路的电气设备和载流导体布置在同一间隔内，保证检修安全和限制故障范围。

（2）在满足安全净距要求的前提下，充分利用间隔位置。

（3）较重的设备如电抗器、断路器等布置在底层，减轻楼板荷重，便于安装。

（4）出线方便，电源进线尽可能布置在一段母线的中部，减少通过母线截面的电流。

（5）布置清晰，力求对称，便于操作，容易扩建。

下面仅就具体设备、间隔、小室和通道等介绍装配式屋内配电装置的几个有关问题。

1. 母线与母线隔离开关

母线一般布置在配电装置上部，母线布置形式有水平、垂直和三角形三种。母线水平布置可以降低配电装置高度，便于安装，通常在中小型发电厂或变电站中采用。母线垂直布置时，母线间一般用隔板隔开，其结构复杂，且增加配电装置的高度，它一般适用于短路电流较大的中型发电厂或变电站。母线三角形布置适用于 $10\sim35kV$ 大、中容量的配电装置中。

配电装置中两组母线之间应设隔板，以保证有一组母线故障或检修时不影响另一组母线工作。同一支路母线的相间距离应尽量保持不变，以便于安装。为避免温度变化引起硬母线产生危险应力，当母线较长时应安装母线伸缩节，一般铝母线长度为 $20\sim30m$ 设一个伸缩节；铜母线 $30\sim50m$ 设一个伸缩节。

母线隔离开关一般安装在母线下方，母线与母线隔离开关之间应设耐热隔板，以防母线隔离开关短路时引起母线故障。

2. 断路器与互感器

断路器与油浸电压互感器的布置，应考虑防火防爆要求。一般 $35kV$ 及以下断路器和油浸互感器，宜安装在开关柜内或用隔板（混凝土墙或砖墙）隔开的单独小间内；$35kV$ 以上屋内断路器与油浸互感器同样应安装在用隔板隔开的单独小间内。

电压互感器与避雷器可共用一个间隔，两者之间应采用隔板隔开。电流互感器应尽量作为穿墙套管使用，以减少配电装置体积与造价。

断路器操动机构与断路器之间应使用隔板隔开，其操动机构布置在操作通道内。

3. 限流电抗器

限流电抗器因其质量大，一般布置在配电装置第一层的电抗器小室内。电抗器室的高度应考虑电抗器吊装要求，并具备良好的通风散热条件。由于 B 相电抗器绕组绕线方向与 A、C 两相电抗器绕组绕线方向相反，为保证电抗器动稳定，在采用垂直或品字形布置时，只能采用 A、B 或 B、C 两相电抗器上下相邻叠装，而不允许 A、C 两相电抗器上下相邻叠装在一起。为减少磁滞与涡流损失，不允许将固定电抗器的支持绝缘子基础上的铁件及其接地线等构成闭合环形连接。

4. 其他

配电装置的通道可分为维护通道、操作通道和防爆通道三种。用于维护和搬运设备的通道称为维护通道，其最小宽度应比最大搬运设备大 $0.4\sim0.5m$。装有断路器和隔离开关操动机构的通道称为操作通道，操作通道的最小宽度为 $1.5\sim2.0m$。通往防爆间隔的通道称为防爆通道，防爆通道的最小宽度为 $1.2m$。

为保证工作人员的安全与工作方便，屋内配电装置可以设置多个出口。当配电装置长度在 7m 以内时，允许只有 1 个出口；当配电装置长度大于 7m 时，至少应有 2 个出口；当配电装置长度大于 60m 时，宜增添 1 个出口。屋内配电装置的门应向外开，并装有弹簧锁。

二、屋内配电装置实例

如图 8-10 为二层二通道单母线分段带旁路母线 110kV 屋内配电装置断面图。从图中可知，母线安装于配电装置上部，而断路器安装于底部。

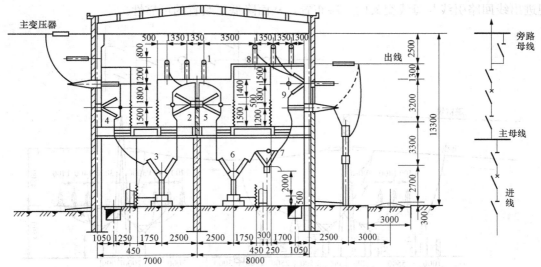

图 8-10　二层二通道单母线分段带旁路母线 110kV 屋内配电装置断面图

1—母线；2、4、5、7、9—隔离开关；3、6—断路器；8—旁路母线

任务三　屋外配电装置

一、屋外配电装置的类型

根据电气设备和母线布置特点，屋外配电装置一般可分为中型、半高型和高型三种类型。

中型配电装置是将所有电气设备都安装在地平面的基础之上或设备的支架上，各种电气设备基本上布置在同一水平面上。中型配电装置又可分为普通中型和分相中型两种。普通中型配电装置的母线下方不安装布置任 何电气设备，分相中型配电装置的母线下方将安装布置母线隔离开关。普 屋外配电装置认知通中型配电装置的母线布置在较其他电气设备高一些的水平位置上，由于母线与各种电气设备之间无上下重叠布置，所以安装、维护和运行等方面都比较方便，并具有较高的可靠性。普通中型配电装置在我国虽然已有多年的运行历史，积累了较丰富的经验，但是因其占地面积过大，逐渐被分相中型等配电装置代替。分相中型配电装置具有节约用地、简化架构、节省三材等优点，其使用范围逐渐扩大。

在我国 20 世纪 50 年代，屋外配电装置主要采用普通中型，但因占地面积较大逐渐被淘汰。自 20 世纪 60 年代开始出现新型屋外配电装置以来，分相中型、半高型和高型配电装置使用范围日益广泛。

1. 普通中型配电装置

图 8-11 为 110kV 管母线普通中型屋外配电装置，采用双母线带旁路接线的引出线间隔断面图。母线的相间距离为 1.4m，边相距架构中心线 3m，母线支柱绝缘子架设在 5.5m 高的钢筋混凝土支架上。断路器、隔离开关、电流互感器和耦合电容均采用高式布置。为简化结构，将母线架构与门型架构合并。搬运设备通道设在断路器与母线架之间，检修与搬运设备都比较方便，道路还可以兼作断路器的检修场地。当断路器为双列布置时，配电装置会出

现进出线回路引线与母线交叉的双层布置，从而降低了装置的可靠性。

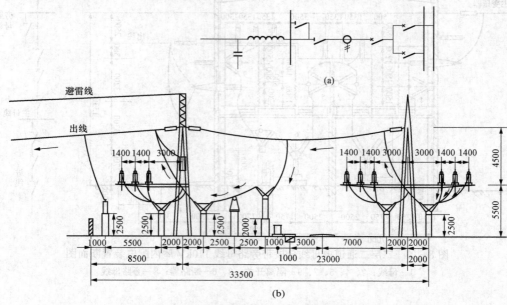

图 8-11　110kV 管母线普通中型屋外配电装置

(a) 一次接线图；(b) 断面图

2. 分相中型配电装置

分相中型配电装置与普通中型配电装置相比，主要的区别是将母线隔离开关分为单相分开布置，每相的隔离开关直接布置在各自相母线的下方。隔离开关选用单柱式隔离开关。母线经引线直接由隔离开关接至断路器，当隔离开关与断路器之间距离较大时，为满足动稳定与抗震的要求，需再加装支柱式绝缘子支撑固定。

分相中型配电装置母线为铝合金管型母线。母线为铝合金管形母线，为降低母线高度，采用棒式绝缘子固定，使母线距地面距离仅为 9.26m，同时缩小了纵向距离。分相中型配电装置与普通中型配电装置相比，占地面积可节约 20%～30%。

采用管形母线的分相中型配电装置，具有布置清晰、简化结构、节约三材、节约用地等优点，因此得到广泛的应用。但是，由于支柱式绝缘子的防污能力和抗震能力较差，故在污秽严重地区和地震烈度较高地区不宜采用。图 8-12 为某一分相中型配电装置。

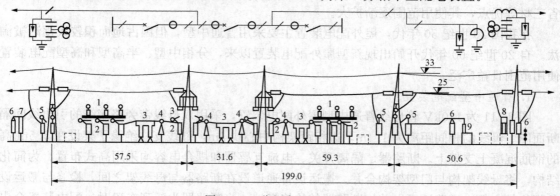

图 8-12　分相中型配电装置

3. 半高型配电装置

半高型配电装置是将母线及母线隔离开关的安装位置抬高,使断路器、电流互感器等设备布置在母线下面,构成母线与断路器、电压互感器等设备的重叠布置。半高型配电装置,具有布置紧凑、接线清晰、占地少、钢材消耗量与普通中型配电装置相近等特点。半高型配电装置中的各种电气设备上方除安装母线之外,其余设备的布置情况均与中型配电装置相似,故能适应运行、检修人员的习惯与需要。因此,半高型配电装置自出现以来,各项工程中采用了多种布置方式,使半高型配电装置的设计日趋完善,并具备了一定的运行经验。

图 8-13 为 110kV 铝管母线半高型配电装置,采用管形母线的半高型配电装置引出线间隔的断面图。该配电装置将母线和母线隔离开关的安装固定位置抬高,而将断路器、电流互感器等设备布置在母线的下方,因此配电装置布置得更加紧凑。

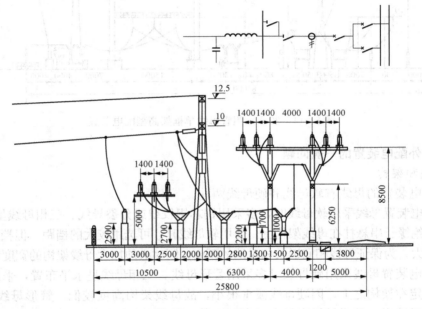

图 8-13 110kV 铝管母线半高型配电装置

采用管形母线的半高型配电装置,具有布置简单清晰、结构紧凑、简化结构、节约三材、进一步节约用地、缩短巡回路线等优点。但是,不能进行带电检修,其防污和抗震性能较差。

4. 高型配电装置

高型配电装置是将两组母线上、下重叠布置,两组母线隔离开关也上下重叠布置,而断路器为双列布置,两个回路合用一个间隔,因而使占地面积大大缩小。但是,高型配电装置具有钢材耗费量大、土建投资多、安装、维护和运行条件较差等缺点,特别是上层母线发生短路故障时可能引起下层母线故障的缺点,对安全运行影响较大。因此,高型配电装置主要用于农作物高产地区、人多地少地区和场地面积受到限制的地区,但在地震基本烈度为 8 度以上的地区不宜采用。

图 8-14 为 220kV 铝管母线单框架高型配电装置。两组母线重叠布置,两组隔离开关上下重叠布置在架构上。断路器为双列布置,图中虚线部分为变压器隔断面设备的布置。采用

铝管母线的高型配电装置，在中间架构布置隔离开关，边框的旁路母线下布置断路器、隔离开关和电流互感器等设备，充分利用空间位置，使占地面积明显减少，而钢材消耗量增加得不显著。因此高型配电装置在地少人多地区的场地受限制的工程中得到广泛应用。

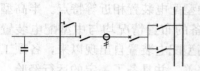

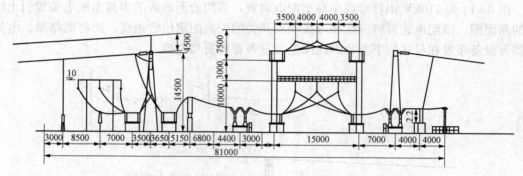

图 8-14　220kV 铝管母线单框架高型配电装置

二、屋外配电装置的一般问题

1. 母线和架构

屋外配电装置的母线有软母线和硬母线两种。

屋外配电装置母线采用软母线时，多采用钢芯铝铰线或分裂导线。三相母线呈水平布置，母线用悬式绝缘子串悬挂在母线架构上。使用软母线时，可选用较大的档距，但档距越大，母线的弧垂越大，为保证母线相间以及相对地的距离，同时必须加大母线架构的宽度和高度。

屋外配电装置母线采用硬母线时多采用管形母线。三相母线呈水平布置，采用支柱式绝缘子安装固定在架构之上，因硬母线弧垂很小，故母线架构高度较低。管形母线不会摇摆，相间距离可以缩小。管形母线直径大，表面光滑，可提高电晕起始电压。管形母线与剪刀式隔离开关配合使用，可以进一步节省占地面积。硬管母线存在易产生微风共振，抗震能力较差等缺点。近年来，硬管母线在高压配电装置中使用的范围逐渐扩大。

屋外配电装置的架构，可采用钢材或钢筋混凝土制成。钢架构经久耐用，机械强度大，抗震能力强，便于固定设备，运输方便；但钢架构金属消耗量大，需要经常维护。钢筋混凝土架构可以节约大量钢材，经久耐用，维护简单。多数情况下，我国钢筋混凝土架构是将在工厂中生产的钢筋混凝土环形杆运到施工现场，在现场装配而成，因此具有运输和安装都比较方便的特点，但固定设备时不方便。钢筋混凝土架构是我国配电装置中使用范围最广的一种架构。

2. 电力变压器

电力变压器通常采用落地式布置，变压器基础一般做成双梁形并铺以铁轨，轨距与变压器的滚轮中心距相等。因电力变压器总油量大，布置时应特别注意防火安全。

为防止变压器发生事故时，溢出的变压器油流散扩大事故，要求单个油箱的油量在1000kg 以上的变压器应设置能容纳 100% 或 20% 的贮油池或挡油墙等；设有容纳 20% 容量的贮油池或挡油墙时，应有将油排到安全处所的设施，且不应引起污染危害。贮油池或挡油墙应比设备外廓尺寸每边大 1m。贮油池内一般铺设厚度不小于 250mm 的卵石层。

当变压器的油量超过 2500kg 时，两台变压器之间若无防火墙时，其防火净距不得小于下列数值：35kV 及以下为 5m；60kV 为 6m；110kV 为 8m；220kV 及以上为 10m。否则，需设置防火墙。防火墙的高度不宜低于变压器油枕的顶端高，其长度应大于变压器贮油池两侧各 1m；若防火墙上设有隔火水幕时，防火墙高度应比变压器顶盖高出 0.5m。容量为 90MVA 以上的主变压器在有条件时宜设置水雾灭火装置。

3. 断路器和避雷器

断路器有低式和高式两种布置。采用低式布置时，断路器安装在 0.5～1.0m 的混凝土基础上，其优点是检修方便、抗震性好，但必须设置栅栏，以保证足够的安全净距。采用高式布置时，断路器安装在约 2m 高的混凝土基础之上，因断路器支持绝缘子最低绝缘部位对地距离一般不小于 2.5m，故不需设置围栏。

隔离开关和互感器均采用高式布置，对其基础要求与断路器相同。

避雷器也有低式和高式两种布置。110kV 及其以上的阀型避雷器，由于器身细长，为保证足够的稳定性，多采用低式布置。磁吹避雷器和 35kV 及以下的阀型避雷器形体矮小、稳定性好，一般采用高式布置。

4. 其他

为满足运行维护及搬运等项工作的需要，设置巡视小道及操作地坪，配电装置中应设置环形通道或具备回车条件的通道；500kV 屋外配电装置，宜设置相间运输通道。大、中型变电站内，一般应设置 3m 宽的环形通道，车道上空及两侧带电裸导体应与运输设备之间保持足够的安全净距。此外，屋外配电装置内应设置 0.8～1m 宽的巡视小道，以便运行人员巡视电气设备。

屋外配电装置中电缆沟的布置，应使得电缆所走的路径最短。电缆沟按其布置方向可分为纵向和横向两种。一般纵向（即主干线）电缆沟因敷设电缆较多，通常分为两路。横向电缆沟布置在断路器和隔离开关之间或互感器与端子箱之间，其数量按实际需要布置。电缆沟盖板应高出地面，并兼作操作走道。

发电厂和大型变电站的屋外配电装置，其周围宜设置高度不低于 1.5m 的围栏，以防止外人任意进入。

配电装置中电气设备的栅栏高度，不应低于 1.2m，栅栏最低栏杆至地面的净距，不应大于 200mm。

任务四　成套配电装置

成套配电装置是制造厂成套供应的设备，运抵现场后经组装而成的配电装置。设计配电装置时，应根据电气主接线和二次回路的要求。选择标准定型产品或非标准产品，组成整个配电装置。

成套配电装置可分为低压成套配电装置、高压成套配电装置和 SF_6 全封闭组合电器（GIS）三类。

一、低压成套配电装置

发电厂和变电站中所使用的低压成套配电装置主要有低压固定式配电

微课 36
全封闭组合
电器及运行

屏和低压抽屉式开关柜两种。主要产品有 GGD 型、GCS 型、MNS 型等低压配电屏。

低压配电屏又称配电柜或开关柜，是将低压电路中的开关电器、测量仪表、保护装置和辅助设备等，按照一定的接线方案安装在金属柜内，用来接受和分配电能的成套配电装置，用在 1000V 以下的供配电电路中。

1. GGD 型交流低压开关柜

GGD 型交流低压开关柜是固定式开关柜，使用历史悠久，也是目前最常用的低压开关柜柜型。按其功能分为低压进线柜、低压计量柜、低压出线柜、电容补偿柜等。

GGD 型交流低压开关柜型号含义如下所示。

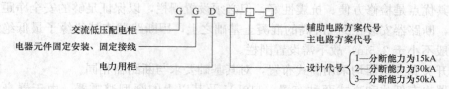

GGD 型交流低压开关柜适用于 50Hz、400V 的低压配电系统中，进线柜主开关采用固定式开关，出线回路常采用塑壳断路器作为主开关，也可选用固定式框架开关或微型断路器。GGD 低压开关柜常用于小负荷低压配电系统中，控制低压电能的分配。GGD 型交流低压开关柜如图 8 - 15 所示。

图 8 - 15   GGD 型交流低压开关柜

GGD 型交流低压开关柜的特点如下：

（1）GGD 型交流低压开关柜统一标准，基本上全国各个厂家做的 GGD 型交流低压开关柜的安装尺寸、相应零配件标准都是一样，唯一的差别是质量的不同。

（2）GGD 型交流低压开关柜进线、出线回路都采用固定式安装，结构稳固，运行状态稳定。

（3）GGD 型交流低压开关柜安装灵活，两边有 8mm 安装孔位，可以随意调节安装高度，零件采用模块化设计，便于维修。

（4）GGD 型交流低压开关柜上下均有通风孔，通过顶部通风孔散热，底部通风孔进冷风，实现循环空气流动，散热效果好。

（5）GGD 型交流低压开关柜顶部顶盖可拆卸，方便安装母排，顶部装有吊环，方便搬运，防护等级为 IP30。

2. GCS 型交流低压配电柜

GCS 型交流低压配电柜适用于发电厂、石油、化工、冶金、纺织、高层建筑等行业的配电系统。在大型发电厂、石化系统等自动化程度高、要求与计算机接口的场所，作为三相交流频率 50（60）Hz、额定工作电压为 380（400）V、额定电流为 4000A 及以下的发、供电系统中的配电、电动机集中控制、无功功率补偿使用的低压成套配电装置。GCS 型交流低压配电柜如图 8-16 所示。

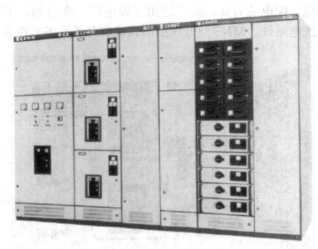

图 8-16　GCS 型交流低压配电柜

GCS 型交流低压配电柜型号含义如下所示。

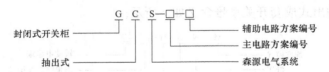

GCS 型交流低压配电柜特点如下：

（1）装置各功能室严格分开，其隔室主要分为功能单元室、母线室、电缆室，各单元的功能相对独立。功能单元之间、隔室之间的分隔清晰、可靠，不因某一单元的故障而影响其他单元工作，使故障局限在最小范围。

（2）母线平置式排列使装置的动稳定性、热稳定性好，能承受 80/176kA 短路电流的冲击。

（3）馈电柜和电动机控制柜设有专用的电缆隔室，功能单元室与电缆室内电缆的连接用转接铜排实现，既提高了电缆的使用可靠性，又极大地方便了用户对电缆的安装与维修。零序电流互感器装置在电缆隔室内，使安装维修方便。

（4）装置按三相五线制和三相四线制设计，设计部门和用户可以方便地选用 PE＋N 或 PEN 方式。柜体的防护等级为 IP30、IP40，可以按用户需要选用。

（5）抽屉单元有足够数量的二次插接件，可满足计算机接口和自控回路对接点数量的要求。

GCS 型交流低压配电柜与 GGD 型交流低压开关柜的区别在于：GCS 型是抽屉式，如果开关在运行中损坏，可以立即在不停电的情况下用备用柜替换，运行维护非常方便；而GGD型是固定式，如若要更换开关，必须要停电才能更换，且安装维护的工作量要大于GCS型柜。

3. MNS型低压抽出式成套开关

MNS型低压抽出式成套开关设备为适应电力工业发展的需求，参考国外MNS系列低压开关柜设计，并加以改进开发的高级型低压开关柜，该产品符合国家标准GB7251、VDE660和ZBK36001-89《低压抽出式成套开关设备》、国际标准IEC439规定MNS型低压开关柜适应各种供电、配电的需要，能广泛用于发电厂、变电站、工矿企业、大楼宾馆、市政建设等各种低压配电系统。MNS型低压抽出式成套开关设备如图8-17所示。

图8-17　MNS型低压抽出式成套开关设备

MNS型低压抽出式成套开关型号含义如下所示。

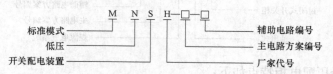

MNS型低压抽出式成套开关的结构特点：

（1）MNS柜的框架为组合式结构，基本骨架由C型钢材组装而成。

（2）MNS柜的每一个柜体分隔为3个室，即水平母线室、抽屉小室、电缆室。

（3）MNS柜的结构设计可满足上进上出、下进下出等各种进出线方案要求。

（4）结构件通用性强、组装灵活，以$E=25$mm为模数，结构及抽出式单元可以任意组合，以满足系统设计的需要。

（5）各种大小抽屉的机械连锁机构符合标准规定，有连接、试验、分离3个明显的位置，安全可靠。

（6）采用标准模块化设计，分别可组成保护、操作、转换、控制、调节、测定、指示等标准单元，可以根据要求任意组装。

（7）母线用高强度阻燃型、高绝缘强度的塑料功能板保护，具有抗故障电弧性能，使运行维修更加安全可靠。

（8）柜体可按工作环境的不同要求选用相应的防护等级。

MNS 型低压抽出式成套开关与 GCS 型交流低压配电柜的区别如下：

（1）原产地不同。GCS 型是国内自主设计开发的，而 MNS 型是从 ABB 公司引进的。GCS 型是从 1996 年开始投放市场，很多方面都是仿照 MNS 型，例如水平母线，进出线方式等。

（2）钢型拼装不同。GCS 型是由 8MF（KS）型钢拼装而成，而 MNS 型是由 C（KB）型钢拼装而成。从强度上讲，GCS 型要优于 MNS 型。但从美观上讲，MNS 型要比 GCS 型好看。目前，很多厂家也开始用 C 型钢做 GCS 型。

（3）抽屉机构不同。GCS 型采用旋转推进机构，而 MNS 型采用的是连锁方式。相比之下，GCS 型抽屉比 MNS 型抽屉插拔更省力一些。

（4）安装模数不同。GCS 型柜安装模数是 20mm，而 MNS 型柜则是 25mm。GCS 型最多可做 11 层抽屉，MNS 型可以做 9 层，但是 MNS 型可以做双面柜（前后均可装抽屉）。因此 GCS 型最多可做 22 个抽屉，而 MNS 型可做 72 个抽屉。MNS 型在小电流方面有优势，而 GCS 型在大电流方面有一些优势。

低压成套配电装置的运行维护如下。

表计、开关和熔断器有无损坏；各状态指示灯工作是否正常，有无熄灭的情况；各部接点有无松动发热和烧伤现象，绝缘部分有无湿闪放点现象；各电流、电压、有功、无功表计显示是否正常，有无缺相或指示不准的情况；对严重危及人身和设备安全的设备缺陷，必须立即停电，修复后再送电，对一般缺陷，应列入检修计划，定期修复。

二、高压开关柜

我国目前生产的 3～35kV 高压开关柜可分为固定式和手车式两种。

10kV 高压开关柜主要有 XGN、KYN、JYN 等系列产品。

1. XGN 系列高压开关柜

XGN 箱型固定式金属封闭开关设备（简称开关柜），主要用于电压为 3、6、10kV，频率为 50Hz 的三相交流电力系统中电能的接受与分配，具有对电路控制保护和监测等功能。其母线系统为单母线及单母线带旁路母线。该系统具有可靠的"五防"闭锁功能，性能可靠，可广泛用于高压电动机的启动、投切运行等场合，如图 8-18 所示。

开关柜的主开关采用 ZN28A-12 系列、ZN28-12 系列和 ZN-12（VIII）等真空断路器。隔离开关采用 GN30-12 旋转式隔离开关、GN22-10 大电流隔离开关和 GN30-10 旋转式大电流隔离开关系列产品。

开关柜为金属封闭箱式结构，柜体骨架由角钢焊接而成，柜内分为断路器室、母线室、电缆室、继电器室等，室与室之间用钢板隔开。

断路器室在柜体前下部，断路器的转动有拉杆与操动机构连接，断路器上接线端子与上隔离开关连接，断路器下连接端子与电流互感器连接，电流互感器与下隔离开关的母排连接，

图 8-18　XGN 箱型固定式金属封闭开关设备

断路器室还设有压力释放通道，若内部电弧发生时，气体可通过排气通道将压力释放。

母线室在柜体后上部，为减少柜体高度，母线成品形排列，母线与上隔离开关母排连接，相邻两母线室之间可隔离。

电缆室在柜体下部的后方，电缆室内支持绝缘子可设有电压监视装置，电缆固定在支架上，对于主接线为联络方案时，本室则为联络小室。继电器室在柜体上部前方，室内安装板可安装各种继电器等，室内有端子排支架，门上可安装指示仪表、信号元件等二次元件，顶部还可布置二次小母线。

断路器的操动机构装在下面左边位置，其上方为隔离开关的操作及连锁机构。开关柜为双面维护，前面检修继电器的二次元件，维护操动机构，机械连锁及传动部分，检修断路器。后面维修主母线和电缆终端。前门的下方设有与柜宽方向平行的接地铜母线。

2. KYN 系列高压开关柜

KYN 户内交流金属铠装移开式开关设备（以下简称手车式柜，如图 8-19 所示）是根据 GB 3906—1991《3～35KV 交流金属封闭开关设备》按 IEC298《交流金属封闭开关设备和控制设备》标准设计制造，同时也能满足高压开关柜应具有"五防"功能的要求。

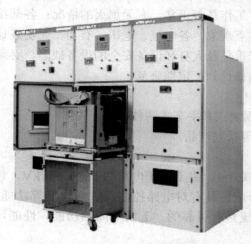

图 8-19　KYN 户内交流金属铠装
移开式开关设备

KYN-12/1250-31.5 户内铠装移开式交流金属封闭开关设备，柜体为铠装式结构，采用中置式布置，分为断路器室、主母线室、电缆室和继电器仪表室，为使柜体具有承受内部故障电弧的能力，除继电器室外，各功能隔室均设有排气通道和泄压窗，一次触头为捆绑式圆触头。

开关设备可按用户要求，采用前维护型结构，使设备可以靠墙安装或背靠背安装。开关设备内装有安全可靠的连锁装置，完全满足"五防"闭锁要求。

（1）断路器手车在推进或拉出过程中，无法合闸。（防止误分、合断路器）

（2）断路器手车只有在试验位置或工作位置时，才能进行合、分操作而且在断路器合闸后，手车无法从工作位置拉出。（防止带负荷分、合隔离开关）

（3）仅当接地开关处在分闸位置时，断路器手车才能从试验位置移至工作位置；仅当断路器手车处于试验位置或柜外时，接地开关才能进行分、合闸操作。（防止带地线送电，防止带电挂接地线）

（4）接地开关处于分闸位置时，后门无法打开。（防止误入带电间隔）

（5）手车在工作位置时，二次插头被锁定，不能被拔除。

断路器室底盘架两侧除设有供手车运动的固定导轨外，为便于对断路器进行观测与检查，在固定导轨两侧专门设有可抽出的延伸导轨，当断路器分闸后，可将两根延伸导轨拉至柜外，这样手车即可从柜内直接移至柜外的延伸导轨上。

室内高压成套配电装置的运行维护。各电流、电压、有功、无功表计是否显示正常；各状态指示灯是否工作正常；二次保护是否工作正常，定值是否正确；柜内照明、温湿度控制器是否正常工作；柜内有无异响，绝缘部分有无湿闪放电现象；对严重危及人身及设备安全的设备缺陷必须立即停电，修复后再送电，对一般缺陷应列入检修计划，定期修复。

三、SF₆组合电器

SF₆组合电器又称为气体绝缘全封闭组合电器，简称 GIS。它将断路器、隔离开关、母线、接地隔离开关、互感器、出线套管或电缆终端头等分别装在各自密封间中，集中组成一个整体外壳，充以 SF₆ 气体作为绝缘介质。近年来为了减少占地面积，GIS 得到了广泛的应用，目前我国的 GIS 使用的起始电压为 110kV 及以上，主要用在以下场合：占地面积较小的地区，如市区变电站；高海拔地区或高烈度地震区；外界环境较恶劣的地区。目前特高压配电装置（750～1000kV），主要采用 GIS 组合电器。

根据充气外壳的结构形状，GIS 可分为圆筒形和柜形两大类。第一大类依据主回路配置方式可分为单相一壳式（即分相式）、部分三相一壳式（又称主母线三相共筒式）、全三相一壳式和复合三相一壳式四种；第二大类又称 C - GIS，俗称充气柜，依据柜体结构和元件间是否隔离可分为箱式和铠装式两种。按绝缘介质分可分为 SF₆气体绝缘式 GIS 和部分气体绝缘式 H - GIS。GIS 全封闭组合电器如图 8 - 20 所示。

图 8 - 20 GIS 全封闭组合电器

圆筒形 SF₆全封闭组合电器是以 SF₆气体作为绝缘和灭弧介质，以优质环氧树脂绝缘子作为支撑元件的成套高压组合电器。这种组合电器，根据电气主接线的要求，将母线、断路器、隔离开关、互感器、避雷器以及电缆终端头等元件组成一个整体，全部封闭在接地的金属（铝）质外壳中，密封的外壳内充以 SF₆气体。

图 8 - 21 为 110kV SF₆全封闭组合电器剖开图。母线采用三相共筒式结构，即三相母线封闭在公共的外壳之内。配电装置按照电气主接线的连接顺序，左侧为两个母线侧隔离开关，中间为内置电流互感器的断路器，右侧为出线侧隔离开关，右侧上部为接地开关，下部采用电缆出线。该封闭组合电器内部分为母线、隔离开关及断路器等三个相互隔离的气室，各个气室内的压力不同。为了防止事故范围的扩大，封闭组合电器各气室之间相互隔离，同样也便于各元件的分别检修与更换。

SF₆封闭式组合电器与其他类型配电装

图 8 - 21 110kV SF₆全封闭组合电器剖开图

置相比，具有以下特点：

（1）运行可靠性高。

（2）检修周期长，维护方便。

（3）金属外壳接地，有屏蔽作用，能消除对无线电的干扰、静电感应和噪声等，有利于工作人员的安全与健康。

（4）大量节省占地面积与安装空间。

（5）土建和安装工作量小，建设速度快。

（6）设备高度和重心低，使用脆性瓷绝缘子少，抗震性能好。

（7）对加工精度和装配工艺要求高，金属消耗量大，造价高。

C-GIS组合电器（Cubicle Gas insulated Switchgear）是指户内柜式气体绝缘金属密封开关设备，是基于固体绝缘技术、气体绝缘技术、真空开断技术、模块化插接技术并结合激光焊接技术的成套配电装置。一般将断路器、隔离开关、互感器等设备密封在充有较低压力绝缘气体的不锈钢壳体内，绝缘气体一般为SF_6，也有采用氮气和其他混合气体的。C-GIS一般用于6~35kV中压系统，采用真空断路器、低气压开断的SF_6负荷开关，母线可置于气室内部或外部，C-GIS可分为气体绝缘的环网柜和气体绝缘的开关柜。

C-GIS组合电器具有以下优点：具有非常高的环境适应能力、不受外界环境的影响，如凝露、污秽、小动物及化学物质等，可用在环境恶劣的场所；运行安全，可靠性高，绝对免维护、重量轻，安装方便；由于使用性能优异的SF_6绝缘大大缩小了柜体的外形尺寸，有利于向小型化发展。特别适用于机场、地铁、铁路等用电要求较高的场合。

思考与练习

8-1 配电装置有哪几种类型？各有什么特点？各自适用于哪些场合？

8-2 什么是配电装置的安全净距？安全净距中，A值与B、C、D、E等值有何关系？

8-3 图8-22为220kV配电装置中母线引下线断面，请判断图中所示安全距离"L_3"应按哪种情况校验，且不得小于何值？

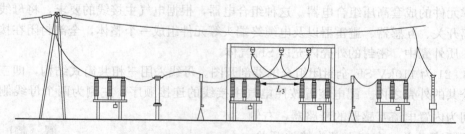

图8-22 220kV配电装置中母线引下线断面

8-4 屋内配电装置有哪几种类型？各有什么特点？适用于哪些场合？

8-5 屋外配电装置有哪几种类型？各有什么特点？适用于哪些场合？

8-6 成套配电装置有哪几种类型？各有什么特点？适用于哪些场合？

项目九　电气设备选择

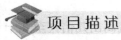
项目描述

　　介绍短路电流热效应与电动力效应分析，载流导体选择方法，断路器及隔离开关选择方法，互感器选择方法。

教学目标

知识目标

　　①熟悉电器和载流导体的发热及电动力效应的计算方法；②掌握载流导体选择与校验方法；③掌握断路器及隔离开关选择与校验方法；④了解互感器选择方法。

技能目标

　　①能计算短路电流的发热效应与电动力效应；②能进行载流导体的选择与校验；③能进行断路器及隔离开关的选择与校验。

任务一　短路电流热效应与电动力效应分析

一、导体的发热

　　电流流过导体和电气设备时，将引起发热，使导体和电气设备的温度升高（电流的热效应）。发热主要是由于功率损耗产生的，这些损耗包括以下三种：一是铜损，即电流在导体电阻中的损耗；二是铁损，即载流导体周围金属构件处于交变磁场中所产生的磁滞和涡流损耗；三是介损，即绝缘材料在电场作用下产生的损耗。在上述三种类型的损耗中，载流导体的电阻损耗是主要损耗。

微课 37
短路电流热效应与
电动力效应分析

　　发热对电气设备的影响：

　　（1）降低机械强度。当使用温度超过规定允许值后，金属材料机械强度将显著下降。例如，当长期发热温度超过100℃（铝）和150℃（铜），或短时发热温度超过200℃（铝）和250℃（铜）时，其抗拉强度显著下降，因而可能在短路电动力的作用下变形或损坏。

　　（2）降低绝缘性能。有机绝缘材料长期受到高温作用，将逐渐老化，以致失去弹性和降低绝缘性能。绝缘材料老化的速度与使用时的温度有关。因此，对不同等级的绝缘材料，根据其耐热的性能和使用年限的要求，相应规定了使用温度，在使用过程中如超过这一温度，绝缘材料将加速老化，大大缩短使用寿命。例如B级绝缘材料长期耐热温度为130℃，若实际温度超过规定温度10℃，则其寿命大约会缩短一半。

　　（3）增加接触电阻。当发热温度超过一定值时，接触部分的弹性元件就会因退火而压力降低，同时发热使导体表面氧化，产生电阻率很高的氧化层（这就是导体连接部位要镀锡或镀银的原因，目的是防止铜氧化），使接触电阻增加，引起接触部分温度继续升高，将会产生恶性循环，破坏正常工作状态。

由正常工作电流引起的发热，称为长期发热。导体通过的电流较小，时间长，产生的热量有充分的时间通过传导、对流或辐射散失到周围介质中，若产生的热量与散失的热量达到动态平衡，导体的温度升至某一温度后将保持不变。

由故障时短路电流引起的发热，称为短时发热。短路电流比额定电流高出几倍甚至几十倍，发热量很大且时间又短，产生的热量来不及散发出去，几乎都用于导体温度迅速升高。

发电厂和变电站中，母线（导体）大都采用硬铝、硬铜或铝锰、铝镁合金制成。无论正常情况下通过工作电流，或短路时通过短路电流，母线都要发热。为了保证导体和电器可靠工作，其发热温度不得超过一定数值，这个限值称为最高允许温度（极限允许温度）。电气设备的最高允许温度减去工作环境温度就是电气设备的极限允许温升。DL/T 5222－2005《导体和电器选择设计技术规定》明确指出：普通导体的正常最高工作温度不宜超过 70℃，在计及日照影响时，钢芯铝线及管型导体可按不超过 80℃考虑。当普通导体接触面处有镀锡的可靠覆盖层时，可提高到 85℃。导体通过短路电流时，短时最高允许温度可高于正常最高允许温度，对硬铝及铝锰合金可取 200℃，硬铜可取 300℃。

二、短路电流热效应的计算

短路电流热效应的计算公式为

$$Q_k = \int_0^{t_k} I_{kt}^2 dt \quad (\text{kA}^2 \cdot \text{s}) \tag{9-1}$$

式中：I_{kt} 为短路电流全电流的有效值，kA；t_k 为短路切除时的时间，s。

计算时，必须要知道 $I_{kt} = f(t)$，再按 I_{kt}^2 进行积分。但短路电流的变化规律很复杂，一般难以用简单的解析式来表示，故工程上常采用等值时间法或实用计算法来计算短路电流热效应，其中，以实用计算法最为常见。

1. 等值时间法

等值时间法的原理是根据短路电流随时间的关系做出 $I_{kt}^2 = f(t)$ 曲线，如图 9-1 所示。

假设短路在 t_k 时刻被切除，则面积 0MBC 就等于 $\int_0^{t_k} I_{kt}^2 dt$。选取适当的比例尺，该面积即可代表导体在短路过程中所发出的热量。再假设流过导体的电流始终是稳态短路电流 I_∞，如电流流过导体的时间为 t_{eq} 时，导体产生的热量与 $\int_0^{t_k} I_{kt}^2 dt$ 相等，从图 9-1 上看，即面积 0DRS 与面积 0MBC 相等，则 t_{eq} 称为短路电流发热等值时间。于是式 9-1 可写成

$$Q_k = \int_0^{t_k} I_{kt}^2 dt = I_\infty^2 t_{eq} \tag{9-2}$$

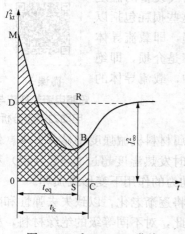

图 9-1 $I_{kt}^2 = f(t)$ 曲线

根据短路电流计算可知，短路全电流 I_{kt} 是由短路电流周期分量 I_p 和非周期分量 i_{np} 两个分量组成，相应的等值时间也可分为两部分，即

$$Q_k = \int_0^{t_k} (I_p^2 + i_{np}^2) \mathrm{d}t = I_\infty^2 t_{eq} \approx I_\infty^2 (t_p + t_{np}) \tag{9-3}$$

$$t_{eq} = t_p + t_{np} \tag{9-4}$$

式中：t_p 为短路电流周期分量发热的等值时间（简称周期分量等值时间），s；t_{np} 为短路电流非周期分量发热的等值时间（简称非周期分量等值时间），s。

（1）周期分量等值时间。根据式（9-3），短路电流周期分量的热效应 Q_p 为

$$Q_p = \int_0^{t_k} I_p^2 \mathrm{d}t = I_\infty^2 t_p \tag{9-5}$$

周期分量等值时间 t_p 一般通过发电机短路电流周期分量等值时间曲线查得，如图 9-2 所示。

图中横坐标是 β' 值$\left(\beta' = \dfrac{I''}{I_\infty}\right.$，$I''$ 为起始次暂态短路电流$\left.\right)$，纵坐标是 t_p 值，曲线上标注的 0.1、0.2、…是短路切除时间 t_k。当已知 β'、t_k 时，可由曲线查得 t_p。

（2）非周期分量等值时间。根据式（9-3），短路电流非周期分量的热效应 Q_{np} 为

$$Q_{np} = \int_0^{t_k} i_{np}^2 \mathrm{d}t = I_\infty^2 t_{np} \tag{9-6}$$

因短路电流非周期分量为

$$i_{np} = \sqrt{2} I'' e^{-\frac{t}{T_a}} \tag{9-7}$$

将 i_{np} 代入式（9-6）中

$$Q_{np} = I_\infty^2 t_{np} = \int_0^{t_k} i_{np}^2 \mathrm{d}t = \int_0^{t_k} (\sqrt{2} I'' e^{-\frac{t}{T_a}})^2 \mathrm{d}t$$

$$= 2I''^2 \int_0^{t_k} e^{-\frac{2t}{T_a}} \mathrm{d}t = T_a I''^2 (1 - e^{-\frac{2t_k}{T_a}}) \tag{9-8}$$

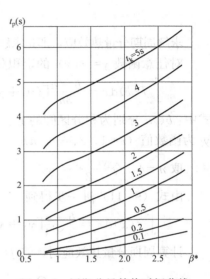

图 9-2　周期分量等值时间曲线

式中：T_a 为短路电流非周期分量衰减的时间常数，其平均值取为 0.05s。

当 $t_k > 0.1$s 时，$e^{-\frac{2t_k}{T_a}} \approx 0$，于是由式（9-8）可得

$$t_{np} = 0.05 \frac{I''^2}{I_\infty^2} = 0.05\beta'^2 \tag{9-9}$$

将上面求出的 t_p 和 t_{np} 代入式（9-3），就可求出短路全电流热效应 Q_k 值。

由于短路电流非周期分量衰减很快，当短路切除时间 $t_k > 1$s 时，导体的发热主要由短路电流周期分量来决定，此时可不计非周期分量的影响，当短路切除时间 $t_k < 1$s 时，则必须考虑。

【例 9-1】 发电机电压为 10.5kV，额定电流为 1500A，装有 $2 \times (100 \times 8)$ mm² 矩形铝母线，短路电流 $I'' = 28$kA，$I_\infty^{(3)} = 20$kA，继电保护动作时间为 0.3s，断路器全开断时间为 0.2s，试计算短路电流的热效应。

解 短路电流的作用时间等于保护动作时间和断路器全开断时间之和，即

$$t_k = 0.3 + 0.2 = 0.5 \ (\text{s})$$

又 $\beta' = \dfrac{I''}{I_\infty} = \dfrac{28}{20} = 1.4$，查图 9-2 得周期分量等值时间 $t_p = 0.65$s。

因 $t_k < 1$s，故应考虑非周期分量的热效应。非周期分量的等值时间为

$$t_{np} = 0.05\beta''^2 = 0.05 \times 1.4^2 = 0.1 \ (s)$$

短路电流的热效应为

$$Q_k = I_\infty^2(t_p + t_{np}) = 20^2 \times (0.65 + 0.1) = 300(kA^2 \cdot s)$$

由于图 9 - 2 是根据容量为 50MW 以下发电机的数据制作的，用于更大容量的发电机，势必产生误差，故工程中常采用实用计算法。

2. 实用计算法

(1) 周期分量热效应的计算。周期分量热效应可表述为

$$Q_p = \int_0^{t_k} I_p^2 dt \tag{9-10}$$

求解周期分量热效应，即是求解 $0 \sim t_k$ 区间内，I_p 曲线下的面积，采用近似数值积分法计算。对任意函数 $y = f(x)$ 的定积分，根据辛普森法，有

$$\int_a^b f(x)dx = \frac{b-a}{3n}[(y_0 + y_n) + 2(y_2 + y_4 + \cdots y_{n-2}) + 4(y_1 + y_3 + \cdots y_{n-1})] \tag{9-11}$$

式中：b、a 分别为积分区间的上、下限，n 为把整个区间分成长度相等的小区间数（偶数）；y_i 为函数值 $(i=1、2、\cdots、n)$。

取 $n=4$，令 $\frac{y_1 + y_3}{2} = y_2$

由式 (9 - 11) 进一步得到

$$\int_a^b f(x)dx = \frac{b-a}{3 \times 4}[y_0 + y_4 + 2y_2 + 4(y_1 + y_3)] = \frac{b-a}{12}(y_0 + 10y_2 + y_4) \tag{9-12}$$

计算周期分量热效应时，将 $f(x) = I_p^2$、$a=0$、$b=t_k$、y_0、I''^2、$y_2 = I_{t_k/2}^2$、$y_4 = I_{t_k}^2$ 代入得

$$Q_p = \int_0^{t_k} I_p^2 dt = \frac{t_k}{12}(I''^2 + 10I_{t_k/2}^2 + I_{t_k}^2) \tag{9-13}$$

式中：$I_{t_k/2}^2$ 为 1/2 短路时间的周期分量有效值。

在电力系统工程实用计算中，可将系统看成无限大容量电源，短路电流周期分量不衰减，次暂态短路电流与稳态短路电流相等，因此式 (9 - 13) 可化简为

$$Q_p = \frac{t_k}{12}(I''^2 + 10I_{t_k/2}^2 + I_{t_k}^2) = I''^2 t_k \tag{9-14}$$

(2) 非周期分量热效应的计算。由式 (9 - 8) 可得

$$Q_{np} = T_a(1 - e^{-\frac{2t_k}{T_a}})I''^2 = TI''^2 \tag{9-15}$$

式中：T 为非周期分量等效时间，s，大小取决于非周期分量的衰减时间常数 T_a 和短路持续时间 t_k，其值可由表 9 - 1 查得。

表 9 - 1　　　　　　　　　　　非周期分量等效时间 T

短路点	T (s)	
	$t_k \leqslant 0.1s$	$t_k > 0.1s$
发电机出口及母线	0.15	0.2
发电机升高电压及母线	0.08	0.1
发电机电压电抗器后		
变电站各级电压母线及出线	0.05	

注　当短路切除时间 $t_k > 1s$ 时，导体的发热主要由周期分量热效应决定，非周期分量热效应可忽略不计。

【例 9 - 2】　某变电站的汇流铝母线规格为 $80\text{mm}\times10\text{mm}$，继电保护动作时间为 1.5s，断路器全开断时间为 0.1s，短路电流 $I''=I_{0.8\text{s}}=I_{1.6\text{s}}=20.5\text{kA}$，试计算母线短路时的热效应。

解　短路电流持续时间为

$$t_\text{k}=1.5+0.1=1.6\ (\text{s})$$

由于 $t_\text{k}>1\text{s}$，可不计非周期分量的影响。由式（9 - 13）得

$$Q_\text{k}=Q_\text{p}=\frac{t_\text{k}}{12}(I''^2+10I_{t_{\text{k}/2}}^2+I_{t_\text{k}}^2)=\frac{1.6}{12}\times12\times20.5^2=672.4(\text{kA}^2\cdot\text{s})$$

三、两平行导体间电动力的计算

当两个平行导体通过电流时，由于磁场相互作用而产生电动力，电动力的方向与所通过的电流的方向有关。如图 9 - 3 所示，当电流的方向相反时，导体间产生斥力；而当电流方向相同时，则产生吸力。

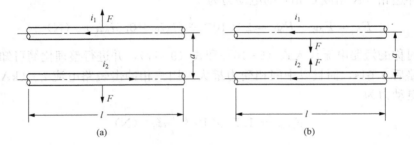

图 9 - 3　两根平行载流体间的作用力

(a) 电流方向相反；(b) 电流方向相同

导体间的电动力为

$$F=2K_\text{x}i_1i_2\frac{l}{a}\times10^{-7}\quad(\text{N})\tag{9 - 16}$$

式中：i_1、i_2 分别为通过两平行导体的电流，A；l 为该段导体的长度，m；a 为两根导体轴线间的距离，m；K_x 为形状系数。

形状系数 K_x 表示实际形状导体所受的电动力与细长导体电动力之比。实际上，由于相间距离相对于导体的尺寸要大得多，所以相间母线的 K_x 值取 1，但当一相采用多条母线并联时，条间距离很小，条与条之间的动力计算时要计及 K_x 的影响，其取值可查阅有关技术手册。

四、三相短路时的电动力计算

发生三相短路时，每相导体所承受的电动力等于该相导体与其他两相之间电动力的矢量和。三相导体布置在同一平面时，由于各相导体所通过的电流相位不同，故边缘相与中间相所承受的电动力也不同。

图 9 - 4 为对称三相短路时的电动力示意图。

作用在中间相（B 相）的电动力为

$$F_\text{B}=F_\text{BA}-F_\text{BC}=2\times10^{-7}\frac{l}{a}(i_\text{B}i_\text{A}-i_\text{B}i_\text{C})\quad(\text{N})\tag{9 - 17}$$

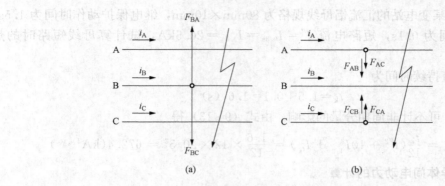

图 9 - 4　对称三相短路时的电动力

(a) 作用在中间相的电动力；(b) 作用在边相的电动力

作用在外边相（A 相或 C 相）的电动力为

$$F_A = F_{AB} + F_{AC} = 2 \times 10^{-7} \frac{l}{a} (i_A i_B + 0.5 i_A i_C) \quad (N) \tag{9-18}$$

将三相对称的短路电流代入式（9-16）和式（9-17），并进行整理化简可知：最大冲击力发生在短路后 0.01s，而且以中间相受力最大。用三相冲击短路电流 i_{ch}（kA）表示的中间相的最大电动力为

$$F_{Bmax} = 1.73 \times 10^{-7} \frac{l}{a} i_{ch}^2 \quad (N) \tag{9-19}$$

根据电力系统短路故障分析的知识 $\frac{I''^{(2)}}{I''^{(3)}} = \frac{\sqrt{3}}{2}$，故两相短路时的冲击电流为 $i_{ch}^{(2)} = \frac{\sqrt{3}}{2} i_{ch}^{(3)}$。发生两相短路时，最大电动力为

$$F_{max}^{(2)} = 2 \times 10^{-7} \frac{l}{a} [i_{ch}^{(2)}]^2 = 1.5 \times 10^{-7} \frac{l}{a} [i_{ch}^{(3)}]^2 \quad (N) \tag{9-20}$$

可见，两相短路时的最大电动力小于同一地点三相短路时的最大电动力。所以，要用三相短路时的最大电动力校验电气设备的动稳定。

任务二　导 体 选 型

微课 38
导体选型

　　导体通常由铜、铝、铝合金及钢材料制成，载流导体一般使用铝或铝合金材料。纯铝的成型导体一般为矩形、槽形和管形。由于纯铝的管形导体强度稍低，110kV 及以上配电装置敞露布置时不宜采用。

　　铝合金导体有铝锰合金和铝镁合金两种，形状均为管形。铝锰合金导体载流量大，但强度较差，采用一定的补强措施后可广泛使用；铝镁合金导体机械强度大，但载流量小，主要缺点是焊接困难，因此使用受到限制。

一、导体形式及适用范围

导体除满足工作电流、机械强度和电晕要求外，导体形状还应满足下列要求。

（1）电流分布均匀（即集肤效应系数尽可能低）。

（2）机械强度高。

（3）散热良好（与导体放置方式和形状有关）。

（4）有利于提高电晕起始电压。

（5）安装、检修简单，连接方便。

我国目前常用的硬导体形式有矩形、槽形和管形等。

1. 矩形导体

单片矩形导体具有集肤效应系数小、散热条件好、安装简单、连接方便等优点，一般适用于工作电流 $I \leqslant 2000A$ 的回路中。

多片矩形导体集肤效应系数比单片导体的大，所以附加损耗增大。因此载流量不是随导体片数增加而成倍增加的，尤其是每相超过三片以上时，导体的集肤效应系数显著增大。在工程实用中多片矩形导体适用于工作电流 $I \leqslant 4000A$ 的回路。当工作电流为 4000A 以上时，导体则应选用有利于交流电流分布的槽形或圆管形的成型导体。

2. 槽形导体

槽形导体的电流分布比较均匀，与同截面的矩形导体相比，其优点是散热条件好、机械强度高、安装也比较方便。尤其是在垂直方向开有通风孔的双槽形导体比不开孔的方管形导体的载流能力大 9%～10%；比同截面的矩形导体载流能力约大 35%。因此在回路持续工作电流为 4000～8000A 时，一般可选用双槽形导体，大于上述电流值时，由于会引起钢构件严重发热，故不推荐使用。

3. 管形导体

管形导体是空芯导体，集肤效应系数小，且有利于提高电晕的起始电压。户外配电装置使用管形导体，具有占地面积小、架构简明、布置清晰等优点。但导体与设备端子连接较复杂，用于户外时容易产生微风振动。

按 DL 5222—2016《导体和电器选择设计技术规定》7.3.2 条规定：

（1）20kV 及以下回路的正常工作电流在 4000A 及以下时，宜选用矩形导体；在 4000～8000A 时，宜选用槽形导体；在 8000A 以上时，宜选用圆管形导体。

（2）110kV 及以上高压配电装置，当采用硬导体时，宜用铝合金管形导体。

（3）500kV 硬导体可采用单根大直径圆管或多根小直径圆管组成的分裂结构，固定方式可采用支持式或悬吊式。

二、导体的选择与校验

导体按正常负荷选择，校验长期发热与短路发热，硬母线要校验动稳定。同一配电装置的母线，尽可能选择同一截面的导体，以方便施工和检修。

1. 导体截面的选择

导体截面可按长期发热允许电流或经济电流密度选择。

除配电装置的汇流母线及较短导体（20m 以下）按长期发热允许电流选择截面外，其余导体的截面宜按经济电流密度选择。

（1）按长期发热允许电流选择导体截面，选择式为

$$K_{\theta} I_{\text{al}} \geqslant I_{\text{max}} \qquad (9-21)$$

式中：K_{θ} 为温度修正系数，不计日照时，裸导体的温度修正系数 $K_{\theta} = \sqrt{\dfrac{\theta_{\text{al}} - \theta}{\theta_{\text{al}} - \theta_0}}$（其中，$\theta_{\text{al}}$ 为导体的长期发热允许最高温度，裸导体一般为 70℃；θ_0 为导体的基准环境温度，裸导体

一般为 25℃；θ 为裸导体的实际环境温度，一般取年最热月份的平均最高气温）；I_{max} 为导体所在回路的最大持续工作电流（见表 9 - 2），A；I_{al} 为导体在某一运行温度、环境条件及安装方式下长期允许的载流量，A；矩形铝导体的数值见附录 A 中附表 A - 1（槽形铝导体、圆管形铝导体、铝锰合金管形导体的数值见附表 A - 3 和附表 A - 4），表中载流量是按导体允许工作温度＋70℃、环境温度＋25℃、导体表面涂漆、无日照、海拔高度 1000m 及以下条件计算的。其他情况需将表中所列载流量乘以表 9 - 3 中相应的综合校正系数。

表 9 - 2　　　　　　　　　　　　　　　回路最大持续工作电流

回路名称	I_{max}	说明
发电机、调相机回路	1.05 倍发电机、调相机额定电流	当发电机冷却气体温度低于额定值时，允许每低 1℃电流增加 0.5%
变压器回路	（1）1.05 倍变压器额定电流 （2）1.3～2.0 倍变压器额定电流	变压器通常允许正常或事故过负荷，必要时按（1.3～2.0）倍计算
母线联络回路、主母线	母线上最大一台发电机或变压器的 I_{max}	
母线分段回路	（1）发电厂为最大一台发电机额定电流的 50%～80% （2）变压器应满足用户的一级负荷和大部分二级负荷	考虑电源元件事故跳闸后仍能保证该段母线负荷
旁路回路	需旁路的回路的最大额定电流	
出线	（1）单回路：线路最大负荷电流	包括线损和事故时转移过来的负荷
	（2）双回路：（1.2～2）倍一回线的正常最大负荷电流	包括线损和事故时转移过来的负荷
	（3）环形与一台半断路器接线：两个相邻回路正常负荷电流	考虑断路器事故或检修时，一个回路加另一最大回路负荷电流的可能
	（4）桥形接线：最大元件的负荷电流	桥回路尚需考虑系统穿越功率
电动机回路	电动机的额定电流	

表 9 - 3　　　　　　裸导体载流量在不同海拔高度及环境温度下的综合校正系数

导体最高允许温度（℃）	适用范围	海拔高度（m）	实际环境温度（℃）						
			＋20	＋25	＋30	＋35	＋40	＋45	＋50
＋70	屋内矩形、槽形、管形导体和不计日照的屋外软导线		1.05	1.00	0.94	0.88	0.81	0.74	0.67
＋80	计及日照时屋外软导线	1000 及以下	1.05	1.00	0.94	0.89	0.83	0.76	0.69
		2000	1.01	0.96	0.91	0.85	0.79		
		3000	0.97	0.92	0.87	0.81	0.75		
		4000	0.93	0.89	0.84	0.77	0.71		
	计及日照时屋外管形导体	1000 及以下	1.05	1.00	0.94	0.87	0.80	0.72	0.63
		2000	1.00	0.94	0.88	0.81	0.74		
		3000	0.95	0.90	0.84	0.76	0.69		
		4000	0.91	0.86	0.80	0.72	0.65		

式（9-21）中之所以要对导体的长期允许载流量进行温度修正，是因为电气设备的额定电流与周围环境温度密切相关。当周围环境温度高于基准环境温度时，额定电流降低；反之，则升高。因此，实际工程中，一般要考虑温度修正系数进行修正。

我国采用的基准环境温度规定如下：

1）电力变压器和大部分电器（如断路器、隔离开关、互感器等）的周围空气温度取为40℃（即 $\theta_0 = 40℃$）。

2）发电机的冷却空气温度为 35～40℃。

3）裸导体、绝缘导线和裸母线周围空气温度为 25℃。

4）电力电缆在空气中敷设温度为 30℃，直埋敷设时周围泥土的温度为 25℃。

【例9-3】 某新建 2×300MW 燃煤发电厂，高压厂用电系统标称电压为 6kV，其中性点为高电阻接地。每台机组设两台高压厂用无励磁调压双绕组变压器，容量为 35MVA，阻抗值为 10.5%，6.3kV 单母线接线，设 A 段、B 段。请在下列选项中选择最经济合理的6.3kV 段母线导体组合，并说明理由（导体实际运行环境温度按 28℃考虑）：

（1）100mm×10mm 矩形铜导体双条平放。

（2）100mm×10mm 矩形铝导体双条平放。

（3）100mm×8mm 矩形铜导体三条平放。

（4）100mm×10mm 矩形铜导体三条竖放。

解 根据表 9-2 计算高压厂用变压器回路的最大持续工作电流为

$$I_{max} = 1.05 \frac{S_N}{\sqrt{3}U_N} = 1.05 \times \frac{35000}{\sqrt{3} \times 6.3} = 3368(A)$$

导体的温度修正系数为

$$K_\theta = \sqrt{\frac{\theta_{al} - \theta}{\theta_{al} - \theta_0}} = \sqrt{\frac{70 - 28}{70 - 25}} = 0.966$$

根据附表 A-1 查出四种规格导体的载流量：

选项（1）（100mm×10mm 矩形铜导体双条平放）的载流量为 3320A，乘以温度修正系数后为 3207A。

选项（2）（100mm×10mm 矩形铝导体双条平放）的载流量为 2613A，乘以温度修正系数后为 2524A。

选项（3）（100mm×8mm 矩形铜导体三条平放）的载流量为 3610A，乘以温度修正系数后为 3487A。

选项（4）（100mm×10mm 矩形铜导体三条竖放）的载流量为 4650A，乘以温度修正系数后为 4492A。

根据式（9-21），导体的长期允许载流量应大于其所在回路的最大持续工作电流，故选项（3）和选项（4）满足条件，而选项（4）超过最大持续工作电流太多，故选项（3）是最经济合理的。

（2）按经济电流密度选择导体截面。经济截面的意义如图 9-5 所示。

导体投入运行前后产生的费用有：投资费用（曲线 1）和电能损耗费用（曲线 2），曲线1 代表导体截面越大，投资越高；曲线 2 代表导体截面越大，电阻越小，产生的电能损耗越小。这两部分费用之和为曲线 1+2，意味着在某一截面下存在最低的总费用，该截面就称

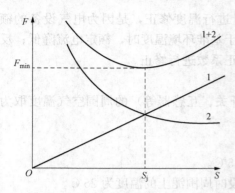

图 9-5　经济截面的意义

F_{min} 为最小年运行费用；S_j 为经济截面

为经济截面。

按经济电流密度选择导体截面可使年运行费用最低。不同种类的导体和不同的最大负荷利用小时 T_{max} 将有一个运行费用最低的经济截面 S_j，与 S_j 对应的电流密度称为经济电流密度 J。

导体的经济截面 S_j 为

$$S_j = \frac{I_{max}}{J}(\text{mm}^2) \qquad (9-22)$$

式中：I_{max} 为导体所在回路的最大持续工作电流（见表 9-2），A；J 为导体的经济电流密度，A/mm²。

式中，各种导体的经济电流密度 J 可按表 9-4 估算。

表 9-4 　　　　　　　　　　　母线及电缆经济电流密度值　　　　　　　　　　　(A/mm²)

导体材料	年最大负荷利用小时数 T_{max} (h)		
	3000 以下	3000～5000	5000 以上
铜裸导线及母线	3.0	2.25	1.75
铝裸导线及母线	1.65	1.15	0.9
铜芯电缆	2.5	2.25	1.75
铝芯电缆	1.92	1.73	1.54

按 DL 5222—2016《导体和电器选择设计技术规定》7.1.6 条规定：除配电装置的汇流母线外，较长导体的截面宜按经济电流密度选择。当无合适规格导体时，导体面积可按经济电流密度计算截面的相邻下一档选取，即导体截面可小于经济电流密度的计算截面。

【例 9-4】　某发电厂主变压器容量为 340MVA，主变高压侧额定电压为 242kV，主变压器 220kV 系统侧架空导线采用铝绞线，按经济电流密度选择其导线应为下列哪种规格（经济电流密度 $J=0.72$ A/mm²）：

（1）2×400 mm²。

（2）2×560 mm²。

（3）2×630 mm²。

（4）2×800 mm²。

解　根据表 9-2 计算主变压器 220kV 系统侧回路最大持续工作电流为

$$I_{max} = 1.05\frac{S_N}{\sqrt{3}U_N} = 1.05\times\frac{340\times10^3}{\sqrt{3}\times242} = 851.7(\text{A})$$

导线经济截面为

$$S_j = \frac{I_{max}}{J} = \frac{851.7}{0.72} = 1183(\text{mm}^2)$$

本例中导线经济截面非常接近 2×600 mm²，但导线的标准生产序列规格见附表 A-7 所示，没有 600mm² 截面的导体，根据 DL 5222—2016《导体和电器选择设计技术规定》7.1.6 条规定：当无合适规格导体时，导体面积可按经济电流密度计算截面的相邻下一档选取。因此导线规格应选择（2）$2 \times 560 \text{mm}^2$。

2. 电晕电压校验

电晕放电将引起电晕损耗、无线电干扰和金属腐蚀等不利现象。电晕的产生与电压等级及导体的直径有很大关系。只有 110kV 及以上电压等级才需要校验电晕电压。保证导体直径不小于表 9-5 所示结果。

表 9-5　　　　　　　　**按电晕条件所规定的导线最小外径**

额定电压等级（kV）	60 以下	110	220	500
导线外径（mm）	不限制	9.6	21.6	4×21.6
相应导线型号		LGJ—50	LGJ—240	$4 \times$ LGJ—240

3. 导体热稳定校验

按正常工作电流选出导体截面后，还应校验短路电流引起的热稳定。

在校验导体热稳定时，若计及集肤效应的影响，由短路时发热的计算公式得短路热稳定决定的导体最小截面 $S_{\min}$ 为

$$S_{\min} = \frac{\sqrt{Q_k K_s}}{C}(\text{mm}^2) \tag{9-23}$$

式中：Q_k 为短路电流热效应，$\text{A}^2 \cdot \text{s}$；$K_s$ 为集肤效应系数；C 为热稳定系数。

特别提醒：式中短路电流热效应的单位为 $\text{A}^2 \cdot \text{s}$，不是 $\text{kA}^2 \cdot \text{s}$。

热稳定系数 C 值与材料及发热温度有关。导体的 C 值见表 9-6。

表 9-6　　　　**短路前导体温度为 $+70℃$ 时的热稳定系数 C 值**　　　　（$\text{A}\sqrt{\text{s}}/\text{mm}^2$）

母线材料	最大允许温度（℃）	C 值
铜	300	171
铝	200	87

导体的截面应满足热稳定条件

$$S \geqslant S_{\min} \tag{9-24}$$

【例 9-5】　　已知某发电机额定容量为 25MVA，额定电压为 10.5kV，发电机出口三相短路时，$I'' = 16\text{kA}$、$I_{0.35} = 15\text{kA}$、$I_{0.7} = 14\text{kA}$，三相短路冲击电流瞬时值 $i_{\text{ch}}^{(3)} = 44\text{kA}$。继电保护装置的动作时间 $t_{\text{op}} = 0.5\text{s}$，断路器的动作时间为 0.2s，环境温度 25℃。该母线水平放置，试按发热条件选择发电机引出线上的铝母线，并校验热稳定（导体实际运行环境温度按 25℃考虑）。

解　（1）按长期发热允许电流选择母线截面。

根据表 9-2 计算发电机回路的最大持续工作电流为

$$I_{\max} = 1.05 \frac{S_N}{\sqrt{3}U_N} = 1.05 \times \frac{25000}{\sqrt{3} \times 10.5} = 1443(\text{A})$$

温度修正系数 $K_\theta = \sqrt{\frac{\theta_{\text{al}} - \theta}{\theta_{\text{al}} - \theta_0}} = \sqrt{\frac{70 - 25}{70 - 25}} = 1$

查附表 A-1，试选择截面为 $100\text{mm} \times 8\text{mm}$ 的单根矩形铝母线，其 25℃时平放长期允许

载流量 $K_\theta I_{al} = 1547A > I_{max} = 1443A$，所选母线满足长期工作时发热条件的要求。

（2）校验母线的热稳定。

1）求短路电流计算时间。短路电流计算时间为

$$t_k = 0.5 + 0.2 = 0.7s$$

2）求热稳定最小允许截面。短路电流周期分量热效应为

$$Q_p = \frac{t_k}{12}(I''^2 + 10I_{t_{k/2}}^2 + I_{t_k}^2) = \frac{0.7}{12}(16^2 + 10 \times 15^2 + 14^2) = 157.6(kA^2 \cdot s)$$

短路电流非周期分量热效应为

$$Q_{np} = TI''^2 = 0.2 \times 16^2 = 51.2(kA^2 \cdot s)$$

短路电流热效应为

$$Q_k = Q_p + Q_{np} = 157.6 + 51.2 = 208.8(kA^2 \cdot s)$$

查表 9-6 得热稳定系数 $C = 87A\sqrt{s}/mm^2$，查附表 A-1 得 100mm×8mm 的单根矩形铝导体的集肤效应系数 $K_s = 1.05$，根据式（9-23）得

$$S_{min} = \frac{\sqrt{Q_k K_s}}{C} = \frac{\sqrt{208.8 \times 10^6 \times 1.05}}{87} = 170(mm^2)$$

3）校验热稳定。所选母线实际截面 $S = 800mm^2 > S_{min} = 170mm^2$，大于热稳定最小允许截面，故满足热稳定要求。

4. 导体动稳定校验

各种形状的硬母线通常都安装在支柱绝缘子上，短路冲击电流产生的电动力将使导体发生弯曲，因此，导体应根据弯曲情况进行应力计算。而软母线不进行动稳定校验。

（1）单条矩形母线的应力计算。三相短路时，中间相受到的电动力最大，对于单条矩形母线有

$$F^{(3)} = 1.73i_{ch}^2 \frac{L}{a} \times 10^{-7}(N) \tag{9-25}$$

式中：$F^{(3)}$ 为三相短路时中间相母线上的最大电动力，N；i_{ch} 为三相短路时冲击电流瞬时值，A；L 为支柱绝缘子间的跨距，m；a 为支柱绝缘子相间距离，m。

母线在电动力作用下弯曲变形，产生弯矩 M，当母线档数为 1～2 档时，有

$$M = \frac{F^{(3)}L}{8}(N \cdot m) \tag{9-26}$$

当母线档数大于 2 档时

$$M = \frac{F^{(3)}L}{10}(N \cdot m) \tag{9-27}$$

母线最大相间计算应力

$$\sigma_{max} = \frac{M}{W} \tag{9-28}$$

式中：σ_{max} 为短路时母线的计算应力；W 为母线对垂直于作用力方向轴的截面系数（也称抗弯矩），m^3。

当矩形母线按图 9-6（a）所示，母线在绝缘子上立放时

$$W = \frac{hb^2}{6}(m^3) \tag{9-29}$$

按图 9-6 (b) 所示，母线在绝缘子上平放

$$W = \frac{bh^2}{6} (\text{m}^3) \qquad (9-30)$$

满足母线动稳定的条件为

$$\sigma_{\max} \leqslant \sigma_{\text{al}} \qquad (9-31)$$

式中：σ_{al} 为导体材料的允许应力，数值见表 9-7。

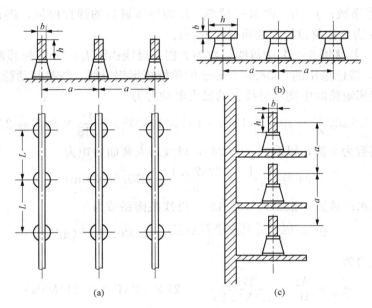

图 9-6　母线布置方式

(a)、(b) 水平布置；(c) 垂直布置

表 9-7　　　　　　　　　导体材料最大允许应力

导体材料	最大允许应力（Pa）	导体材料	最大允许应力（Pa）
硬铝	70×10^6	铝锰合金管	90×10^6
硬铜	140×10^6	钢	98×10^6

为了便于计算，设计中常根据材料的最大允许应力来确定支柱绝缘子间的最大跨距。

令 $\sigma_{\max} \leqslant \sigma_{\text{al}}$，则最大允许跨距为

$$L_{\max} = \sqrt{10 \sigma_{\text{al}} W / f_{\text{ph}}} \quad (\text{m}) \qquad (9-32)$$

式中：f_{ph} 为单位母线上所受的相间电动力，N·m。

实际跨距 L 若小于或等于 $L_{\max}$，则母线满足动稳定。

当矩形母线水平放置时，为避免导体因自重而过分弯曲，所选取的跨距一般不超过 1.5～2m。常取绝缘子跨距等于配电装置间隔的宽度。

（2）多条矩形母线的应力计算。当母线由多条组成时，母线上的最大机械应力由相间作用应力 $\sigma_{\max}$ 和同相各条间的作用力 σ_{b} 合成，即

$$\sigma_{\max} + \sigma_{\text{b}} = \sigma_{\text{al}} \qquad (9-33)$$

（3）母线共振的校验。当母线的自振频率与电动力交变频率一致或接近时，将会产生共振现象，而增加母线的应力。因此，对重要回路（如变压器及汇流母线等）的母线应进行共振校验。

导体不发生共振的最大跨距 L_{max} 为

$$L_{max} = \sqrt{\frac{N_f}{f_1}\sqrt{\frac{EI}{m}}} \quad \text{(m)} \tag{9-34}$$

式中：N_f 为频率系数；f_1 为一阶自振频率；E 为导体材料的弹性模量，Pa；I 为导体断面二次矩，m^4；m 为导体单位长度的质量，kg/m。

【例 9-6】 若【例 9-5】中母线档数为 2 档，母线档距 $L=1$m，相邻两母线的轴线距离为 $a=0.15$m，按已选出的 100mm×8mm 的单根矩形铝母线，校验其动稳定。

解 母线三相短路时中间相母线上的最大电动力为

$$F^{(3)} = 1.73 i_{ch}^2 \frac{L}{a} \times 10^{-7} = 1.73 \times (44 \times 1000)^2 \times \frac{1}{0.15} \times 10^{-7} = 2237\text{(N)}$$

由于母线档数为 2 档，根据式（9-26），母线最大弯曲力矩为

$$M = \frac{F^{(3)}L}{8} = \frac{2237 \times 1}{8} = 279.6\text{(N} \cdot \text{m)}$$

由于母线为水平放置，根据式（9-32），母线截面系数为

$$W = \frac{bh^2}{6} = \frac{0.008 \times 0.1^2}{6} = 1.33 \times 10^{-5}\text{(m}^3\text{)}$$

母线计算应力为

$$\sigma_{max} = \frac{M}{W} = \frac{279.6}{1.33 \times 10^{-5}} = 21 \times 10^6\text{(Pa)} = 21\text{(MPa)}$$

母线的动稳定校验为

$$\sigma_{max} = 21\text{MPa} \leqslant \sigma_{al} = 70\text{MPa}$$

所以选择 LMY-100mm×8mm 型铝母线满足动稳定要求。

三、电力电缆的选择

电力电缆根据其结构类型、电压等级和经济电流密度来选择，并须以其最大长期工作电流、正常运行情况下的电压损失以及短路时的热稳定进行校验。

1. 选择电缆型号

根据电缆的用途、敷设方法和场所、选择电缆的芯数、芯线材料、绝缘种类、保护层以及电缆的其他特征，最后确定电缆型号。

（1）电缆芯线有铜芯和铝芯，国内工程一般选用铝芯，但需移动或振动剧烈的场所应采用铜芯。

（2）在 110kV 及以上的交流装置中一般为单芯充油或充气电缆；在 35kV 及以下三相三线制的交流装置中，用三芯电缆；在 380/220V 三相四线制的交流装置中，用四芯或五芯（有一芯用于保护接地）电缆；在直流装置中，用单芯或双芯电缆。

（3）直埋电缆一般采用带护层的铠装电缆。周围潮湿或有腐蚀性介质的地区应选用塑料护套电缆。

（4）移动机械选用重型橡套电缆，高温场所宜用耐热电缆，重要直流回路或保安电源回路宜用阻燃电缆。

2. 按额定电压选择

电缆的额定电压 U_N 应大于或等于所在电网额定电压 U_{NS}，即

$$U_N \geqslant U_{NS} \tag{9-35}$$

3. 电缆截面的选择

(1) 电缆截面选择方法与母线截面选择方法基本相同，即可按回路最大持续工作电流或经济电流密度选择。

工程实际中，应尽量将三芯电缆的截面积限制在 185mm² 及以下，便于敷设和制作电缆接头。

(2) 确定电缆根数。满足上述要求的电缆，可以是一根截面积大的或多根截面积小的，一般按如下原则确定根数：当 $S<150mm^2$ 时，用一根；当 $S>150mm^2$ 时，用（$S/150mm^2$）根。

4. 热稳定校验

电缆截面热稳定的校验方法与母线热稳定校验方法相同。满足热稳定要求的最小截面积 S_{min} 按式（9-23）计算。

5. 电压损失校验

对供电距离较远，容量较大的电缆线路，应校验其电压损失 ΔU（％），一般应满足 ΔU（％）$\leqslant 5\%$。对于长度为 L、单位长度的电阻为 r、电抗为 x 的三相交流电缆，计算式为

$$\Delta U(\%) = \frac{173}{U} I_{max} L (r\cos\varphi + x\sin\varphi)\% \tag{9-36}$$

式中：U、$\cos\varphi$ 分别为工作线电压、功率因数。

【**例 9-7**】　某风力发电厂，一期装设单机容量 1800kW 的风力发电机组 27 台，每台经箱式变压器升压到 35kV，每台箱式变压器容量为 2000kVA，每 9 台箱式变压器采用 1 回 35kV 集电线路（电缆）送至风电场升压站 35kV 母线，再经升压变压器升至 110kV 接入系统，其电气主接线如图 9-7 所示。

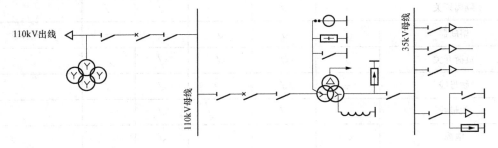

图 9-7　风电厂电气主接线示意图

若集电线路短路时的热效应为 1067kA² · s，铜芯电缆的热稳定系数 C 值为 115，电缆在土壤中敷设时，综合校正系数为 1，请判断表 9-8 中哪种规格的电缆既满足载流量，又满足热稳定要求？

表 9-8　三芯交联聚乙烯绝缘电缆在空气中（25℃）长期允许载流量（A）

电缆截面积（mm²）	3×95	3×120	3×150	3×185
载流量（A）	215	234	260	320

解　（1）计算 9 台箱式变压器最大持续工作电流为

$$I_{max} = 1.05 \frac{S_N}{\sqrt{3}U_N} = 1.05 \times \frac{9 \times 2000}{\sqrt{3} \times 35} = 311.8(A)$$

乘以综合校正系数：311.8×1＝311.8A＜320A，故选电缆规格为 3×185mm²。

（2）热稳定校验为

$$S_{min} = \frac{\sqrt{Q_k}}{C} = \frac{\sqrt{1067 \times 10^6}}{115} = 284(mm^2)$$

因所选电缆截面为　　　　　　　　3×185mm²＞284mm²

故该电缆满足热稳定要求。

任务三　断路器及隔离开关选择

微课 39
高压断路器的选择

微课 40
隔离开关的选择

　　正确地选择电气设备是使电气主接线和配电装置达到安全可靠和经济运行的重要保证之一。电气设备要能可靠工作，必须按正常工作条件进行选择，按短路状态校验其热稳定和动稳定。高压电气设备选择及校验的项目见表 9-9。

表 9-9　　　　　　　　　　　高压电气设备选择及校验的项目

选择校验项目　设备名称	额定电压	额定电流	开断电流	短路电流稳定性		其他检验项目
				热稳定	动稳定	
断路器	√	√	√	√	√	
隔离开关	√	√	—	√	√	
熔断器	√	√	√	—	—	选择性
负荷开关	√	√	√	√	√	
硬母线	—	√	—	√	√	
软母线	—	√	—	√	—	
电缆	√	√	—	√	—	
支柱绝缘子	√	—	—	—	√	
套管绝缘子	√	√	—	√	√	
电流互感器	√	√	—	√	√	准确度及二次负荷
电压互感器	√	—	—	—	—	准确度及二次负荷
限流电抗器	√	√	—	√	√	电压损失校验
消弧线圈	√	√	—	—	—	额定容量

一、高压断路器的选择和校验

高压断路器是发电厂、变电站主要电气设备之一，其选择的好坏，不但直接影响发电厂、变电站的正常运行，而且也影响在故障条件下是否能可靠地分断。

断路器的选择依据额定电压、额定电流、装置种类、构造形式、开断电流或开断容量各技术参数，并进行动稳定和热稳定的校验。

1. 断路器种类和形式的选择

高压断路器应根据断路器安装地点（选择户内式或户外式）、环境和使用技术条件等要求，并考虑其安装调试和运行维护，经技术经济比较后选择其种类和形式。目前，由于油断路器运行维护及可靠性都比真空断路器和 SF_6 断路器差，对其使用越来越少；真空断路器和 SF_6 断路器因其运行维护简单、可靠性高及开断电流大等优点，得到广泛应用。

目前，在 35kV 及以下户内环境中，多选择真空断路器或 SF_6 断路器；在 35kV 及以上户外环境中，多选择 SF_6 断路器。

2. 按额定电压选择

断路器的额定电压应不小于所在电网的额定电压（或工作电压），即

$$U_N \geqslant U_{NS} \tag{9-37}$$

式中：U_N 为所选断路器额定电压；U_{NS} 为电网工作电压。

3. 按额定电流选择

断路器的额定电流应大于所在回路的最大持续工作电流，即

$$I_N \geqslant I_{max} \tag{9-38}$$

式中：I_N 为所选断路器额定电流，由制造厂或产品目录提供；I_{max} 为所在回路的最大持续工作电流。

最大持续工作电流 I_{max} 应为发电机、变压器额定电流的 1.05 倍；若变压器有可能过负荷运行时，I_{max} 应按过负荷确定 1.3～2.0 倍变压器额定电流。

我国生产的电气设备设计时多采用环境温度为 +40℃，若实际装设地点的环境温度高于 +40℃，但不超过 +60℃，则设备长期允许通过的电流 I'_N 为额定电流 I_N 乘以温度修正系数 K_θ。

$$I'_N = K_\theta I_N = I_N \sqrt{\frac{\theta_{al} - \theta}{\theta_{al} - \theta_0}} \tag{9-39}$$

式中：I'_N 为设备长期允许通过的电流，A；θ_{al} 为设备长期允许发热温度，℃；θ_0 为基准环境温度，℃；θ 为周围环境实际温度，一般取年最热月份的平均最高气温，℃；K_θ 为温度修正系数。

当周围介质温度低于 +40℃ 时，环境温度每降低 1℃，允许电流可提高 0.5%，但总的不超过额定电流的 20%。

4. 按开断电流和关合电流选择

断路器的额定开断电流 I_{Nkd} 应按大于或等于断路器触头刚分开时实际开断的短路电流周期分量有效值 I_p 来选择，即高压断路器的额定开断电流应满足

$$I_{Nkd} \geqslant I_p \tag{9-40}$$

式中：I_p 为断路器触头刚分开时实际开断的短路电流周期分量有效值。

当断路器的额定开断电流较系统的短路电流大很多时，为了简化计算，也可用次暂态电流 I'' 进行选择，即

$$I_{Nkd} \geqslant I'' \tag{9-41}$$

在断路器合闸之前，若线路上已存在短路故障，则在断路器合闸过程中，触头间在未接触时即有巨大的短路电流通过，容易发生触头损坏。且断路器在关合电流时，不可避免地在接通后又自动跳闸，此时要求能切断短路电流，因此要求断路器的额定关合电流 i_{Ngh} 也不应小于短路电流最大冲击值 i_{ch}，即满足

$$i_{Ngh} \geqslant i_{ch} \tag{9-42}$$

短路电流最大冲击值 i_{ch} 可由式（9-43）计算

$$i_{ch} = \sqrt{2} K_{ch} I'' \tag{9-43}$$

式中：I'' 为次暂态电流；K_{ch} 为冲击系数，发电机机端短路时取 1.9，发电厂高压母线及发电机电压电抗器后短路时取 1.85，远离发电机短路时取 1.8。

5. 短路电流的计算条件

作验算用的短路电流应按下列条件确定：

（1）容量和接线。按工程最终容量计算，并考虑电力系统远景发展规划；其接线应采用可能发生最大短路电流的正常接线方式。

（2）短路种类。一般按三相短路验算，若其他种类短路较三相短路严重时，则应按最严重的情况验算。

（3）计算短路点。在校验电器和载流导体时，必须确定电气设备和载流导体处于最严重情况的短路点，使通过的短路电流校验值为最大。

现以图9-8为例，将短路计算点的选择方法说明如下：

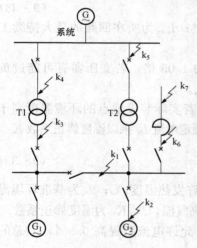

图9-8 选择短路计算点的示意图

1）发电机、变压器回路的断路器应比较断路器前或后短路时通过断路器的短路电流值，然后选择其中最大的短路电流为短路计算点。例如，选择发电机回路中的断路器，当 k_1 点短路时，流过断路器的短路电流为发电机 G_2 所提供，而当 k_2 点短路时，流过断路器的短路电流为发电机 G_1 和系统共同提供，此时如果 G_1 和 G_2 两台发电机容量相等，则对于发电机回路中的断路器，k_1 点短路时流过该断路器的短路电流要小于 k_2 点短路时流过该断路器的短路电流，故应选择短路点 k_2 作为短路计算点。选择变压器 T1 高压侧断路器，应按低压侧断路器断开时在 k_4 点短路作为短路计算点。选择低压侧断路器时，应按高压侧断路器断开时在 k_3 点短路作为短路计算点。

2）带电抗器的 6～10kV 出线及厂用分支回路，在母线和母线隔离开关前的母线引线及套管应按电抗器前 k_6 点短路选择。由于干式电抗器工作可靠性较高，且电气设备间的连线都很短，故障率小，故隔板后的载流导体和电气设备一般可按电抗器后即 k_7 点为计算短路点，这样可选择轻型断路器，节约投资。

3）母线分段断路器，应按变压器 T2 停运时在 k_1 点短路作为短路计算点。选择发电机电压母线时，应按 k_1 点短路计算。

6. 动稳定校验

动稳定校验是指在冲击电流作用下，断路器的载流部分所产生的电动力是否能导致断路

器的损坏。动稳定应满足的条件是短路冲击电流 i_{ch} 应小于或等于断路器的动稳定电流（峰值）[参见式（9-44）]。断路器的动稳定电流一般在产品目录中给出的是极限通过电流（峰值）i_{dw}，即应满足

$$i_{dw} \geqslant i_{ch} \tag{9-44}$$

7. 热稳定校验

热稳定校验应满足的条件是短路热效应 Q_k 不大于断路器在 t 时间内的允许热效应，即

$$I_t^2 t \geqslant Q_k \tag{9-45}$$

式中：I_t 为断路器 t 时间内的允许热稳定电流，kA。

短路热效应 Q_k 的计算可用式（9-13）及式（9-15）进行计算。验算热稳定的短路计算时间 t_k 通常为继电保护动作时间 t_{pr} 和相应的断路器全分闸时间 t_{br} 之和，即

$$t_k = t_{pr} + t_{br} \tag{9-46}$$

式中的继电保护动作时间 t_{pr} 对裸导体宜采用主保护动作时间，对其他电器（如断路器、隔离开关等）则取保护装置的后备保护动作时间，这是考虑主保护有死区或拒动；断路器全分闸时间 t_{br} 由固有分闸时间和燃弧时间组成。

如果在计算过程中缺乏必要的时间参数，根据 DL 5222—2016《导体和电器选择设计技术规定》9.2.4 条规定：断路器的额定短时耐受电流等于额定短路开断电流，其持续时间额定值在 110kV 及以下为 4s；在 220kV 及以上为 2s。对额定电压为 110kV 及以下的断路器，其短路计算时间可取为 4s；对额定电压为 220kV 及以上的断路器，其短路计算时间可取为 2s。

根据对断路器操作控制的要求，选择与断路器配用的操动机构。高压断路器的操动机构大多数是由制造厂配套供应，仅部分少油断路器有电磁式、弹簧式或液压等几种形式的操动机构可供选择。一般电磁式操动机构虽需配有专用的直流合闸电源，但其结构简单可靠；弹簧式操动机构的结构比较复杂，调整要求较高；液压操动机构加工精度要求较高，操动机构的形式，可根据安装调试方便和运行可靠性进行选择。

二、隔离开关的选择

隔离开关的选择方法与断路器相同，但隔离开关没有灭弧装置，不承担接通和断开负荷电流和短路电流的任务，因此，不需要选择额定开断电流和额定关合电流。

隔离开关按下列项目选择和校验：①型式和种类；②额定电压；③额定电流；④动稳定、热稳定校验。选择时应根据安装地点选用户内式或户外式隔离开关；结合配电装置布置的特点，选择隔离开关的类型，并进行综合技术经济比较后确定。表 9-10 为隔离开关选型参考表。

表 9-10　　　　　　　　　　　隔离开关选型参考表

使用场合		特点	参考型号
屋内	屋内配电装置成套高压开关柜	三极，10kV 以下	GN2，GN6，GN8，GN9
	发电机回路，大电流回路	单极，大电流 3000～13000A	GN10
		三极，15kV，200～600A	GN11
		三极，10kV，大电流 2000～6000A	GN18，GN22，GN2
		单极，插入式结构，带封闭罩 20kV，大电流 10000～13000A	GN14

使用场合		特点	参考型号
屋外	220kV 及以下各型配电装置	双柱式，220kV 以下	GW4
	高型，硬母线布置	V 型，35～110kV	GW5
	硬母线布置	单柱式，220～500kV	GW6，GW16
	220kV 及以上中型配电装置	三柱式，220～500kV	GW7

所选隔离开关的额定电压应大于装设电路所在电网的额定电压，额定电流应大于装设电路的最大持续工作电流。

校验只考虑动稳定和热稳定校验，校验方法和断路器类似，不再重复。

在选择时，隔离开关宜配用电动机构，接地开关可采用手动机构。当有压缩空气系统时，也可采用气动机构。

【例 9 - 8】　已知发电机的额定容量为 31.5MVA，额定电压为 10.5kV，发电机出口短路时，$I''^{(3)}=26.4$kA，$I_\infty^{(3)}=15.5$kA，$I_{0.11}=20.8$kA，$I_{1.8}=19.8$kA，$I_{3.6}=19.4$kA，主保护动作时间 $t_{pr1}=0.05$s，后备保护动作时间 $t_{pr2}=3.5$s。试选择该发电机出口的高压断路器及隔离开关。

解　发电机回路的最大持续工作电流为

$$I_{max}=\frac{1.05S_N}{\sqrt{3}U_N}=\frac{1.05\times31.5\times10^6}{\sqrt{3}\times10.5\times10^3}=1819(A)$$

发电机回路的断路器和隔离开关安装在屋内配电装置中，故选用屋内式。根据额定电压和额定电流，选用 ZN12 - 10/2000 型户内真空断路器和 GN2 - 10/2000 型户内隔离开关。其主要参数见表 9 - 11。该断路器的固有分闸时间 $t_{gf}=0.06$s，全开断时间 $t_{kd}=0.1$s。

开断计算时间为 $t_{br}=t_{pr1}+t_{gf}=0.05+0.06=0.11$（s）

短路计算时间为 $t_k=t_{pr2}+t_{kd}=3.5+0.1=3.6$（s）

因 $t_k=3.6$s＞1s，故不计非周期分量热效应

$$Q_p=\frac{I''^2+10I_{1.8}^2+I_{3.6}^2}{12}t_k=\frac{26.4^2+10\times19.8^2+19.4^2}{12}\times3.6=1498(kA^2\cdot s)$$

发电机回路冲击系数取 1.9，其 $i_{ch}=1.9\times\sqrt{2}\times I''=2.69\times26.4=71$（kA）。

表 9 - 11　　　　　　　　　　断路器和隔离开关选择结果表

计算数据	ZN12 - 10/2000	GN2 - 10/2000
$U_{NS}=10$kV	$U_N=10$kV	$U_N=10$kV
$I_{max}=1819$A	$I_N=2000$A	$I_N=2000$A
$I_{zt}=20.8$kA	$I_{Nkd}=50$kA	
$i_{ch}=71$kA	$i_{Ngh}=100$kA	
$Q_k=1498kA^2\cdot s$	$I_t^2t=40^2\times4=6400kA^2\cdot s$	$I_t^2t=51^2\times4=10404kA^2\cdot s$
$i_{ch}=71$kA	$i_{dw}=100$kA	$i_{dw}=85$kA

任务四　互感器的选择

一、电流互感器的选择

电流互感器按下列条件进行选择及校验：

（1）根据安装地点（户内、户外）、安装使用条件（穿墙式、支持式、母线式）等选择电流互感器的形式。6～20kV 屋内配电装置，可选用瓷绝缘结构或树脂浇注绝缘结构的电流互感器；35kV 及以上配电装置，一般选用油浸瓷箱式绝缘结构的电流互感器，有条件时应选用套管式电流互感器。

微课 41
互感器的选择

（2）按一次电路的电压和电流选择电流互感器的一次额定电压和额定电流时，必须满足

$$U_{1N} \geqslant U_{NS} \tag{9-47}$$

$$I_{1N} \geqslant I_{max} \tag{9-48}$$

式中：U_{NS} 为电流互感器所在电网的额定电压；U_{1N}、I_{1N} 为电流互感器的一次额定电压和一次额定电流；I_{max} 为装设所选电流互感器的一次回路的最大持续工作电流。

为了保证供给测量仪表的准确度，电流互感器的一次正常工作电流值应尽量接近其一次额定电流。

电流互感器的二次额定电流一般选用 5A，在弱电系统中选用 1A。

（3）根据二次负荷的要求，选择电流互感器的准确度级。电流互感器的准确度级不得低于所供测量仪表的准确度级，以保证测量的准确度。例如，用于测量精确度要求较高的大容量发电机、变压器、系统干线和 500kV 电压级的电流互感器宜用 0.2 级；用于重要回路，如发电机、调相机、变压器、厂用线路及出线等的电流互感器的准确度级应为 0.5 级；供运行监视和控制盘上的电流表、功率表、电能表等仪表的电流互感器一般采用 1 级。当仪表只供估计电气参数时，电流互感器可用 3 级。当用于继电保护时，应根据继电保护的要求选用 P 级或 TPY 级。

（4）根据选定的准确度级，校验电流互感器的二次负荷，并选择二次连接导线截面。电流互感器在一定的准确度级下工作时，规定有相应的额定二次负荷，即在此准确度级下允许的二次负荷最大值。当实际二次负荷超过此值时，准确度级将降低。因此，为保证电流互感器能在选定的准确度级下工作，二次侧所接的负荷，必须小于或等于选定准确度级下的额定二次负荷，即

$$Z_{2N} \geqslant Z_{2l} \tag{9-49}$$

式中：Z_{2N} 为选定准确度级下的额定二次负荷，Ω；Z_{2l} 为电流互感器的二次负荷，Ω。

决定二次负荷时，须先画出电流互感器二次侧的测量仪表和继电器的电路图。一般测量仪表和继电器电流线圈及其连接导线的电抗很小，可以忽略不计，只计及线圈及连线的电阻，则二次负荷等于

$$Z_{2l} = \sum R_{dl} + R_d + R_c \tag{9-50}$$

式中：$\sum R_{dl}$ 为测量仪表和继电器电流线圈的串联总电阻；R_d 为连接导线的电阻；R_c 为各接头的接触电阻总和，一般取为 0.1Ω。

如已知各测量仪表和继电器电流线圈所消耗功率的伏安值时，可近似计算各电流线圈的串联总电阻，忽略线圈的电抗，则

$$\sum R_{\mathrm{dl}} = \frac{\sum S_{\mathrm{dl}}}{I_{2\mathrm{N}}^2} \tag{9-51}$$

电流互感器二次连接导线的截面积，可按如下方法确定。取 $Z_{2l}=Z_{2N}$，代入式（9-50），则连接导线的电阻为

$$R_{\mathrm{d}} = Z_{2\mathrm{N}} - \sum R_{\mathrm{dl}} - R_{\mathrm{c}} \tag{9-52}$$

选择连接导线的截面积为

$$S \geqslant \frac{\rho L_{\mathrm{c}}}{R_{\mathrm{d}}} = \frac{\rho L_{\mathrm{c}}}{Z_{2\mathrm{N}} - \sum R_{\mathrm{dl}} - R_{\mathrm{c}}} \tag{9-53}$$

式中：S 为连接导线的截面积，mm^2。ρ 为连接导线的电阻率，铜为 1.75×10^{-2}，铝为 2.83×10^{-2}，$\Omega\cdot\mathrm{mm}^2/\mathrm{m}$；$L_{\mathrm{c}}$ 为连接导线的计算长度，m。

连接导线的计算长度 L_{c} 决定于从电流互感器到测量仪表（或继电器）之间的实际连接距离 L' 和电流互感器的接线方式。当采用单相接线时，$L_{\mathrm{c}}=2L'$；当采用星形接线时，由于中线内电流很小，则 $L_{\mathrm{c}}=L'$；当两只电流互感器接成不完全星形时，因为公共导线内的电流为 $-\dot{I}_{\mathrm{v}}$，与 U 相电流的相位差为 $60°$，按电压方程可得 $L_{\mathrm{c}}=\sqrt{3}L'$。电流互感器接线方式示意图如图 9-9 所示。

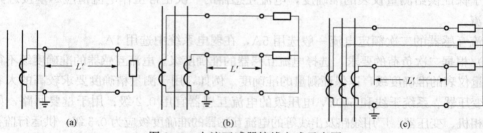

图 9-9 电流互感器接线方式示意图
(a) 单相接线；(b) 不完全星形接线；(c) 星形接线

发电厂和变电站中应采用铜芯控制电缆，根据机械强度要求，求得的连接导线截面积不应小于 $1.5\mathrm{mm}^2$。

(5) 热稳定校验。电流互感器的热稳定能力用热稳定倍数 K_{t} 表示。热稳定倍数 K_{t} 等于 1s 内允许通过的热稳定电流与一次额定电流 $I_{1\mathrm{N}}$ 之比。所以热稳定应满足的条件为

$$(K_{\mathrm{t}}I_{1\mathrm{N}})^2 t \geqslant Q_{\mathrm{k}} \tag{9-54}$$

式中：K_{t} 为 t 时间的热稳定倍数，$t=1\mathrm{s}$；Q_{k} 为短路电流的热效应。

(6) 动稳定校验。电流互感器的动稳定能力用动稳定倍数 K_{dw} 表示。K_{dw} 等于内部允许通过极限电流的峰值与一次额定电流最大值之比，所以满足的条件为

$$(K_{\mathrm{dw}}\cdot\sqrt{2}I_{1\mathrm{N}}) \geqslant i_{\mathrm{ch}}^{(3)} \tag{9-55}$$

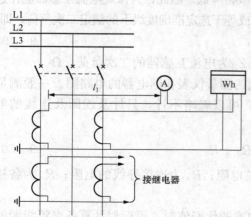

图 9-10 电流互感器回路接线图

【例 9-9】 选择图 9-10 所示变电站 10kV 出线上的电流互感器。出线最大工作电流 $I_{\max}=$

192.46A，$I''=I_\infty=20\text{kA}$，出线后备保护动作时间 $t_{pr}=1.2\text{s}$，断路器全分闸时间 $t_{br}=0.1\text{s}$。测量仪表和继电器装在屋内配电装置中，电流互感器到仪表的连线距离 $L_1=5\text{m}$。

解 （1）选择电流互感器的型号。根据题意，选择户内用环氧树脂浇注绝缘结构电流互感器，由产品目录中查得型号为 LFZ$_2$-10 型。其额定参数为 $U_N=10\text{kV}$、$I_{1N}=200\text{A}$、$I_{2n}=5\text{A}$。具有两个铁芯，供测量用铁芯准确度为 0.5 级，额定二次负荷 $Z_{2N}=0.4\Omega$；供保护用铁芯准确度为 3 级，额定二次负荷 $Z_{2N}=0.6\Omega$。1s 热稳定倍数 $K_t=120$；动稳定倍数 $K_{dw}=210$。

（2）选择 0.5 级侧的二次连接导线的截面。电流互感器供测量仪表的各项二次负荷统计，见表 9-12。

表 9-12　　　　　　　　电流互感器各项二次负荷（VA）

仪表名称	U 相		W 相	
	电流线圈数	消耗功率	电流线圈数	消耗功率
电流表（1T1-A）	1	3	—	—
电能表（DS1）	1	0.5	1	0.5
总计	2	3.5	1	0.5

可见 U 相负荷最大，U 相所接各仪表电流线圈的总电阻为

$$\sum R_{dl}=\frac{3.5}{5^2}=0.14(\Omega)$$

二次导线采用铜导线。电流互感器为不完全星形接线，连接导线的计算长度 $L_c=\sqrt{3}l$，故导线截面积为

$$S\geqslant\frac{\rho L_c}{Z_{2N}-\sum R_{dl}-R_c}=\frac{1.75\times10^{-2}\times\sqrt{3}\times5}{0.4-0.14-0.1}=0.95(\text{mm}^2)$$

根据机械强度要求，选择二次连接导线截面积为 1.5mm^2。

（3）热稳定校验。短路持续时间为

$$t=t_{pr}+t_{br}=1.2+0.1=1.3(\text{s})$$

由于 $t>1\text{s}$，不计非周期分量热效应，故短路电流热效应为

$$Q_k=I''^2t=20^2\times1.3=520(\text{kA}^2\cdot\text{s})$$

$$(K_tI_{LN})^2\times1=(120\times200\times10^{-3})^2\times1=576(\text{kA}^2\cdot\text{s})>Q_k$$

满足热稳定要求。

（4）动稳定校验。三相短路冲击电流为

$$i_{ch}^{(3)}=2.55\times20=51(\text{kA})$$

$$K_{dw}\sqrt{2}I_{1N}=210\times\sqrt{2}\times0.2=59.4(\text{kA})>i_{ch}^{(3)}$$

满足动稳定要求。

故选用 LFZ$_2$-10 型电流互感器。

二、电压互感器的选择

电压互感器按下列条件进行选择和校验：

（1）按安装地点和使用条件等选择电压互感器的类型。一般在 6～20kV 屋内配电装置，

选用户内油浸式或树脂浇注绝缘的电磁式电压互感器；35kV 配电装置宜选用电磁式电压互感器；110kV 及以上配电装置中，如果容量和准确度级满足要求，宜选用电容式电压互感器。

再根据电压互感器的用途确定电压互感器接线。选择单相或三相、一个二次绕组或两个二次绕组的电压互感器。

（2）按一次回路电压选择。电压互感器一次侧的额定电压 U_{1N} 应大于或等于所接电网的额定电压 U_{NS}。但电网电压 U_s 的变动范围，应满足

$$1.1U_{1N} > U_s > 0.9U_{1N} \tag{9-56}$$

（3）按二次电压回路选择。电压互感器二次侧额定电压可按表 9-13 选择。

表 9-13　　　　　　　　　　　　电压互感器二次侧额定电压选择

接线方式	电网电压（kV）	形式	基本二次绕组电压（V）	辅助二次绕组电压（V）
Yy	3～35	单相式	100（或 $100\sqrt{3}$）	无此绕组
YNynd	110J～500J	单相式	$100/\sqrt{3}$	100
	3～60	单相式	$100/\sqrt{3}$	100/3
	3～15	三相五柱式	100	100/3（每相）

注　J 是指中性点直接接地系统。

（4）按容量和准确度级选择。电压互感器准确度级选择的原则，可参照电流互感器准确度级的选择。选定准确度级之后，在此准确度级下的额定二次容量 S_{2N} 应不小于互感器的二次负荷 S_2，即

$$S_{2N} > S_2 \tag{9-57}$$

最好使 S_{2N} 与 S_2 相近，因为 S_2 超过 S_{2N} 或比 S_{2N} 小得过多时，都会使准确度级降低。互感器二次负荷的计算式为

$$S_2 = \sqrt{(\sum S\cos\varphi)^2 + (\sum S\sin\varphi)^2} = \sqrt{(\sum P)^2 + (\sum Q)^2} \tag{9-58}$$

式中：S、P、Q 为仪表和继电器线圈消耗的视在功率、有功功率、无功功率；$\cos\varphi$ 为仪表和继电器线圈的功率因数。

统计电压互感器二次负荷时，首先应根据仪表和继电器的要求，确定电压互感器的接线方式，并尽可能将负荷均匀分布在各相上。然后计算各相负荷的大小，取最大一相负荷，与这一互感器的二次额定容量比较。

💡 思考与练习

9-1　短路电流热效应对电气设备有何危害？

9-2　短路电流电动力效应对电气设备有何危害？

9-3　某发电机 10kV 电压母线，三相母线通过的最大短路电流如下：次暂态短路电流 $I'' = 26$kA，稳态短路电流 $I_\infty = 19.5$kA。短路电流持续时间 $t_k = 0.9$s。若选用 50mm×4mm 的矩形铝母线，试计算短路电流的热效应。

9-4　某发电机机端采用型号为 LMY-100mm×8mm 的铝导体，额定电压 $U_N = 10.5$kV，额定电流 $I_N = 1500$A，继电保护动作时间为 0.5s，断路器全开断时间为 0.3s，短路电流 $I'' = 28$kA，$I_{0.4s} = 22$kA，$I_{0.8s} = 20$kA，试计算导体短路时的热效应。

9-5 某降压变电站的一台主变压器，其额定容量为 7500kVA，低压侧绕组额定电压为 10.5kV，低压侧母线额定电压为 10kV，变电站由无限大容量系统供电，低压侧母线短路电流为 $I''=I_\infty=5.5\text{kA}$。低压侧断路器继电保护动作时间为 1s，低压侧断路器的固有开断时间为 0.05s，灭弧时间为 0.05s。低压侧母线采用矩形铝母线，母线相间距离为 $a=250\text{mm}$，跨距 $L=1\text{m}$，跨距数大于 2，试选择母线截面，并校验其热稳定和动稳定（该变电站所在地最热月平均温度为 28℃。）。

9-6 某发电机额定容量为 25MW，$U_N=10.5\text{kV}$，$\cos\varphi=0.8$，已知发电机出口短路时，冲击短路电流 $i_{ch}=70\text{kA}$，稳态短路电流 $I_\infty=29.1\text{kA}$。发电机主保护时间 0.05s，后备保护时间 3.9s，断路器开断时间要求小于 0.15s，试选择发电机出口断路器和隔离开关的型号。

附录 A　导体长期允许载流量和集肤效应系数

表 A-1　矩形导体长期允许载流量 (A) 和集肤效应系数 K_S

铝导体 LMY

导体尺寸 $h \times b$ (mm×mm)	单条 平放	单条 竖放	K_S	双条 平放	双条 竖放	K_S	三条 平放	三条 竖放	K_S
25×4	292	308							
25×5	332	350							
40×4	456	480		631	665	1.01			
40×5	515	543		719	756	1.02			
50×4	565	594		779	820	1.01			
50×5	637	671		884	930	1.03			
63×6.3	872	949	1.02	1211	1319	1.07			
63×8	995	1082	1.03	1511	1644	1.10	1908	2075	1.20
63×10	1129	1227	1.04	1800	1954	1.14	2107	2290	1.26
80×6.3	1100	1193	1.03	1517	1649	1.18			
80×8	1249	1358	1.04	1858	2020	1.27	2355	2560	1.44
80×10	1411	1535	1.05	2185	2357	1.30	2806	3050	1.60
100×6.3	1363	1481	1.04	1840	2000	1.26			
100×8	1547	1682	1.05	2259	2455	1.30	2778	3020	1.50
100×10	1663	1807	1.08	2613	2840	1.42	3284	3570	1.70
125×6.3	1692	1840	1.05	2276	2474	1.28			
125×8	1920	2087	1.08	2670	2900	1.40	3206	3485	1.60
125×10	2063	2242	1.12	3152	3426	1.45	3903	4243	1.80

铜导体 TMY

导体尺寸 $h \times b$ (mm×mm)	单条 平放	单条 竖放	K_S	双条 平放	双条 竖放	K_S	三条 平放	三条 竖放	K_S
25×3	323	340							
30×4	451	475							
40×4	593	625							
40×5	665	700							
50×5	816	860							
50×6	906	955							
60×6	1069	1125		1650	1740		2060	2240	
60×8	1251	1320		2050	2160		2565	2790	1.44
60×10	1395	1475		2430	2560		3135	3300	1.60
80×6	1360	1480		1940	2110		2500	2720	
80×8	1553	1690	1.10	2410	2620	1.15	3100	3370	1.50
80×10	1747	1900	1.14	2850	3100	1.27	3670	3990	1.70
100×6	1665	1810		2270	2470		2920	3170	
100×8	1911	2080	1.10	2810	3060	1.30	3610	3930	1.50
100×10	2121	2310	1.14	3320	3610	1.30	4280	4650	1.70
120×8	2210	2400	1.14	3130	3400	1.42	3995	4340	
120×10	2435	2650	1.18	3770	4100	1.42	4780	5200	1.78

注：1. 载流量系按最高允许温度 70℃、基准环境温度 25℃、无风、无日照计算。

　　2. $h \times b$ 的 h 为导体的宽度，b 为导体的厚度。

表 A - 2 不同环境温度时电缆载流量的校正系数 K_t

缆芯工作温度 (℃)	环境温度 (℃)								
	5	10	15	20	25	30	35	40	45
50	1.34	1.26	1.18	1.09	1.00	0.895	0.775	0.623	0.447
60	1.25	1.20	1.13	1.07	1.00	0.926	0.845	0.756	0.655
65	1.22	1.17	1.12	1.06	1.00	0.935	0.865	0.791	0.707
80	1.17	1.13	1.09	1.04	1.00	0.954	0.905	0.853	0.798

表 A - 3 槽形铝导体长期允许载流量 (A) 及计算数据

截面尺寸 (mm)				双槽导体截面积 (mm^2)	集肤效应系数 K_S	双槽导体载流量 (A)	单槽						双槽焊成整体时				共振最大允许距离 (cm)	
h	b	e	r				截面系数 W_Y (cm^3)	惯性矩 I_Y (cm^4)	惯性半径 r_Y (cm)	截面系数 W_X (cm^3)	惯性矩 I_X (cm^4)	惯性半径 R_X (cm)	截面系数 W_Y (cm^3)	惯性矩 I_Y (cm^4)	惯性半径 r_Y (cm)	静力矩 S_{Y0} (cm^3)	双槽实联	双槽不实联
75	35	4	6	1040	1.020	2280	2.52	6.2	1.09	10.1	41.6	2.83	23.7	89	2.93	14.1		
75	35	5.5	6	1390	1.040	2620	3.17	7.6	1.05	14.1	53.1	2.76	30.1	113	2.85	18.4	178	114
100	45	4.5	8	1550	1.038	2740	4.51	14.5	1.33	22.2	111	3.78	48.6	243	3.96	28.8	205	125
100	45	6	8	2020	1.074	3590	5.90	18.5	1.37	27	135	3.7	58	290	3.85	36	203	123
125	55	6.5	10	2740	1.085	4620	9.50	37	1.65	50	290	4.7	100	620	4.8	63	228	139
150	65	7	10	3570	1.126	5650	14.70	68	1.97	74	560	5.65	167	1260	6.0	98	252	150
175	80	8	12	4880	1.195	6600	25	144	2.40	122	1070	6.65	250	2300	6.9	1156	263	147
200	90	10	14	6870	1.320	7550	40	254	2.75	193	1930	7.55	422	4220	7.9	252	285	157
200	90	12	16	8080	1.465	8800	46.50	294	2.70	225	2250	7.6	490	4900	7.9	290	283	157
225	105	12.52	16	9760	1.575	10150	66.50	490	3.20	3.7	3400	8.5	645	7240	8.7	390	299	163
250	115	12.5	16	10900	1.563	11200	81	660	3.52	360	4500	9.2	824	10300	9.82	495	321	200

注: 1. 载流量系按最高允许温度 70℃、基准环境温度 25℃、无风、无日照计算。
    2. h 为槽形导体的高度，b 为宽度，e 为壁厚，r 为弯曲半径。

表 A-4

铝锰合金管型导体长期允许载流量及计算用数据

导体尺寸 D_1(mm)/D_2(mm)	导体截面积 (mm²)	载流量 (A) 70℃	载流量 (A) 80℃	截面系数 W (cm³)	惯性半径 r (cm)	惯性矩 J (cm⁴)
Φ30/25	216	572	565	1.37	0.976	2.06
Φ40/35	294	770	712	2.60	1.33	5.20
Φ50/45	273	970	850	4.22	1.68	10.6
Φ60/54	539	1240	1072	7.20	2.02	21.9
Φ70/64	631	1413	1211	10.2	2.37	35.5
Φ80/72	954	1900	1545	17.3	2.69	69.2
Φ100/90	1491	2350	2054	33.8	3.36	169
Φ110/100	1649	2569	2217	41.4	3.72	228
Φ120/110	1806	2782	2377	49.9	4.07	299
Φ130/116	2705	3511	2976	79.0	4.36	513

注：1. 最高允许温度为70℃的载流量，系按基准环境温度25℃、无风、无日照、辐射散热与吸收系数为0.5、不涂漆的条件下计算。

2. 最高允许温度为70℃的载流量，系按基准环境温度25℃，日照0.1W/cm³，风速0.5m/s，海拔1000m，辐射散热与吸收系数为0.5、不涂漆的条件下计算。

3. 导体尺寸中，D_1为外径，D_2为内径。

表 A-5

裸导体载流量在不同海拔及环境温度下的综合校正系数

导体最高允许温度 (℃)	适应范围	海拔 (m)	实际环境温度 (℃) 20	25	30	35	40	45	50
70	屋内矩形、槽形、管形导体和不计及日照的屋外软导体	1000 及以下	1.05	1.00	0.94	0.88	0.81	0.74	0.67
	计及日照时屋外软导体	1000 及以下	1.05	1.00	0.95	0.89	0.83	0.76	0.69
		2000	1.01	0.96	0.91	0.85	0.79		
		3000	0.97	0.92	0.87	0.81	0.75		
		4000	0.93	0.89	0.84	0.77	0.71		
80	计及日照时屋外软导体	1000 及以下	1.05	1.00	0.94	0.87	0.80	0.72	0.63
		2000	1.00	0.94	0.88	0.81	0.74		
		3000	0.95	0.86	0.84	0.76	0.69		
		4000	0.91	0.85	0.80	0.72	0.65		

表 A-6　　　　常用三芯（铝）电力电缆长期允许载流量

单位：A

缆芯截面积 (mm²)	6kV 黏性纸绝缘 直埋地下	6kV 黏性纸绝缘 置空气中	6kV 聚氯乙烯绝缘 直埋地下	6kV 聚氯乙烯绝缘 置空气中	6kV 交联聚氯乙烯绝缘 直埋地下	6kV 交联聚氯乙烯绝缘 置空气中	10kV 黏性纸绝缘 直埋地下	10kV 黏性纸绝缘 置空气中	10kV 交联聚氯乙烯绝缘 直埋地下	10kV 交联聚氯乙烯绝缘 置空气中	20~35kV 黏性纸绝缘 直埋地下	20~35kV 黏性纸绝缘 置空气中	20~35kV 交联聚氯乙烯绝缘 直埋地下	20~35kV 交联聚氯乙烯绝缘 置空气中
25	95	85	81	73	110	100	90	80	105	95	80	75	90	85
30	110	100	102	90	135	125	105	95	130	120	90	85	115	110
50	135	125	127	114	165	155	130	120	150	145	115	110	135	135
70	165	155	154	143	205	190	150	145	185	180	135	135	165	165
95	205	190	182	168	230	220	185	180	215	205	165	165	185	180
120	230	220	209	194	260	255	215	205	245	235	185	185	210	200
150	260	255	237	223	295	295	245	235	275	270	210	200	230	230
185	295	295	270	256	345	345	275	270	325	320	230	230	250	—
240	345	345	313	301	395	—	325	320	375	—	—	—	—	—

注　1. 基准环境温度下，（地下）为 25℃，空气（中）为 25℃，土壤热阻系数为 80℃/W。

2. 电缆芯最高允许温度：①黏性纸绝缘电缆当电压为 6、10、20~35kV 时，分别为 65、60℃ 和 50℃；②聚氯乙烯绝缘电缆当电压为 6kV 是为 65℃；③交联聚氯乙烯绝缘电缆当电压为 6~10、20~35kV 时，分别为 90℃ 和 80℃。

表 A-7　　　　JL 型铝绞线长期允许载流量

单位：A

导线规格号	最高允许温度(℃) +70	+80	导线规格号	最高允许温度(℃) +70	+80	导线规格号	最高允许温度(℃) +70	+80
10	55	81	200	468	542	710	1156	1218
16	77	109	250	549	626	800	1261	1316
25	106	144	315	647	725	900	1372	1419
40	147	194	400	770	846	1000	1480	1519
63	204	260	450	833	908	1120	1606	1635
100	284	348	500	899	972	1250	1740	1756
125	334	402	560	975	1046	1400	1884	1887
160	399	470	630	1062	1128	1500	1981	1974

附录 B 开关设备技术数据

表 B-1　GIS全封闭组合电器主要技术数据

型号	额定电压 (kV)	最高工作电压 (kV)	额定电流 (A)	额定开断电流 (kA)	额定短时耐受电流 (4s, kA)	额定峰值耐受电流 (kA)	额定关合电流 (kA)	额定合闸时间 (s)	全开断时间 (s)
ZF5-72.5	63	72.5	1250	31.5	31.5	80	80	0.1	0.06
ZF7-72.5	63	72.5	1250/1600	31.5	31.5	80	80	0.1	0.06
ZF7-126	110	126	1600/2000	31.5	31.5	80	80	0.1	0.06
ZF5-126	110	126	1250	31.5	31.5	80	80	0.1	0.06
ZF3-126	110	126	1600	40	40	100	100	0.1	0.06
ZF6-126	110	126	2000	31.5	31.5	80	80	0.1	0.06
ZF2-252	220	252	1600	40	40	100	100	0.1	0.06
ZF9-252	220	252	2000/3150	40/50	40/50	100/125	100/125	0.1	0.06
ZF6-252	220	252	2000	40	40	100	100	0.1	0.06

表 B-2　真空断路器主要技术数据

型号	额定电压 (kV)	最高工作电压 (kV)	额定电流 (A)	额定开断电流 (kA)	额定短时耐受电流 (4s, kA)	额定峰值耐受电流 (kA)	额定关合电流 (kA)	额定合闸时间 (s)	固有分闸时间 (s)
ZN63A (VS1) -12 (手车式)	12	—	630 1250 1600 2000 2500 3150	20 25 31.5 40	20 25 31.5 40	50 63 80 100	50 63 80 100	0.035～0.07	0.02～0.05

续表

型号	额定电压 (kV)	最高工作电压 (kV)	额定电流 (A)	额定开断电流 (kA)	额定短时耐受电流 (4s, kA)	额定峰值耐受电流 (kA)	额定关合电流 (kA)	额定合闸时间 (s)	固有分闸时间 (s)
ZN28A-12 (固定式)	12	—	630 1250 1600 2000 2500 3150	20 25 31.5 40	20 25 31.5 40	50 63 80 100	50 63 80 100	0.02～0.1	0.02～0.06
ZN85-40.5 (手车式)	40.5	—	1250 1600 2000 2500	25 31.5	25 31.5	63 80	63 80	0.05～0.1	0.035～0.06
ZN12-40.5 (固定式)	40.5	—	1250 1600 2000	25 31.5	25 31.5	63 80	63 80	0.03～0.075	0.03～0.065

表 B-3　负荷开关技术数据

型号	额定电压 (kV)	最高工作电压 (kV)	额定电流 (A)	额定负荷电流 (kA)	额定短时耐受电流 (kA/s)	额定峰值耐受电流 (kA)	额定短路关合电流 (kA)	额定开端移动电流 (A)	分段能力	
									空载变压器 (kVA)	空载电缆 (A)
FN11-12R	10	12	630	630	20/2	50	50	1300	1250	10
FN14-12R	10	12	630	630	20/2	50	50	1300	1250	10
ZFN-12R	10	12	630	630	20/2	50	50	1500	1600	16
ZFN-12R	10	12	630	630	31.5/2	80	80	1600	1600	20
ZFN21-12R	10	12	630	630	20/2, 31.5/2	50, 80	50, 80	1500	1250	25
SFL-12	10	12	630	630	20/3	50	50	2500	16 (A)	25
FN16-12	10	12	631 1250	631 1250	20/2	50	50	2000 3150	6000	400
FN16A-12	10	12	125 200	126 200	31.5/3	80	80	2000 3150	6000	400

表 B - 4

SF₆断路器主要技术数据

型号	额定电压 (kV)	额定电流 (A)	额定开断电流 (kA)	额定短时耐受电流 (4s, kA)	额定峰值耐受电流 (kA)	额定关合电流 (kA)	额定合闸时间 (s)	全开断时间 (s)
LN2 - 12	12	1250/1600	25/31.5	25/31.6	63/80	63/81	0.06	0.04
LN2 - 40.5	40.5	1250/1600	16/25	16/26	40/63	40/63	0.1	0.06
LW3 - 12	12	400/630/1250	6.3/8/12.5/16	6.3/8/12.5/17	16/20/31.5/40	16/20/31.5/40	0.06	0.04
LW8 - 40.5	40.5	1600/2000	25/31.5	25/31.5	63/80	63/80	0.1	0.06
LW18 - 40.5	40.5	1600/2000/3150	25/31.5/40	25/31.5/40	63/80/100	63/80/100	0.1	0.06
LW24 - 72.5	72.5	1250/3150	31.5	31.5	80	80	0.1	0.06
LW9 - 72.5	72.5	2000/2500	31.5	31.5	80	80	0.1	0.06
LW25 - 126	126	1250/2000/3150	31.5/40	31.5/40	80/100	80/100	0.1	0.06
LW24 - 126	126	1250/3150	31.5/40	31.5/40	80/100	80/100	0.1	0.06
LW14 - 126	126	2000/3150	31.5/40	31.5/40	80/100	80/100	0.1	0.06
LW11 - 126	126	3150	40	40	100	100	0.1	0.06
LW2 - 252	252	2500	40/50	40/50	100/125	100/125	0.1	0.06
LW23 - 252	252	1250/3150	40/50	40/50	100/125	100/125	0.1	0.06
LW12 - 252	252	4000	50	50	125	125	0.1	0.06
LW25 - 252	252	3150	40	40	100	100	0.1	0.06

表 B - 5

隔离开关主要技术数据

型号	额定电压 (kV)	最高工作电压 (kV)	额定电流 (A)	动稳定电流 (kA)	热稳定电流 (kA)	备注
GN1 - 10	10	11.5	600/1000/2000	60/80	20 (5s) /36 (10s)	
GN1 - 20	20	—	400	52	14 (5s)	
GN2 - 10	10	11.5	2000/3000	85/100	36 (10s) /150 (10s)	
GN2 - 35T	35	38.5	400/600/1000	52/64/70	14/25/27.5 (5s)	
GN - 6	6	6.6	400/600/1000			联合设计新系列
GN - 10	10	11.5	400/600/1000	30/52/80	12/20/31.5 (4s)	

续表

型号	额定电压 (kV)	最高工作电压 (kV)	额定电流 (A)	动稳定电流 (kA)	热稳定电流 (kA)	备注
GN10-10T	10	11.5	3000/4000/5000/6000	160/160/200/200	75/85 (5s) 100/105 (5s)	
GN10-20T	20	—	5000/6000/8000/9000	224/224/224/300	105 (5s) 120/100 (5s)	
GN14-20	20	—	10000/13000	—	—	
GN22-10	10	11.5	2000/3150	100/105	40 (4s) /50 (4s)	
GN30-10	10	11.5	400/630/1000	31.5/50/80	10.5/20/31.5 (4s)	
GW1-6	6	6.6	200	15	75 (5s)	
GW1-10	10	11.5	400	25	14 (5s)	
GW2-35G	35	40.5	600		20	CS11G
GW2-35GD	35	40.5		42		CS8-6D
GW2-35	35	40.5	600/100	50	10 (10s)	E58-2
GW2-35D	35	40.5				ES8-2
GW4-35	35	40.5	630/1250/2000/2500	50/80/100	20/31.5/40	双柱式
GW5-35D (W)	35	40.5	630/1250/1600	50/80	20/31.5	双柱式
GW4-63	63	72.5	630/1250/2000/2500	50/80/100	20/31.5/40	双柱式
GW5-63 (W)	63	72.5	630/1250/1600	50/80	20/31.5	双柱式
GW4-110	110	126	630/1250/2000/2500	50/80/100	20/31.5/40	双柱式
GW4-110G	110	126	630/1250	50/80	20/31.5	双柱式
GW5-110D (W)	110	126	630/1250/1600	50/80	20/31.5	V形
GW4-220 (245)	220 (245)	252	1250/2000/2500	50/80/125	31.5/40/50	双柱式
GW6-220G (D)	220	252	1000	50	21 (5s)	剪刀式
GW7-220 (D)	220	252	600/1000/1600	50/80/125	31.5/40/50	三柱式
GW8-110	110	—	600	15	5.6 (5s)	中性点隔离
GW8-60	60	—	400	15	5.6 (5s)	中性点隔离
GW8-35	35	—	400	15	5.6 (5s)	中性点隔离

附录 C 变压器技术数据

表 C - 1 　　　　　　　　　　　　　10kV 干式变压器技术数据

型号	额定容量 (kVA)	额定电压 (kV)		联结 组别	损耗 (kW)		空负荷电流 (%)	阻抗电压 (%)
		高压	低压		空负荷	短路		
SC10 - 30/10	30				170	620	350	
SC10 - 50/10	50				240	860	475	
SC10 - 80/10	80				320	1210	650	
SC10 - 100/10	100				350	1370	810	
SC10 - 125/10	125				410	1610	900	
SC10 - 160/10	160				480	1860	1010	4
SC10 - 200/10	200				550	2200	1120	
SC10 - 250/10	250				630	2400	1330	
SC10 - 315/10	15	6, 6.3, 6.6, 10, 10.5, 11 (±5%或 ±2×2.5%)			770	3030	1480	
SC10 - 400/10	400				850	3480	1840	
SCB10 - 500/10	500				1020	4260	2420	
SCB10 - 630/10	630				1180	5120	2810	
SCB10 - 630/10	800				1130	5200	2420	
SCB10 - 800/10	1000				1550	6060	2790	
SCB10 - 1250/10	1250				1830	7090	3570	
SCB10 - 1000/10	1000		0.4	Yyn0 或 Dyn11	1830	8460	4360	6
SCB10 - 1600/10	1600				2140	10200	4910	
SCB10 - 2000/10	2000				2400	12600	5710	
SCB10 - 2500/10	2500				2850	15000	7160	
SCB10 - 2000/10	2000				2280	14300	5610	8
SCB10 - 2500/10	2500				2700	17250	6860	
SCB10 - 2000/10	2000				2230	15400	5780	10
SCB10 - 2500/10	2500				2650	18600	6450	
SCZ10 - 200/10	200				560	2240	1890	
SCZ10 - 250/10	50				680	2500	2000	
SCZ10 - 315/10	315				850	3150	2200	
SCZ10 - 400/10	400	6, 6.3, 6.6, 10, 10.5 11 (±4×2.5%)			950	3700	2590	4
SCZB10 - 500/10	500				1120	4500	3220	
SCZB10 - 630/10	630				1290	5360	3660	
SCZB10 - 630/10	630				1250	5470	3200	
SCZB10 - 800/10	800				1460	6470	3420	
SCZB10 - 1000/10	1000				1710	7650	4120	
SCZB10 - 1250/10	1250				2010	6200	5000	6
SCZB10 - 1600/10	1600				2360	10840	5390	
SCZB10 - 2000/10	2000				2640	13290	7160	
SCZB10 - 2500/10	2500				3140	15810	8600	

续表

型号	额定容量 (kVA)	额定电压 (kV)		联结组别	损耗 (kW)		空负荷电流 (%)	阻抗电压 (%)
		高压	低压		空负荷	短路		
S9-30/10	30				0.13	0.60	2.4	
S9-50/10	50				0.17	0.87	2.2	
S9-63/10	63				0.20	1.04	2.2	
S9-80/10	80				0.25	1.25	2.0	
S9-100/10	100				0.29	1.50	2.0	
S9-125/10	125				0.35	1.75	1.8	4
S9-160/10	160				0.42	2.10	1.7	
S9-200/10	200	6, 6.3, 10 (±5%)	0.4	Yyn0	0.50	2.50	1.7	
S9-250/10	250				0.59	2.95	1.5	
S9-315/10	315				0.70	3.50	1.5	
S9-400/10	400				0.84	4.20	1.4	
S9-500/10	500				1.0	5.0	1.4	
S9-630/10	630				1.23	6.0	1.2	
S9-800/10	800				1.45	7.20	1.2	
S9-1000/10	1000				1.72	10.0	1.1	4.5
S9-1250/10	1250				2.0	11.8	1.1	
S9-1600/10	1600				2.45	14.0	1.0	
S7-630/10	630				1.3	8.1	2.0	4.5
S7-800/10	800				1.54	9.9	1.7	
S7-1000/10	1000				1.80	11.6	1.4	
S7-1250/10	1250				2.20	13.8	1.4	
S7-1600/10	1600				2.65	16.5	1.3	
S7-2000/10	2000	10±5%	6.3	Yd11	3.10	19.8	1.2	
S7-2500/10	2500				3.65	23	1.2	5.5
S7-3150/10	3150				4.40	27	1.1	
S7-4000/10	4000				5.30	32	1.1	
S7-5000/10	5000				6.40	36.7	1.0	
S7-6300/10	6300				7.50	41	1.0	
SF7-8000/10	8000				11.5	45	0.8	10
SF7-10000/10	10000	10±2×2.5%	6.3	Yd11	13.6	53	0.8	7.5
SF7-16000/10	16000				19	77	0.7	7
SZ9-200/10	200				0.52	2.60	1.6	
SZ9-250/10	250				0.61	3.09	1.5	
SZ9-315/10	315				0.73	3.60	1.4	4
SZ9-400/10	400				0.87	4.40	1.3	
SZ9-500/10	500	6, 6.3, 10 (±4×2.5%)	0.4	Yyn0	1.04	5.25	1.2	
SZ9-630/10	630				1.27	6.30	1.1	
SZ9-800/10	800				1.51	7.56	1.0	
SZ9-1000/10	1000				1.78	10.50	0.9	4.5
SZ9-1250/10	1250				2.08	12.00	0.8	
SZ9-1600/10	1600				2.54	14.70	0.7	

注 1. S—三相。

2. 绕组外绝缘介质：C—成型固定浇注式；CR——成型固定包封式。

3. 绕组导线：B—铜箔，L—铝；LB—铝箔。

4. 调压方式：Z—有载调压。

表 C-2　　　　　　　　　　　**35kV 双绕组变压器技术数据**

型号	额定容量（kVA）	额定电压（kV）		联结组别	损耗（kW）		空负荷电流（%）	阻抗电压（%）
		高压	低压		空负荷	短路		
S9-50/35	50				0.25	1.18	2.0	
S9-100/35	100				0.35	2.10	1.9	
S9-125/35	125				0.40	1.95	2.0	
S9-160/35	160				0.45	2.80	1.8	
S9-200/35	200				0.53	3.30	1.7	
S9-250/35	250	35			0.61	3.90	1.6	
S9-315/35	315	（±5%或	0.4	Yyn0	0.72	4.70	1.5	
S9-400/35	400	±2×2.5%）			0.88	5.70	1.7	
S9-500/35	500				1.03	6.90	1.3	
S9-630/35	630				1.25	8.20	1.2	6.5
S9-800/35	800				1.48	9.50	1.1	
S9-1000/35	1000				1.75	12.00	1.0	
S9-1250/35	1250				2.10	14.50	0.9	
S9-1600/35	1600				2.50	14.50	0.8	
S9-800/35	800				1.48	8.80	1.1	
S9-1000/35	1000	35			1.75	11.00	1.0	
S9-1250/35	1250	（±5%或			2.10	14.50	0.9	
S9-1600/35	1600	±2×2.5%）	3.15		2.50	16.50	0.8	
S9-2000/35	2000		6.3	Yd11	3.20	16.80	0.8	
S9-2500/35	2500		10.5		3.80	19.50	0.8	
S9-3150/35	3150	35，38.5			4.50	22.50	0.8	
S9-4000/35	4000	（±5%或			5.40	27.00	0.8	7
S9-5000/35	5000	±2×2.5%）			6.50	31.00	0.7	
S9-6300/35	6300				7.90	34.5	0.7	7.5
SF7-8000/35	8000				11.5	45	0.8	7.5
SF7-10000/3	10000				13.6	53	0.8	
SF7-12500/3	12500		6.3		16.0	63	0.7	
SF7-16000/3	16000	35±2×2.5%	6.3	YNd11	19.30	77	0.7	
SF7-20000/3	20000	38.5±2×2.5%	10.5		22.5	93	0.7	
SF7-25000/3	25000		11		26.5	110	0.7	8
SF7-31500/3	31500				31.6	132	0.6	
SF7-40000/3	40000				38.0	174	0.6	
SF7-75000/3	75000	35±2×2.5%		YNd11	57.0	310		10.5
SSP7-8000/3	8000		10.5		11.4	45		7.5
SZ7-1600/35	1600		6.3		3.05	17.65	1.4	
SZ7-2000/35	2000	35±3*2.5%	10.5	Yd11	3.60	20.80	1.4	6.5
SZ7-2500/35	2500				4.25	24.15	1.4	
SZ7-3150/35	3150				5.05	28.90	1.3	
SZ7-4000/35	4000	35±3*2.5%	6.3	Yd11	6.05	34.10	1.3	7
SZ7-5000/35	5000	38.5±3*2.5%	10.5		7.25	40.00	1.2	
SZ7-6300/35	6300				8.80	43.00	1.2	7.5
SFZ7-8000/3	8000				12.3	47.5	1.1	7.5
SFZ7-10000/35	10000		6.3		14.5	56.2	1.1	
SFZ7-12500/35	12500	35±3*2.5%	6.6	YNd11	17.1	66.5	1.0	
SFZ7-16000/35	16000	38.5±3*2.5%	10.5		20.1	80.8	1.0	
SFZ7-20000/35	20000		11		23.8	97.6	0.9	8
SFZ7-25000/35	25000				28.2	115.5	0.9	

表 C-3   **63kV 双绕组变压器技术数据**

型号	额定容量 (kVA)	额定电压 (kV) 高压	额定电压 (kV) 低压	联结组别	损耗 (kW) 空负荷	损耗 (kW) 短路	空负荷电流 (%)	阻抗电压 (%)
S7-630/63	630		6.3，6.6		2.0	8.4	2.0	
S7-1000/63	1000		10.5，11	Yd11	2.8	11.6	1.9	
S7-1250/63	1250		10.5，11		3.2	14.0	1.8	
S7-1600/63	1600		3.15，6.3 6.6，10.5，11	YNd11	3.9	16.5	1.8	
S7-2000/63	2000			Yd11	4.6	19.5	1.7	
S7-2000/63	2000		6.3，6.6，10.5，11	Yyn0	4.6	19.5	1.7	
S7-2500/63	2500	60 63 66			4.6	19.5	1.6	8.0
S7-3150/63	3150			Yd11	6.4	27.0	1.5	
S7-4000/63	4000				7.6	32.0	1.4	
S7-5000/63	5000				9.0	36.0	1.3	
S7-630/63	630		0.4	Yyn0	2.0		2.0	
S7-1000/63	1000			YNd11	2.8	11.6	1.9	
S7-2000/63	2000			Yd11	4.6	19.5	1.7	
S7-6300/63	6300				11.6	40.0	1.2	
S7-8000/63	8000				14.0	47.5	1.1	
S7-10000/63	10000		6.3 6.6 10.5 11		16.5	56.0	1.1	
S7-12500/63	12500				19.5	66.5	1.1	
S7-16000/63	16000				23.5	81.7	1.0	
S7-20000/63	20000				27.5	99.0	0.9	
S7-25000/63	25000				32.5	117.0	0.9	
S7-31500/63	31500			YNd11	38.5	141.0	0.9	
SF7-8000/63	8000				14.0	47.5	1.1	
SF7-10000/63	10000				14.0	47.5	1.1	
SF7-10000/63	10000		3.3		16.5	56.0	1.1	
SF7-12500/63	12500	60 63 66 (±2×2.5%)			19.5	66.5	1.0	
SF7-16000/63	16000				23.5	81.7	0.9	
SF7-20000/63	20000				27.5	99.0	0.9	9.0
SF7-25000/63	25000				32.5	117.0	0.9	
SF7-31500/63	31500				38.5	141.0	0.8	
SF7-40000/63	40000		6.3 6.6 10.5 11		46.0	165.0	0.8	
SF7-50000/63	50000				55.0	205.0	0.7	
SF7-6300/63	6300				65.0	247.0	0.7	
SFP7-50000/63	50000				55.0	205.0	0.7	
SFP7-63000/63	63000				65.0	260.0	0.7	
SFP7-90000/63	90000				68.0	320.0	1.0	

续表

型号	额定容量 (kVA)	额定电压 (kV)		联结组别	损耗 (kW)		空负荷电流 (%)	阻抗电压 (%)
		高压	低压		空负荷	短路		
SL7 - 630/63	630				2.0	8.4	2.0	
SL7 - 1000/63	1000			Yd11 YNd11	2.8	11.6	1.9	
SL7 - 1600/63	1600	60			3.9	16.5	1.8	
SL7 - 2000/63	2000	63			4.6	19.5	1.7	
SL7 - 2500/63	2500	66			5.4	23.0	1.6	8.0
SL7 - 3150/63	3150	(±5%)			6.4	27.0	1.5	
SL7 - 4000/63	4000				7.6	32.0	1.4	
SL7 - 5000/63	5000				9.0	36.0	1.3	
SL7 - 6300/63	6300	60	6.3		11.0	40.0	1.2	
SL7 - 8000/63	8000	63	6.6		14.0	47.5	1.1	
SL7 - 10000/63	10000	66	10.5		16.5	56.0	1.1	
SL7 - 12500/63	12500		11		19.5	66.5	1.0	
SL7 - 16000/63	16000			YNd11	23.5	81.7	1.0	
SL7 - 20000/63	20000				27.5	99.0	0.9	
SL7 - 25000/63	25000	(±2×			32.5	117.0	0.9	
SL7 - 31500/63	31500	2.5%)			38.5	141.0	0.8	
SL7 - 40000/63	40000				46.0	165.0	0.8	
SL7 - 50000/63	50000				55.0	205.0	0.7	
SL7 - 63000/63	63000				65.0	247.0	0.7	
SZ7 - 6300/63	6300				12.5	40.0	1.3	
SZ7 - 8000/63	8000				15.0	47.5	1.2	
SZ7 - 10000/63	10000				17.8	56.0	1.1	9.0
SZ7 - 12500/63	12500				21.0	66.5	1.0	
SZ7 - 16000/63	16000				25.3	81.7	1.0	
SZ7 - 20000/63	20000				30.0	99.0	0.9	
SZ7 - 25000/63	25000	60			35.5	117.0	0.9	
SZ7 - 31500/63	31500	63	6.3	YNd11	42.2	141.0	0.8	
SFZ7 - 6300/63	6300	66	6.6		12.5	40.0	1.3	
SFZ7 - 8000/63	8000	(±8×	10.5		15.0	47.5	1.2	
SFZ7 - 10000/63	10000	1.25%)	11		17.8	56.0	1.1	
SFZ7 - 12500/63	12500				21.0	66.5	1.0	
SFZ7 - 16000/63	16000				25.3	81.7	1.0	
SFZ7 - 20000/63	20000				30.0	99.0	0.9	
SFZ7 - 25000/63	25000				35.5	117.0	0.9	
SFZ7 - 31500/63	31500				42.2	141.0	0.8	
SFZ7 - 40000/63	40000				50.5	165.5	0.8	
SFZ7 - 50000/63	50000	60,63,66	6.3,6.6,	YNd1	59.7	205.0	0.7	
SFZ7 - 63000/63	63000	(±8×1.25%)	10.5,11		71	247	0.7	
SFPZ7 - 63000/63	63000	60,63,66	6.3,6.6,	YNd1	71	247	0.7	9
SFZL7 - 31500/63	31500		10.5,11		141	422	0.8	
SFZ8 - 5000/69	5000	69	13.2	Dyn1	9.5	40	1.3	
SFZ10 - 10000/69	10000				13.3	56.8	1.1	7.5

表 C - 4   **110kV 双绕组变压器技术数据**

型号	额定容量 (kVA)	额定电压 (kV) 高压	额定电压 (kV) 低压	联结组别	损耗 (kW) 空负荷	损耗 (kW) 短路	空负荷电流 (%)	阻抗电压 (%)
SF7 - 6300/110	6300				11.6	41	1.1	
SF7 - 8000/110	8000				14.0	50	1.1	
SF7 - 10000/110	10000				16.5	59	1.0	
SF7 - 12500/110	12500				19.6	70	1.0	
SF7 - 16000/110	16000				23.5	86	0.9	
SF7 - 20000/110	20000				27.5	104	0.9	
SF7 - 25000/110	25000	110±2×2.5% 121±2×2.5%	6.3, 6.6 10.5, 11		32.5	123	0.8	
SF7 - 31500/110	31500				38.5	148	0.8	
SF7 - 40000/110	40000				46.5	174	0.8	
SF7 - 75000/110	75000				75.5	300	0.6	
SFP7 - 50000/110	50000				55.0	216	0.7	
SFP7 - 63000/110	63000				65.0	260	0.6	
SFP7 - 90000/110	90000				85.0	340	0.6	
SFP7 - 120000/110	120000				106.0	422	0.5	
SFP7 - 120000/63	120000		13.8		106.0	422	0.5	
SFP7 - 180000/63	180000	121±2×2.5%	15.75	YNd11	110.0	550		10.5
SFQ7 - 20000/110	20000				27.5	104	0.9	
SFQ7 - 25000/110	25000				32.5	123	0.8	
SFQ7 - 31500/110	31500	110±2×2.5% 121±2×2.5%	6.3, 6.6 10.5, 11		38.5	148	0.8	
SFQ7 - 40000/110	40000				46.0	174	0.7	
SFPQ7 - 50000/110	50000				55.0	216	0.7	
SFPQ7 - 63000/110	63000				65.0	260	0.6	
SZ7 - 6300/110	6300				12.5	41	1.4	
SZ7 - 8000/110	8000		6.3, 6.6 10.5, 11		15.0	50	1.4	
SFZ7 - 10000/110	10000	110±8×1.25%			17.8	59	1.3	
SFZ7 - 12500/110	12500				21.0	70	1.3	
SFZ7 - 16000/110	16000				25.3	86	1.2	
SFZ7 - 20000/110	20000		6.3, 6.6 10.5, 11		30.0	104	1.2	
SFZ7 - 25000/110	25000	110±8×1.25%			35.5	123	1.1	
SFZ7 - 31500/110	31500				42.2	148	1.1	
SFZ7 - 40000/110	40000				50.5	174	1.0	

型号	额定容量 (kVA)	额定电压 (kV)		联结组别	损耗 (kW)		空负荷电流 (%)	阻抗电压 (%)
		高压	低压		空负荷	短路		
SZ7 - 8000/110	8000				15.0	50	1.4	
SFZ7 - 10000/110	10000				17.8	59	1.3	
SFZ7 - 12500/110	12500				21.0	70	1.3	
SFZ7 - 16000/110	16000	110±3×2.5%	6.3, 6.6		25.3	86	1.2	
SFZ7 - 20000/110	20000	121±3×2.5%	10.5, 11		30.0	104	1.2	
SFZ7 - 25000/110	25000				35.5	123	1.1	
SFZ7 - 31500/110	31500				42.3	148	1.1	
SFZ7 - 40000/110	40000				50.5	174	1.0	
SFZ7 - 63000/110	63000		38.5	YNd11	71.0	260	0.9	10.5
SFPZ7 - 50000/110	50000				59.7	216	1.0	
SFPZ7 - 63000/110	63000				59.7	260	0.9	
SFZQ7 - 20000/110	20000	121±2×2.5%			30.0	104	1.2	
SFZQ7 - 25000/110	25000		6.3, 6.6		35.5	123	1.1	
SFZQ7 - 31500/110	31500		10.5, 11		42.2	148	1.1	
SFZQ7 - 31500/110	31500	115±8×1.25%			42.2	148	1.1	
SFZQ7 - 40000/110	40000				50.5	174	1.0	
SFPZQ7 - 50000/110	50000	110±8×1.25%			59.7	216	1.0	
SFPZQ7 - 63000/110	63000				71.0	260	0.9	

表 C - 5   **220kV 双绕组变压器技术数据**

型号	额定容量 (kVA)	额定电压 (kV)		连接组	损耗 (kW)		空负荷电流 (%)	阻抗电压 (%)
		高压	低压		空负荷	短路		
SFP7 - 31500/220	31500				44	150	1.1	12.0
SFP7 - 40000/220	40000		6.3, 6.6		52	175	1.1	12.0
SFP7 - 50000/220	50000	220±2×2.5%	10.5, 11		61	210	1.0	12.0
SFP7 - 63000/220	63000	242±2×2.5%			73	245	1.0	13.0
SFP7 - 90000/220	90000		10.5, 11	YNd11	96	320	0.9	12.5
SFP7 - 120000/220	120000		13.8		118	385		12.0
SFP7 - 120000/220	120000		10.5		118	385		11.2
SFP7 - 120000/220	120000	242±2×2.5%	13.8		118	385		13.6
SFP7 - 150000/220	150000	230±2×2.5%	10.5		140	450		13.6
SFP7 - 150000/220	150000	220±2×2.5%	11, 13.8		140	450	0.8	13.0

续表

型号	额定容量（kVA）	额定电压（kV）		连接组	损耗（kW）		空负荷电流（%）	阻抗电压（%）
		高压	低压		空负荷	短路		
SFP7-180000/220	180000	242±2×2.5%	13.8		160	510		13.3
SFP7-180000/220	180000	242±2×2.5%	66		130	57		13.1
SFP7-180000/220	180000	242±2×2.5%			160	510	0.7	14.0
SFP7-240000/220	240000	242±2×2.5%	15.75		200	630		14.0
SFP7-240000/220	240000	$242\pm\frac{1}{3}\times1.25\%$			200	630		14.0
SFP7-250000/220	250000	220±4×2.5%	15.75		162	615		13.1
SFP7-360000/220	360000	242±4×2.5%	18		195	860		14.0
SFP7-360000/220	360000		20		195	860		14.0
SFP7-360000/220	360000	236±4×2.5%			180	828		13.1
SFPZ7-31500/220	31500		6.3、6.6、10.5、11、35、38.5	YNd11	48	150	1.1	12～14
SFPZ7-40000/220	40000				57	175	1.0	
SFPZ7-50000/220	50000				67	210	0.9	
SFPZ7-63000/220	63000	220±8×1.25%			79	245	0.9	
SFPZ7-90000/220	90000				101	320	0.8	
SFPZ7-120000/220	120000		10.5、11、35、38.5		124	385	0.8	
SFPZ7-150000/220	150000				146	450	0.7	
SFPZ7-180000/220	180000				169	520	0.7	
SFPZ7-90000/220	90000	230±8×1.25%	69		104	359		13.4
SFPZ7-120000/220	120000				124	385		15.0
SFPZ7-120000/220	120000	220±8×1.25%	38.5		124	385	0.8	13.0
SFPZ7-180000/220	180000		69		169	520	0.7	14.0

表 C-6　　330～500kV 双绕组变压器技术数据

型号	额定容量（kVA）	额定电压（kV）		联结组别	损耗（kW）		空负荷电流（%）	阻抗电压（%）
		高压	低压		空负荷	短路		
SFP7-90000/330	90000	363±2×2.5% 345±2×2.5%	10.5	YNyn0d11	90	303	0.60	14～15
SFP7-120000/330	120000		13.8		112	375	0.60	
SFP7-150000/330	150000		13.8		133	445	0.55	
SFP7-180000/330	180000		15.75		153	510	0.55	
SFP7-240000/330	240000		15.75		190	635	0.50	
SFP7-360000/330	360000		20		260	890	0.50	
SFP1-240000/550	240000	550±2×2.5%	15.75	YNd11	165	680	0.23	14
DFP-240000/550	240000	550/√3	20		162	600	0.7	14

表 C - 7　110kV 三绕组变压器技术数据

型号	额定容量 (kVA)	额定电压 (kV) 高压	中压	低压	联结组	损耗 (kW) 空负荷	短路	空负荷电流 (%)	阻抗电压 (%) 高中	高低	中低	总重量 (t)
SS7 - 6300/110	6300	110±7/6×1.25%		38.5		14.0	53	1.3				
SS7 - 8000/110	8000					16.5	63	1.3				
SFS7 - 10000/110	10000					19.8	74	1.2				34.2
SFS7 - 12500/110	12500					23.0	87	1.2				
SFS7 - 16000/110	16000	110±2×2.5%	35±2×2.5%	6.3 6.6		28.0	106	1.1				40.4
SFS7 - 20000/110	20000	121±2×2.5%	38.5±2×2.5%	10.5		33.0	125	1.1				50.0
SFS7 - 25000/110	25000			11	YNyn0d11	38.2	148	1.0	10.5	17~18		55.1
SFS7 - 31500/110	31500					46.0	175	1.0				61.1
SFS7 - 40000/110	40000					54.5	210	0.9				61.0
SFS7 - 31500/110	31500	110±3/1×2.5%	38.5±2×2.5%	10.5		46.0	162	0.9			6.5	
SFPS7 - 50000/110	50000					65.0	250	0.9				
SFPS7 - 63000/110	63000					77.0	300	0.8				
SFSQ7 - 20000/110	20000	110±2×2.5%	35±2×2.5%	6.3 6.6		33.0	125	1.1				
SFSQ7 - 25000/110	25000	121±2×2.5%	38.5±2×2.5%	10.5		38.5	148	1.0				
SFSQ7 - 31500/110	31500			11		46.0	175	1.0				
SFSQ7 - 40000/110	40000					54.5	210	0.9				
SFSQ7 - 16000/110	16000	110±2×2.5%	35±2×2.5%	6.3		28.0	106	0.9	10.5	18		41.4
SFSQ7 - 31500/110	31500			10.5		46.0	175		17.5	10.5		
SFPSQ7 - 50000/110	50000	110±2×2.5%	35±2×2.5%	6.3, 6.6,		65.0	250	0.9	10.5	17~18		70.3
SFPSQ7 - 63000/110	63000	121±2×2.5%	38.5±2×2.5%	10.5, 11		77.0	300	0.8				

续表

型号	额定容量 (kVA)	额定电压 (kV) 高压	中压	低压	联结组	损耗 (kW) 空负荷	短路	空负荷电流 (%)	阻抗电压 (%) 高中	高低	中低	总重量 (t)
SSZ7-6300/110	6300	$110\pm8\times1.25\%$	$38.5\pm2\times2.5\%$	6.3	YNyn0d11	15.0	53	1.7				
SSZ7-8000/110	8000			6.6		18.0	63	1.7				
SSZ7-10000/110	10000			10.5		21.3	74	1.6				44.9
SSZ7-12500/110	12500			11		25.2	87	1.6				44.1
SFSZ7-16000/110	16000	$110\pm8\times1.25\%$	$38.5\pm2\times2.5\%$			30.3	106	1.5	10.5	17~18		59.8
SFSZ7-20000/110	20000			6.3		35.8	125	1.5			6.5	
SFSZ7-25000/110	25000			6.6		42.3	148	1.4				70.8
SFSZ7-31500/110	31500			10.5		50.3	175	1.4				103.4
SFSZ7-40000/110	40000		$38.5\pm\frac{1}{3}\times2.5\%$	11		54.5	210	1.3				
SFSZ7-31500/110	31500	$110\pm\frac{10}{6}\times1.25\%$	10.5	11		50.3	175	1.4	10.5	17~18		84.8
SFSZ7-31500/110	31500	$110\pm8\times1.25\%$		6.3		50.3	175	1.4	16.5	10	6	72.7
SFSZ7-31500/110	31500	$110\pm\frac{10}{6}\times1.25\%$		6.3		54.5	210	1.3	10.5	18		69.0
SFSZ7-40000/110	40000	$110\pm8\times1.25\%$	$37\pm5\%$	6.3		71.2	250					103.4
SFSZ7-50000/110	50000	$110\pm8\times1.25\%$	$38.5\pm5\%$	10.5		84.0	300					85.8
SFSZ7-63000/110	63000	$110\pm\frac{10}{6}\times1.25\%$	$37.5\pm2.67\%$	10.5, 11		54.5	210					127.5
SFSZ7-8000/110	8000	$110\pm\frac{4}{2}\times2.5\%$		10.5		18.0	63	1.7	降压 1.5 升压 17~18	降压 10.5 升压 17~18	6.5	
SFSZ7-10000/110	10000	$110\pm\frac{4}{2}\times2.5\%$				21.3	74	1.6				44.3
SFSZ7-12500/110	12500	$121\pm\frac{4}{2}\times2.5\%$				25.2	87	1.6				50.3
SFSZ7-16000/110	16000	$110\pm3\times1.25\%$	$38.5\pm2\times2.5\%$			30.3	106	1.5				66.3
SFSZ7-20000/110	20000					35.8	125	1.5				
SFSZ7-25000/110	25000					42.3	148	1.4	降压 10.5 升压 17~18			
SFSZ7-31500/110	31500	$121\pm3\times2.5\%$				50.3	175	1.4				

续表

型号	额定容量 (kVA)	额定电压 (kV) 高压	中压	低压	连接组	损耗 (kW) 空载	短路	空载电流 (%)	阻抗电压 (%) 高中	高低	中低	总重量 (t)
SFSZ7 - 16000/110	16000	110±8×1.5%	38.5±2×2.5%	6.3 6.6 10.5 11	YNyn0d11	30.3	106	1.5	降压 10.5 升压 17～18	降压 17～18升压 10.5	6.5	58.7
SFSZ7 - 20000/110	20000					35.8	125	1.5				
SFSZ7 - 25000/110	25000	110±8×1.25%				42.3	148	1.4				
SFSZ7 - 31500/110	31500	121±8×1.36%	38.5±5%			50.3	175	1.4				77.1
SFSZ7 - 40000/110	40000	121±8×1.25%				60.2	210	1.3				82.1
SFSZ7 - 50000/110	50000					71.2	250	1.3				96.5
SFSZ7 - 63000/110	63000					84.7	300	1.2				110.8
SFPSZ7 - 50000/110	50000	110±8×1.25%	38.5±2×2.5%	6.3, 6.6, 10.5, 11		71.2	250	1.3	10.5	17～18	8	107.2
SFPSZ7 - 63000/110	63000					94.7	300	1.2		18		127.2
SFPSZ7 - 63000/110	63000	110±$^{10}_{6}$×1.25%	37.5±2×2.67%	10.5		84.0	300	1.3		13		127.5
SFPSZ7 - 75000/110	75000	110±8×1.25%	38.5±5%	10.5		80.0	385	1.2	22.5			124.5
SFSZQ7 - 20000/110	20000	110±8×1.25%	38.5±2×2.5%	6.3 6.6 10.5 11		35.8	125	1.5	10.5	17～18	6.5	86.4
SFSZQ7 - 25000/110	25000					42.3	148	1.4				
SFSZQ7 - 31500/110	31500					47.7	166	1.4				
SFSZQ7 - 40000/110	40000		38.5±5%			60.2	200	1.3				107.2
SFSZQ7 - 50000/110	50000					71.2	250	1.3				
SFSZQ7 - 63000/110	63000					84.7	300	1.2				

表 C - 8   220kV三绕组变压器技术数据

型号	额定容量 (kVA)	容量比 (%)	额定电压 (kV) 高压	中压	低压	联结组别	损耗 (kW) 空负荷	短路	空负荷电流 (%)	阻抗电压 (%) 高中	高低	中低	总重量 (t)
SFPS7 - 120000/220	120000	100/100/100	220±$^{3}_{1}$×2.5%	121	38.5	YNyn0d11	133	480	0.8	14.4	24.0	6.5	175
SFPS7 - 120000/220	120000	100/100/67		115	38.5					14.0	23.0	7.0	197
SFPS7 - 120000/220	120000	100/100/50		121	10.5, 11					14.0	23.0	7.0	197

续表

型号	额定容量 (kVA)	容量比 (%)	额定电压 (kV) 高压	中压	低压	联结组别	损耗 (kW) 空负荷	短路	空负荷电流 (%)	阻抗电压 (%) 高中	高低	中低	总重量 (t)
SFPS7-150000/220	150000	100/100/100	242±2×2.5%	121	38.5	YNyn0d11	157	570		22.9	13.6	8.0	—
SFPS7-150000/220	150000	100/100/50	220$\pm_1^3$×2.5%	38.5±5%	11	YNd11yn0	157	570	0.7	22.5	14.2	7.9	188
SFPS7-180000/220	180000	100/100/67		115	37.5		200	650		13.6	23.1	7.6	214
SFPS7-180000/220	180000	100/100/50	220±2×2.5%	121	10.5		178	650		14.0	23.0	7.0	247
SFPS7-240000/220	240000	100/100/100	220±2×2.5%	121	15.75		175	800		25.0	14.0	9.0	258
SFPS3-120000/220	120000	100/100/100	220±2×2.5%	121	10.5		148	640	0.9				
SSPS3-120000/220	120000	100/100/100	2400$\pm_1^3$×2.5%	121	10.5					22~25	22~14	7~9	203
SFPSZ7-63000/220	63000		220±8×1.25%	38.5±5%	11	YNyn0d11	79	290	0.8	13.3	21.5	7.1	140
SFPSZ7-90000/220	90000	100/100/67		121	38.5		92	390		14.4	24.2	7.8	168
SFPSZ7-120000/220	120000	100/100/50		121	10.5, 11		144	480		14.5	23.2	7.2	168
SFPSZ7-120000/220	120000	100/100/100		121	11		144	480	0.8	12.6	22.0	7.6	173
SFPSZ7-120000/220	120000	100/100/100	220±8×1.25%	121	38.5		114	480	0.8	12.6	22.0	7.2	173
SFPSZ7-120000/220	120000	100/100/100		115	10.5		90	425		13.3	23.5	7.7	168
SFPSZ7-120000/220	120000	100/100/100		115	38.5	YNyn0d11	144	480	0.9	14.0	23.0	7.0	221
SFPSZ7-120000/220	120000	100/100/100	220±8×1.25%	121	10.5, 11		118	425	0.8	14.0	23.0	7.0	186
SFPSZ7-120000/220	120000	100/100/100		121	11, 38.5		144	480		13.0	22.0	7.0	221
SFPSZ7-120000/220	120000		220±8×1.25%	121	11, 38.5		144	480	0.9	14.0	24.0	7.6	189
SFPSZ7-150000/220	150000			121	10.5		170	570		24.4	14.2	8.4	247
SFPSZ7-150000/220	150000		220±8×1.25%	115	10.5		170	570		12.4	22.8	8.4	201
SFPSZ7-150000/220	150000			38.5±5%	10.5		144	480		13.7	23.8	8.1	175

续表

型号	额定容量 (kVA)	容量比 (%)	额定电压 (kV) 高压	中压	低压	联结组别	损耗 (kW) 空负荷	短路	空负荷电流 (%)	阻抗电压 (%) 高中	高低	中低	总重量 (t)
SFPSZ4 - 90000/220	90000	100/100/100	$220\pm8\times1.25\%$	121	11	YNyn0d11	121	414	1.2	12~14	22~24	7~9	182
SFPSZ4 - 120000/220	120000	100/100/100	$220\pm8\times1.25\%$	121	10.5, 38.5		155	640	1.2				231

表 C - 9　　220kV 三绕组自耦变压器技术数据

型号	额定容量 (kVA)	容量比 (%)	额定电压 (kV) 高压	中压	低压	连接组别	损耗 (kW) 空负荷	短路 高中	高低	中低	空负荷电流 (%)	阻抗电压 (%) 高中	高低	中低	总重量 (t)
OSFPS3 - 63000/220	63000		$220\pm^{3}_{1}\times2.5\%$	121	38.5	YNa0yn0	39.6	220	190	186	0.43	9.1	33.5		22
OSFPS3 - 90000/220	90000		$220\pm2\times2.5\%$	121	11	YNa0d11	49.2	290	216.9	242.3	0.5	9.23	34.5		22.7
OSFPS3 - 90000/220	90000	100/100/50	$360\pm2\times2.5\%$	110	37										
OSFPS3 - 90000/220	90000		$220\pm2\times2.5\%$	121	38.5	YNa0d11 / YNa0yn0	50	310			0.6	8~10	28~34		18~24
OSFPS3 - 90000/220	90000														
OSFPS7 - 120000/220	120000	100/100/50	$220\pm2\times2.5\%$	121											
OSFPS7 - 120000/220	120000		$220\pm2\times2.5\%$	121	11	YNa0d11	70	320			0.6	8~10	28~34		18~24
OSFPS7 - 120000/220	120000		$220\pm2\times2.5\%$	121	10.5	YNa0d11	59.7	359.3	354	285	0.8	8.7	33.6		22
OSFPS7 - 120000/220	120000		$220\pm2\times2.5\%$			YNa0yn0	69.6		428		0.7	12.4	11.1		16.3
OSFPS7 - 120000/220	120000	100/100/50	$220\pm2\times2.5\%$	121	38.5	YNa0yn0	71	340				9.0	32		22
OSFPS3 - 120000/220	120000		$220\pm^{3}_{1}\times2.5\%$		38.5	YNa0yn0	70	320				8.2	33		22
OSFPS7 - 120000/220	120000	100/100/50	$220\pm^{10}_{7}\times2.5\%$	121	38.5	YNa0d11	82	320				8.5	37		25
OSFPS3 - 120000/220	120000		$220\pm2\times2.5\%$		11	YNa0d11	82	380				10	17		11
OSFPS3 - 150000/220	150000		$220\pm2\times2.5\%$												
OSFPS7 - 180000/220	180000	100/100/67	$220\pm2\times2.5\%$	115	37.5	YNa0d11	105	515				13.0	13		18

附录 D　互感器技术参数

表 D-1　　　　　　　　　　电压互感器主要技术数据

型号		额定变比（kV）	在下列准确级下额定容量（VA）				最大容量（VA）
			0.2 级	0.5 级	1 级	3 级	
单相（户内式）	JDJ-0.5	0.38/0.1		25	40	100	200
	JDG-0.5	0.5/0.1		25	40	100	200
	JDG-0.5	0.38/0.1			15		60
	JDG-3	1～3/0.1		30	50	120	240
	JDJ-6	3/0.1		30	50	120	240
	JDJ-6	6/0.1		50	80	240	400
	JDJ-10	10/0.1		80	150	320	640
	JDJ-15	13.8/0.1		80	150	320	640
	JDJ-15	15/0.1		80	150	320	640
	JDJ-20	20/0.1		80	150	320	640
三相（户内式，辅助二次绕组接成开口三角形）	JSJW-6	$3/0.1/\frac{0.1}{3}$		50	80	200	400
	JSJW-6	$6/0.1/\frac{0.1}{3}$		80	150	320	640
	JSJW-10	$10/0.1/\frac{0.1}{3}$		120	200	480	960
	JSJW-15	$13.8/0.1/\frac{0.1}{3}$		120	200	480	960
	JSJW-15	$15/0.1$		120	200	480	960
	JSJW-15	$20/0.1$		120	200	480	960
单相（户内式，可代替 JDJ 型）	JDZ-6	1/0.1		30	50	100	200
	JDZ-6	3/0.1		30	50	100	200
	JDZ-6	6/0.1		50	80	200	300
	JDZ-6	6/0.1		80	150	300	500
	JDZ-10	10/0.1		80	150	300	500
	JDZ-35	35/0.1		150	250	500	
三相（户内式，辅助二次绕组接成开口三角形）	JDZJ-1	$\frac{1}{\sqrt{3}}\Big/\frac{0.1}{\sqrt{3}}\Big/\frac{0.1}{3}$		40	60	150	300
	JDZJ-3	$\frac{3}{\sqrt{3}}\Big/\frac{0.1}{\sqrt{3}}\Big/\frac{0.1}{3}$		40	60	150	300
	JDZJ-6	$\frac{6}{\sqrt{3}}\Big/\frac{0.1}{\sqrt{3}}\Big/\frac{0.1}{3}$		40	60	150	300
	JDZJ-10	$\frac{10}{\sqrt{3}}\Big/\frac{0.1}{\sqrt{3}}\Big/\frac{0.1}{3}$		40	60	150	300
	JDZ9-35	0.35/0.1	JDZ-6　180	360	1000	1800	
	JDZX9-35	$\frac{35}{\sqrt{3}}\Big/\frac{0.1}{\sqrt{3}}$	JDZ-6　90	180	500	600	

续表

型号	额定变比 (kV)	在下列准确级下额定容量 (VA)				最大容量 (VA)
		0.2 级	0.5 级	1 级	3 级	
单相（户外式，连接线 1/1/1 - 12/12）　JDZJ - 35	$0.35/0.1$		150	250	600	1200
JDJJ - 35	$\dfrac{35}{\sqrt{3}}\Big/\dfrac{0.1}{\sqrt{3}}\Big/\dfrac{0.1}{3}$			250	600	1200
JCC - 60	$\dfrac{60}{\sqrt{3}}\Big/\dfrac{0.1}{\sqrt{3}}\Big/\dfrac{0.1}{3}$			500	1000	2000
JCC1 - 110	$\dfrac{110}{\sqrt{3}}\Big/\dfrac{0.1}{\sqrt{3}}\Big/\dfrac{0.1}{3}$		150	500	1000	2000
JCC - 110	$\dfrac{110}{\sqrt{3}}\Big/\dfrac{0.1}{\sqrt{3}}\Big/\dfrac{0.1}{3}$			500	1000	2000
JCC2 - 110	$\dfrac{110}{\sqrt{3}}\Big/\dfrac{0.1}{\sqrt{3}}\Big/\dfrac{0.1}{3}$			500	1000	1000
JCC - 220						2000
JCC1 - 220	$\dfrac{220}{\sqrt{3}}\Big/\dfrac{0.1}{\sqrt{3}}\Big/\dfrac{0.1}{3}$			500	1000	1000
JCC2 - 220						2000
电容式（户外式）　TYD35/$\sqrt{3}$	$\dfrac{35}{\sqrt{3}}\Big/\dfrac{0.1}{\sqrt{3}}\Big/\dfrac{0.1}{\sqrt{3}}\Big/\dfrac{0.1}{3}$	100	200		960	2000
TYD66/$\sqrt{3}$	$\dfrac{66}{\sqrt{3}}\Big/\dfrac{0.1}{\sqrt{3}}\Big/\dfrac{0.1}{\sqrt{3}}\Big/\dfrac{0.1}{3}$	100	200	400	960	2000
TYD110/$\sqrt{3}$	$\dfrac{110}{\sqrt{3}}\Big/\dfrac{0.1}{\sqrt{3}}\Big/\dfrac{0.1}{\sqrt{3}}\Big/\dfrac{0.1}{3}$	100	200		960	2000
TYD110/$\sqrt{3}$	$\dfrac{110}{\sqrt{3}}\Big/\dfrac{0.1}{\sqrt{3}}\Big/0.1$		150	300	600	2000
TYD110/$\sqrt{3}$	$\dfrac{110}{\sqrt{3}}\Big/\dfrac{0.1}{\sqrt{3}}\Big/\dfrac{0.1}{\sqrt{3}}\Big/0.1$	200	400	500	1000	2000
TYD110/$\sqrt{3}$	$\dfrac{110}{\sqrt{3}}\Big/\dfrac{0.1}{\sqrt{3}}\Big/\dfrac{0.1}{\sqrt{3}}\Big/0.1$			800	1600	3200
TYD110/$\sqrt{3}$	$\dfrac{110}{\sqrt{3}}\Big/\dfrac{0.1}{\sqrt{3}}\Big/0.1$		500	300	600	1200
TYD110/$\sqrt{3}$	$\dfrac{110}{\sqrt{3}}\Big/\dfrac{0.1}{\sqrt{3}}\Big/0.1$	300		300	600(3p)	1200
TYD220/$\sqrt{3}$	$\dfrac{220}{\sqrt{3}}\Big/\dfrac{0.1}{\sqrt{3}}\Big/0.1$		150	300	600	1200
TYD220/$\sqrt{3}$	$\dfrac{220}{\sqrt{3}}\Big/\dfrac{0.1}{\sqrt{3}}\Big/0.1$		150	300	600	1200
TYD220/$\sqrt{3}$	$\dfrac{220}{\sqrt{3}}\Big/\dfrac{0.1}{\sqrt{3}}\Big/\dfrac{0.1}{\sqrt{3}}\Big/0.1$	200	400	500	1000	2000
TYD220/$\sqrt{3}$	$\dfrac{220}{\sqrt{3}}\Big/\dfrac{0.1}{\sqrt{3}}\Big/\dfrac{0.1}{\sqrt{3}}\Big/0.1$		500	800	1600	3200
TYD220/$\sqrt{3}$	$\dfrac{220}{\sqrt{3}}\Big/\dfrac{0.1}{\sqrt{3}}\Big/\dfrac{0.1}{\sqrt{3}}$	300		300	600(3p)	1200

表 D-2　　　　　　　　　　　　10kV 及以下电流互感器主要技术参数

型号	额定电流（A）	二次侧组合	准确级或级号	二次负荷阻抗（n）				10%倍数		1s热稳定倍数	动稳定倍数
				0.5级	1级	3级	D级	二次负荷	倍数		
	5/5	0.5	0.5	0.6	1.3	3		0.6	1.4	75	50
	7.5/5										75
	10/5										100
	15/5										155
	20～40/5										
	5～150/5，300/5								15		165
	200/4，400/5	0.5	0.5	0.6	1.2	3		0.6	14	75	
	5/5	1	1		0.6	1.6		0.6	1.2	80	105
	7.5/5										150
	10/5										200
	5～300/5										250
	400/5								14		
LFC-10	5/5	3	3			1.2	2.4	1.2	6	80	105
	7.5/5										150
	10/5										200
	15～300/5										250
	400/5								7.5		250
	600/5	0.5	0.5	0.8	2			0.8	45	8	150
	750～800/5								36		133
	1000/5								38		100
	1500/5								27		66
	600/5								25		166
	750～800/5	1	1	0.8				0.8	25		133
	1000/5	1	1		0.8			2	20	80	100
	600/5	3	3			2		2	5	80	166
	750～800/5								6.5		133
	1000/5								6		100
	1500/5								9		66
LMC-10	2000/5	0.5/3	0.5/3	1.2/—	3/—	—/2	10级	1.2/2	32/5	75	
	3000/5								26/8		
	4000/5						—/4		5/6		
	5000/5								30/8		

续表

型号	额定电流（A）	二次侧组合	准确级或级号	二次负荷阻抗（n）				10%倍数		1s热稳定倍数	动稳定倍数
				0.5级	1级	3级	D级	二次负荷	倍数		
LA-10	5，10，15，20，30，40，50，75，100，150，200/5	0.5/3及1/3	0.5	0.4					<10	90	160
			1		0.4				<10		
			3			0.6			≥10		
	300～400/5	0.5/3及1/3	0.5	0.4					<10	75	135
			1		0.4				<10		
			3			0.6			≥10		
	500/5	0.5/3及1/3	0.5	0.4					<10	60	110
			1		0.4				<10		
			3			0.6			≥10		
	600～1000/5	0.5/3及1/3	0.5	0.4					<10	50	90
			1		0.4				<10		
			3			0.6			≥10		
LZZ BJ-1 LZX-10	5/10/15/20/30/40/50/75/100/150/160/200/300/315/600/630	1.5/10P	30					10	15		

注　L为电流互感器；F为复匝贯穿式；C为瓷绝缘；Z为浇注；D为单匝贯穿式；M为母线式；A为穿墙式。

表 D-3　**35kV 及以上 LB 系列电流互感器主要技术数据**

型号	额定电流 (A)	二次侧组合	额定输出 (VA)	10% 倍数	20	40	50	75	100	150	200	300	400	500	600	800	1000	1200	1500
					\multicolumn{15}{c}{1s 热稳定电流 (kA) /动稳定电流 (kA) ——一次电流 (A)}
LB-35	2×20/5; 2×75/5; 2×100/5; 2×300/5; 2×400/5; 2×500/5	0.5/10P/; 10P; 0.5/0.5/; 10P; 10P/10P/; 10P	50	1520	1.3/ 3.3	2.5/ 6.6		4.9/ 5.5	6.5/ 16.5	9.8/ 20	13/ 33	16.5/ 42	17/ 43.5	18/ 46	19/ 48.5	21/ 54	24/ 61	26/ 66	31/ 82
LB1-110 LB1-110G	2×90/5; 2×75/5; 2×100/5; 2×150/5	0.2/10P/10P/10P	40	15			3.75/ 8.9	5.5/ 14	7.5/ 17.8	11/ 28	15/ 36	21/ 55	21/ 55	95/ —	35/ 89	42/ 110	42/ 110	42/ 110	
LB11-110W2	2×200/5; 2×400/5;	0.5/10P/10P/10P																	
LB1-110W1	300/5; 2×500/5; 2×600/5	0.5(0.1)/10P/ 10P/10P/10P																	
LB6-200	300/5	0.2/10P/10P; 10P/10P/10P	0.5 级: 30 10P 级: 600	15								31.5/ 80			31.5/ 80	40/ 100	40/ 100	40/	
LB6-200W	600/5 1200/5	0.5/10P/10P	60																

表 D-4　**35kV 及以上 L 系列电流互感器主要技术参数**

型号	额定电流 (A)	二次侧组合	额定输出 (VA)	10% 倍数	20	40	50	75	100	150	200	300	400	500	600	800	1000
					\multicolumn{13}{c}{1s 热稳定电流 (kA) /动稳定电流 (kA) ——一次电流 (A)}
L-35 LAB-35	20~1000/5	0.5/10P 0.2/10P	50	20	1.3/ 3.3	2/5.1	2.6/ 6.6	3.3/ 8.4	4.9/ 12.5	6.5/ 17	9.8/ 25	13/34	16.5/ 42	16.5/ 42	16.5/ 42	16.5/ 42	16.5/ 42
L-110 LJB1-110 LJB1-110W2 LJB1-110G	2×20/5 2×75/5 2×100/5 2×150/5 2×200/5 2×300/5	0.5/10P 10P	40	15				3.75/ 8.9	5.6/ 13.4	7.5/ 17.8	11.2/ 26.7	15/ 35.5	21/ 53.5	21/ 53.5	21/ 53.5		

注　L 为电流互感器，该结构为串级式；A 为穿墙式；B 为保护用。额定输出为 $\cos\varphi = 0.8$ 时的输出。

表 D - 5　　　　　　　　**35kV 及以上其他系列电流互感器主要技术参数**

型号	额定电流 （A）	二次侧组合	额定输出为 $\cos\varphi=0.8$（VA）	10%倍数	1s 热稳定电流 （kA）	动稳定电流 （kA）
LDB - 35	750/5	0.5/10P10P 0.5/10P/10P/0P	50	20	30	75
	1000/5					
	2000/5					
	3000/5					
DJ2B - 35	5～200/5	0.2/0.5/10P	10/10/15	20	(2s) $100I_n$	$250I_n$
	300/5		10/10/15		(4s) 25	63
	400～600/5		10/15/20		(4s) 31.5	80
	800～1000/5		15/20/30		(4s) 40	100
	1200～2000/5		20/25/40		(4s) 40	100
LDB - 60	750/5	0.5/10P/10P	40	20	25	63
	1250/5					
	1500/5					
LMI - 126	100～2000/5	0.5/10P/5P	15～30	20	31.5	80
LM - 252	300～2500/5	0.2/0.5/5P/10P	15～30	20	40	100
LCZ - 40.5	200～1000	0.5/3 0.5/0.5 0.5/10P	50/20	10		
LZBJ1 - 40.5	200～1000	0.2/10P1 0.2/0.2 0.5/10P2	20	10/30		
LVQB - 220	2×300/5	0.2（0.5）/5P/ 10P/10P/10P	0.2 级：30	15	31.5	80
	2×400/5		0.5 级：40		50	125
	2×500/5		10 级：50		31.5	80
	1250/5		0.2 级：50		50	125
	1500/5		0.5 级：60		31.5	80
	2000/5		0.2 级：60		50	125
	2500/5		0.5 级：60		50	125

注　L 为电流互感器；J 为油浸绝缘；V 为结构特征；Q 为气体绝缘；B 为保护用。

附录 E 限流电抗器技术数据

型号	额定电压(kV)	额定电流(A)	电抗(%)	三相通过容量(kV·A)	单相无功容量(kvar)	单相损耗(70℃时)(W)	稳定性	
							动稳定电流峰值(kA)	热稳定电流(kA)
XKK-10-200-4			4		46.2	1816		
5	10	200	5	3×1155	57.7	2126	12.75	5 (4s)
6			6		69.3	2377		
XKK-10-400-4			4		92.4	2865		
5	10	400	5	3×2309	115.5	3318	25.5	10 (4s)
6			6		138.6	3746		
XKK-10-600-4			4		138.6	3224		
5	10	600	5	3×3464	173.3	4147	38.25	15 (4s)
6			6		207.9	5258		
NKL-10-200-3			3				13.00	
4	10	200	4	3×1155	46.2	1976	12.75	14.13 (1s)
5			5		57.6	2329	10.20	14.00 (1s)
NKL-10-300-3			3		52	2015	19.5	17.15 (1s)
4	10	300	4	3×1734	69.2	2540	19.1	17.45 (1s)
5			5		86.5	3680	15.3	12.6 (1s)
NKL-10-400-3			3		69.4	3060	26	22.25 (1s)
4	10	400	4	3×2309	92.4	3196	25.5	22.2 (1s)
5			5		115.5	3447	20.4	22.0 (1s)
NKL-10-500-3			3		86.5	3290	23.5	27 (1s)
4	10	500	4	3×2890	115.6	4000	31.9	27 (1s)
5			5		144.5	5460	24.0	21 (1s)
NKL-10-1500-10	10	1500	10	3×8660	866.0	11843	38.25	86.23 (1s)
NKL-10-2000-10	10	2000	10	3×11547	1155.0	15829	51.00	90.75 (1s)
XKK-10-1500-10	10	1500	10	3×8660	866.0	11552	95.63	37.5 (4s)

注 XKK为干式空心限流电抗器，环氧树脂固化，质量轻，稳定性好；NKL为水泥铝线电抗器，价格便宜。

附录 F 支柱式绝缘子和穿墙套管主要技术数据

支柱式绝缘子				穿墙套管				
型号	额定电压（kV）	绝缘子高度（mm）	机械破坏负荷（kN）	型号	额定电压（kV）	额定电流（A）［或母线型套管内径（mm）］	套管长度（mm）	机械破坏负荷（kN）
ZL-10/4	10	160	4	CB-10	10	200,400,600,1000,1500	350	7.5
ZL-10/8	10	170	8	CC-10	10	1000,1500,2000	449	12.5
ZL-10/16	10	185	16	CWLB2-10	10	200,400,600,1000,1500	394	7.5
ZS-10/4	10	210	4	CWLC2-10	10	2000,3000	435	12.5
ZS-10/5	10	220	5	CM-12-105	12	内径105	484	23
ZS-20/8	20	350	8	CM-12-142	12	内径142	487	30
ZS-20/10	20	350	10	CM-24-330	24	内径330	782	40
ZL-35/4	35	380	4	CWLC2-20	20	2000,3000	595	12.5
ZL-35/8	35	400	8	CB-35	35	400,600,1000,1500	810	7.5
ZL-35/4	35	400	4	CWLB2-35	35	400,600,1000,1500	830	7.5
ZL-35/8	35	420	8	CRLQ1-110	126	1200	3660	

注 1. ZL 为户内联合胶装支柱绝缘子；ZS 为户外棒式支柱绝缘子。

2. 穿墙套管的热稳定电流：铝导体当额定电流为 200、400、600、1000、1500、2000、2500A 时（时间为 5s），对应的热稳定电流为 3.8、7.6、12、20、30、40、60kA；铜导体当额定电流为 200、400、600、1000、1500、2000、2500、3000A 时（时间为 10s），对应的热稳定电流为 3.8、7.2、12、18、23、27、29、31kA。

附录 G   电容器技术数据

表 G-1   **密集型和集合式并联补偿电容器技术数据**

型号	额定电压 (kV)	额定容量 (kvar)	额定电容 (μF)	相数	质量 (kg)	外形尺寸 (mm×mm×mm, 长×宽×高)
BFF6.7-900-3W	6.7	900	63.8	3	800	1000×520×850
BFF11/√3-750-1W	11/√3	750	59.2	1	658	1000×450×700
BFF11/√3-1000-1W	11/√3	1000	78.92	1	875	1000×520×850
BFF11/√3-1200 (1400~1600)-1W	11/√3	1200~1600		1	1500	1140×1090×2295
BFF11/√3-1200 (1400~1600)-3W	11/√3	1200~1600		3	1400	1300×1100×1855
BFF11/√3-1800-1W	11/√3	1800		1	1500	1140×1090×2295
BFF11/√3-1800-3W	11/√3	1800		3	1500	1300×1100×1955
BFF11/√3-2000-1W	11/√3	2000		1	1750	1145×1090×2660
BFF11/√3-2000-3W	11/√3	2000		3	1500	1300×1100×1955
BFF11/√3-2400-1W	11/√3	2400		1	2000	1145×1090×3025
BFF11/√3-2400-3W	11/√3	2400		3	1700	1300×1100×2055
BFF2×12-1667-1W	2×12	1667		1	1600	1355×1230×2515
BFF2×12-2000-1W	2×12	2000		1	1870	1510×1360×2515
BFF2×12-3334-1W	2×12	3334		1	3000	1355×1330×3275
BFF2×12-4000-1W	2×12	4000		1	3500	1510×1360×3275

注 1. B 为并联电容器;F 为二芳基乙烷(第二字母);F 为膜纸复合介质;W 为户外式。

2. BFF11/√3 型密集型并联电容器系列除上列出外还有 2500,3000,3334,3600,4800,5000。

表 G-2   **密集型和集合式并联补偿电容器技术数据**

型号	额定电压 (kV)	额定容量 (kvar)	额定电容 (μF)	相数	质量 (kg)	外形尺寸 (mm×mm×mm, 长×宽×高)
BW6.3-18-1W	6.3	18	1.44	1	26	375×122×365
BW11/√3-18-1W	11/√3	18	1.42	1	25	380×110×560
BWF6.3-30-1W	6.3	30	2.407	1	25	380×115×574
BWF11/√3-30-1W	11/√3	30	2.369	1	26	380×115×598
BWF6.3-50-1W	6.3	50	4.01	1	49	380×136×170
BWF11/√3-50-1W	11/√3	50	3.95	1	43	315×135×700
BWF10.5-50-1W	10.5	50	1.444	1	34	380×165×602
BGF11/√3-100-3W	11/√3	100	7.9	3	65	665×165×60224
BGF11/√3-100-1W	11/√3	100	7.89	1	57	380×135×920
BFF11/√3-100-1W	11/√3	100	7.9	1	49	560×165×375
BFF11/√3-100-3W	11/√3	100	7.89	3	56	665×135×630

注 1. B 为并联电容器;W 为烷基苯浸纸介质;WF 为烷基苯浸复合介质;GF 为硅油浸复合介质;FF 为二芳基乙烷浸复合介质。

2. 浸渍型并联电容器系列除上表列出外还有 12,13,14,15,16,20,22,25,26,40,60,65,80,120,134,167,200。

参 考 文 献

[1] 余建华，谭绍琼．发电厂变电站电气设备．北京：中国电力出版社，2014.

[2] 王成江．发电厂变电站电气部分．北京：中国电力出版社，2013.

[3] 熊信银．发电厂电气部分．北京：中国电力出版社，2004.

[4] 黄益华．发电厂变电站电气设备．重庆：重庆大学出版社，2005.

[5] 于长顺，郭琳．发电厂电气设备．北京：中国电力出版社，2008.

[6] 姚春球．发电厂电气部分．北京：中国电力出版社，2007.

[7] 肖艳萍．发电厂变电站电气设备．北京：中国电力出版社，2007.

[8] 郭琳，鲁爱斌．电气设备运行与检修．北京：中国电力出版社，2015.

[9] 孙成普．变电所及电力网设计与应用．北京：中国电力出版社，2008.

[10] 蔡勇．新一代智能变电站技术及工程应用．北京：中国电力出版社，2014.

[11] 水利电力部西北电力设计院．电力工程电气设计手册．北京：中国电力出版社，1989.

[12] 国家电网公司人力资源部．电气设备及运行维护．北京：中国电力出版社，2010.

[13] 国家电网公司．高压开关设备管理规范．北京：中国电力出版社，2006.

[14] 国家电网公司．110（66）kV～500kV互感器管理规范．北京：中国电力出版社，2006.

[15] 国家电网公司．高压并联电容器管理规范．北京：中国电力出版社，2006.